国家示范性高职院校建设项目成果

2015 年陕西省普通高等学校优秀教材

# 机械加工工艺方案 设计与实施

主　编　魏康民

参　编　成党伟　赵月娥　刘其兵　焦小明

主　审　彭常户

机械工业出版社

本教材是为适应国家示范性高职院校建设专业发展需要而编写，教材采用了4个生产性零件和1个生产性部件做载体，按照基于工作过程系统化的思路，共设计了5个不同的学习情境，每个学习情境和所选的载体按照"由简单到复杂"的认知规律组织教学内容，按照工作过程设计教学环节。该教材通过对轴、盘、齿轮、箱体、砂轮架等零部件工艺方案设计与实施内容的介绍，将机械加工工艺规程的基本理论、零件加工中的质量分析及产品装配的知识有机地融为一体，实现"教、学、做"一体化。

本教材配有电子课件，凡使用本书作教材的教师可登录机械工业出版社教育服务网（http://www.cmpedu.com），注册后免费下载，或发送电子邮件至 cmpgaozhi@sina.com 索取。咨询电话：010-88379375。

本教材在"2015年度陕西省普通高等学校优秀教材评审"中获一等获。

本教材适于高等职业技术学院机械制造与自动化专业、模具设计与制造专业、机电一体化技术专业等机械类专业使用，也可供职工培训使用，还可供有关工程技术人员参考。

**图书在版编目（CIP）数据**

机械加工工艺方案设计与实施/魏康民主编.—北京：机械工业出版社，2010.9（2022.6重印）
国家示范性高职院校建设项目成果
ISBN 978-7-111-31900-9

Ⅰ.①机… Ⅱ.①魏… Ⅲ.①机械加工-工艺-高等学校：技术学校-教学参考资料 Ⅳ.①TG506

中国版本图书馆 CIP 数据核字（2010）第 179557 号

机械工业出版社（北京市百万庄大街22号 邮政编码100037）
策划编辑：郑 丹 王海峰 责任编辑：王英杰 王海峰
版式设计：霍永明 责任校对：任秀丽
封面设计：鞠 杨 责任印制：李 昂
北京捷迅佳彩印刷有限公司印刷
2022年6月第1版·第9次印刷
184mm×260mm · 16印张 · 1插页 · 392千字
标准书号：ISBN 978-7-111-31900-9
定价：48.00元

电话服务 网络服务
客服电话：010-88361066 机 工 官 网：www.cmpbook.com
010-88379833 机 工 官 博：weibo.com/cmp1952
010-68326294 金 书 网：www.golden-book.com
封底无防伪标均为盗版 机工教育服务网：www.cmpedu.com

# 前　　言

为了适应高等职业技术教育教学改革的要求，适应国家示范性高职院校建设项目发展的需要，我们和机械工业出版社共同组织了国家示范性高职院校建设"机械制造与自动化类"专业系列教材的编写工作。本教材从培养学生综合职业能力与学生工艺实施的生产实际出发，以工艺为主线，将金属切削刀具、机床夹具设计及机械制造工艺学的内容有机地结合起来，打破了原有的学科体系，形成了新的教学内容体系，注重学生综合工程实践应用能力的培养。

教材采用了4个生产性零件和1个生产性部件做载体，按照基于工作过程系统化的思路，共设计了5个不同的学习情境，每个学习情境和所选的载体按照"由简单到复杂"的认知规律组织教学内容，按照工作过程设计教学环节。该教材通过对轴、盘、齿轮、箱体、砂轮架等零部件工艺方案设计与实施内容的介绍，将机械加工工艺规程的基本理论、零件加工中的质量分析及产品装配的知识有机地融为一体，实现"教、学、做"一体化。通过学习，学生可熟练掌握机械加工工艺规程编制的原则、方法；掌握机械产品的装配方法及装配工艺规程的制订步骤；掌握零件加工误差产生的原因及保证加工精度的措施；掌握机械表面加工质量对产品使用性能的影响及保证零件表面加工质量的措施；熟练掌握轴、盘、箱体、齿轮零件的工艺方案设计及实施方法；熟练掌握砂轮架的装配方法；熟悉零部件质量的检查、分析、评估和资料归档。

本教材在编写中结合几年各高职院校教学改革的经验，力求反映新技术、新工艺，结合生产实际，突出应用性，实现易教、易学的高职教材特色。同时，强调素质教育和以能力为本位的教育理念。本书紧紧围绕毕业生面向工业企业从事机械制造工艺规程及工艺装备的设计与实施，产品质量分析与控制，机械制造设备的安装、调试、维修、更新改造和生产技术管理等工作这一培养目标，面对现实，讲求实效，通俗易懂，简单实用。

本教材适于高等职业技术学院机械制造与自动化专业、模具设计与制造专业、机电一体化技术专业等机械类专业使用，也可供职工培训使用，还可供有关工程技术人员参考。

全书共分5个学习情境。学习情境1（任务9除外）由魏康民编写；学习情境2由成党伟编写；学习情境3及学习情境1中的任务9由赵月娥编写；学习情境4由刘其兵编写；学习情境5由焦小明编写。

本教材由陕西工业职业技术学院魏康民教授任主编，彭常户高工任主审。

本教材在编写过程中得到了陕西工业职业技术学院各级领导、老师和其他兄弟院校同行的大力支持，编者在此表示衷心的感谢。

　　由于本书改革力度比较大，加之时间仓促，编者水平有限，书中难免有欠妥之处，敬请各兄弟院校师生和读者批评指证。

　　　　　　　　　　　　　　　　　　　　　　　　　　　　　编　者

# 目　　录

# 学习情境一 砂轮架主轴加工工艺方案制订与实施

## 知识目标：

1）熟悉金属切削过程的基本规律。

2）熟悉机械的生产过程和工艺过程的基本概念、机械加工工艺过程的组成、生产纲领、生产类型及其工艺特征。

3）熟悉机械加工中常用毛坯的种类及性能。

4）熟悉机床夹具的基本知识，掌握一般夹具的设计方法。

5）熟悉机械零件图分析的方法，能够阅读零件图、工艺文件。

6）能够编制合理的零件加工工艺路线。

7）熟悉机械加工工序设计的基本内容，掌握机械加工工序设计的方法。

8）能够合理选用机械加工过程中使用的机床、刀具、量具、夹具和辅具。

## 能力目标：

1）掌握金属切削刀具几何参数与金属切削用量的选择方法。

2）掌握工件的装夹、校正、调整方法。

3）掌握定位误差的分析计算方法。

4）掌握定位基准选择的原则。

5）掌握主轴加工工艺方案制订与实施方法。

## 任务1 砂轮主轴概述

### 一、布置工作任务，明确要求

编制如图 1-1 所示磨床砂轮架主轴的工艺规程及进行质量分析。

### 二、砂轮架装配结构

1. 砂轮架使用性能与工作条件

设计与制造砂轮架时首先要对其进行使用性能的分析研究。各种磨床砂轮架由于加工工艺范围和加工方式基本相同，因而使用要求有其共性：砂轮架应满足结构紧凑、高刚性、小变形；砂轮主轴工作时应回转平稳、运行可靠；加工时主轴精度及性能应高度稳定。砂轮架的特性则体现了磨床不同的使用性能和工作条件，砂轮主轴转速是影响工作特性的最大因素。因此，设计制造砂轮架中应密切注意砂轮架的转速高低，重点研究砂轮架转速对其性能的影响，主要解决转速对砂轮架力学、热学、精度及其稳定性、表面粗糙度等性能的影响问题。根据不同的速度要求，有目的地选择不同的设计方案，采取不同的零件、组件和部件结构，采用合理的装配方法，才能针对主要问题进行正确、合理地设计与制造；其次，应考虑

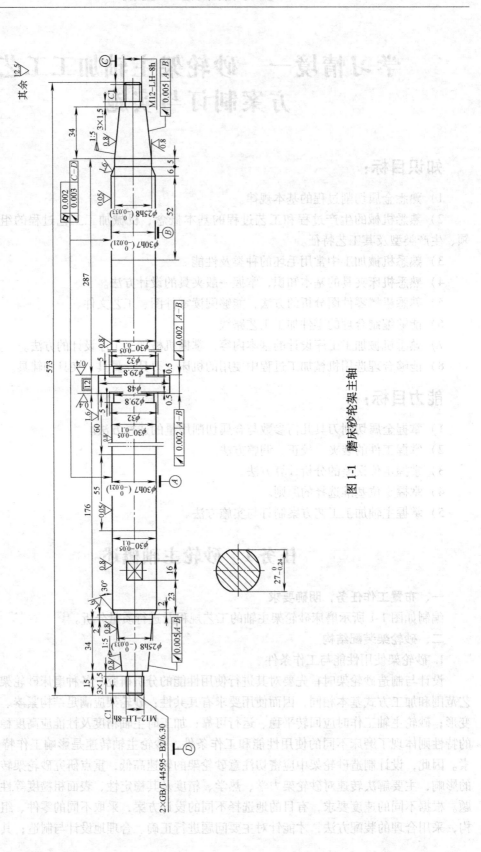

图 1-1　磨床砂轮架主轴

磨床加工材料的性质及范围，这些是影响机床加工精度、受力变形、热效应等的重要因素，尤其对机床热学特性的复杂性和多变性有重要影响，它与磨床的结构、强度、功率大小等都有很大的关系；第三，要满足磨床加工精度的要求。根据磨床加工性质，结合磨床加工材料的高硬度、高强度等特点以及工、夹、量具等被加工零件的精度要求，工模具磨床砂轮架必须达到结构的高刚性、高强度、高稳定性，主轴运转的高速、高平稳以及加工零件的高精度要求。

2. 砂轮架装配关系与技术要求

（1）砂轮架装配结构特点　通常磨床砂轮架的装配结构与传动关系比较简单，一般在砂轮架箱体中不设计传动零件，只在主轴外端头设计一级或两级带传动，升速或降速。现在也有逐渐将电主轴、磁悬浮主轴等引入一般磨床砂轮架结构的趋势。不论是何种结构的砂轮架与何种方式的传动，一般都要解决好以下关系：

1）主轴的支承方式选择（径向、轴向、调整）。

2）轴承选择与安装。

3）正确选择轴承系列。

4）轴承与轴、轴承孔的配合：磨床主轴转速高、载荷大、振动大、工作温度高，其主轴与轴承内圈的配合较紧，壳体孔与轴承的配合较松；多瓦动压轴承始终处于间隙状态下工作，因此轴承孔与轴颈间为间隙配合，间隙大小及变化将影响轴承的工作性能，其值有严格要求。

5）润滑：滑动轴承采用浸油飞溅式润滑，其润滑及冷却效果好；对于高速，中、高载荷的滚动轴承组合，考虑到高速搅油损失、发热以及维修的方便，且易于密封，可采用润滑脂润滑。

6）密封：高速、中或高载荷的砂轮架，加工硬度高的材料时，为防止磨屑对轴承造成的磨粒磨损，选择非接触迷宫式密封。该密封简单易行，可靠稳定，但对散热有少许影响，适宜于润滑脂润滑的轴承密封。普通磨床利用橡胶圈密封即可。

通过以上分析，根据磨床使用性能与工作条件，M9116工具磨床砂轮架的装配结构与关系如图1-2所示，可以看到该砂轮架的装配结构有以下特点：

1）砂轮架箱体结构在满足其空间位置及使用性能的要求下，最大限度地保证了其结构的高刚性。箱体的两个支承孔中心距较小，同时其孔径尽可能大，使箱体的支承刚性达到最大。

2）主轴的形状结构尽量简单。由于主轴上不再安装其他零件，因此其直径的变化较小，从而保证了主轴的结构高刚性以及较好的加工工艺性；主轴上没有其他非回转面结构，故最大限度地保证了主轴回转的高稳定性，使主轴高速回转时容易实现静、动平衡，从而保证了主轴的加工精度以及对零件表面质量（表面粗糙度以及波纹度）的影响降低到最小。

3）砂轮架采用了短三瓦结构动压滑动轴承支承。

4）主轴带轮采用了卸载结构，避免带轮拉力所造成的弯矩对主轴回转精度的影响。

5）卸载轴颈与砂轮主轴孔采用同轴设计与安装，保证带轮回转与主轴回转的同轴度要求。

6）带轮与主轴间采用数个橡胶圈的浮动连接（相当于软轴连接）方式传递转矩，这种方式由于橡胶圈的弹性变形，既保证了转矩传递均匀有效，又保证了主轴的过载保护，同时又隔离了带轮的运动误差，减少了对主轴精度的影响。

7）带轮的卸载轴承使用滚动轴承进行支承，经过对轴承的预紧，提高了轴承的回转精度，从而保证带轮的回转精度要求。传动套与主轴间用圆锥面联接螺母紧固，同样达到传递运动的均匀有效性。

8）主轴以及卸载结构轴承的轴向位置均采用调整垫片的方法进行调节，可以根据主轴具体的装配情况——对应配作，保证了主轴轴向窜动的高精度要求。

9）为了保证其他运动件对主轴回转精度的影响达到最小，砂轮安装以及电动机轴的安装都需进行严格的动、静平衡。

（2）砂轮架装配技术要求　图1-2所示工具磨床砂轮架装配技术要求如下：

1）砂轮主轴的径向圆跳动误差≤0.003mm（在砂轮锥体上检验）。

2）砂轮主轴的轴向窜动≤0.005mm（在轴端中心孔检查）。

3）电动机装配进行动平衡。

4）空运转2h，稳定温升20℃。

5）卸载带轮轴承内注入锂基润滑脂。

6）对砂轮进行平衡。

7）砂轮主轴转速2800r/min。

8）主轴轴承采用主轴润滑油润滑。

3. 砂轮架装配中应解决的主要问题

磨床砂轮架装配中主要应解决满足磨床装配技术要求的问题。由于砂轮架主轴在高速回转的情况下工作，因此其实质就是砂轮主轴的运动精度保证。砂轮架装配中所采取的一切措施都应围绕保证砂轮主轴运动精度进行。如果砂轮架磨削方式采用圆周磨削，则在装配中应主要保证径向圆跳动的问题，其轴向窜动则可相对要求较松；如果砂轮架磨削方式为端面磨削，则应该重点解决其轴向窜动问题，径向圆跳动则相对要求较低，做到运动精度与砂轮架使用性能、工作方式以及装配工艺相统一。

三、读图并分析零件图

1. 砂轮主轴结构与技术要求

（1）砂轮主轴的结构分析　从图1-1中可以看出，该主轴的结构具有以下特点：

1）主轴结构简单，尺寸均匀，主轴的加工表面绝大部分为回转表面，非回转表面也为对称表面。因此易于实现主轴的动静平衡，最大限度地保证了主轴回转精度，从而保证磨床的加工精度。

2）主轴负载与动力均采用圆锥表面（两端圆锥面）传递。圆锥面径向定位精度高、接触均匀、连接可靠、传递转矩大、加工工艺性好，但其轴向定位精度较低，对于本例不影响其使用性能。

3）主轴紧固采用螺纹联接，易于实现与支承轴颈的同轴要求，避免联接的回转不平衡，消除了偏心对主轴回转精度的影响。

4）主轴轴向采用轴肩端面定位，其端面加工易于实现与中心线垂直，以保证主轴轴向窜动精度要求。

5）由于砂轮架装配以及操作空间的限制，其轴向尺寸较大，长径比 $L/d \geqslant 15 \sim 20$，属于细长轴结构，因此加工精度比较难于保证，加工工艺较为复杂、细致。

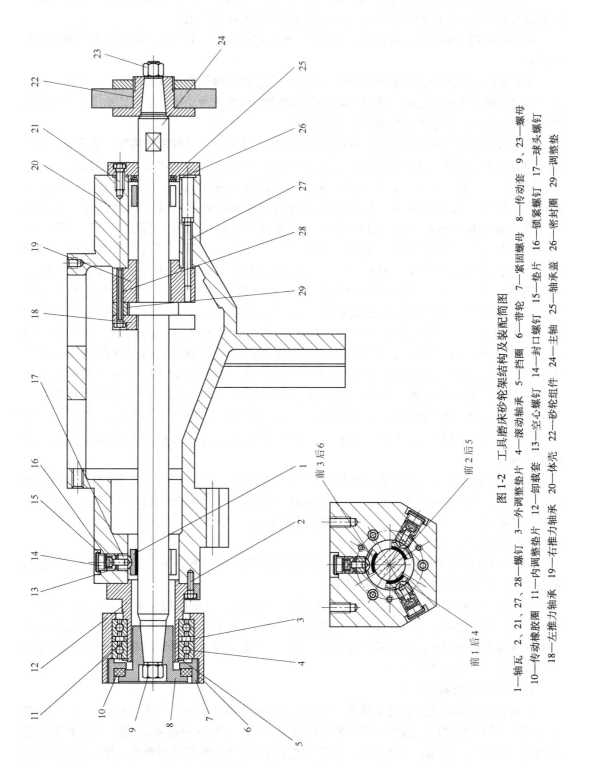

图 1-2　工具磨床砂轮架结构及装配简图

1—轴瓦　2、21、27、28—螺钉　3—外调整垫片　4—滚动轴承　5—挡圈　6—带轮　7—紧固螺母　8—传动套　9、23—螺母
10—传动橡胶圈　11—内调整垫片　12—卸载套　13—空心螺钉　14—封口螺套　15—垫片　16—锁紧螺钉　17—球头螺钉
18—左推力轴承　19—右推力轴承　20—体壳　22—砂轮组件　24—主轴　25—轴承盖　26—密封圈　29—调整垫

（2）砂轮主轴的技术要求及其分析　主轴的支承轴颈是主轴的装配基准，它的制造精度直接影响到主轴部件的旋转精度，故对它提出很高的技术要求。

主轴两端圆锥面是安装带轮传动套以及砂轮的定位表面，其中心线必须与支承轴颈中心线同轴。

主轴轴向定位面与主轴旋转中心线不垂直，会引起主轴周期性地轴向窜动。尤其是三片瓦动压滑动轴承支承的主轴，其定位轴肩面与端面轴承形成滑动推力轴承，承受加工中的轴向磨削力，因此，必须严格控制其垂直度要求。

以上各面为主轴的主要表面。其中支承轴颈的尺寸精度、几何形状精度、其他表面与其相互位置精度要求高，这是主轴加工中的主要矛盾，也是制订主轴加工工艺的关键。

1）加工精度：①尺寸精度。砂轮轴的尺寸精度主要指直径和长度的精度。直径方向的尺寸因有一定配合要求，比其长度方向的尺寸要求严格得多。因此，对于直径的尺寸常常规定有严格的公差。该砂轮轴主要轴颈的直径尺寸公差等级为 IT7 ~ IT8。长度方向的尺寸要求则不严格，通常规定其基本尺寸就可以了。②几何形状精度。轴颈的几何形状精度是指圆度、圆柱度，这些误差将影响与其配合件的接触质量与主轴的回转精度。由于三片瓦轴承对配合间隙很敏感，因此其支承轴径圆柱度公差规定为 0.002mm；配合圆锥面和主轴径向定位面的形状精度则包含在其尺寸精度范围内。③相互位置精度。由于砂轮轴转速高，主轴配合轴颈（装配传动件的轴颈，在此为圆锥面）对于支承轴颈（装配轴承的轴颈，在此为圆柱面）的同轴度有严格的要求，其径向圆跳动公差达到 0.003mm；较之径向圆跳动而言，主轴的轴向定位端面与支承轴径中心线的垂直度要求就更为严格，其端面圆跳动公差为 0.002mm，这些要求都是根据轴的工作性能和具体的装配结构以及装配关系制订的。考虑到主轴加工时的定位基准为两端中心孔，因此从设计中已经要求主轴的支承表面对中心孔的圆跳动公差应达到 0.003mm 的要求。

2）表面粗糙度：随着砂轮架运转速度和公差等级的提高，主轴的表面粗糙度要求也很高。其支承轴颈的表面粗糙度值 $Ra$ 为 0.05μm，配合表面的粗糙度值 $Ra$ 为 0.8μm，定位表面的粗糙度值 $Ra$ 为 0.4 ~ 0.8μm，其余表面粗糙度值 $Ra$ 为 1.6 ~ 12.5μm。表面粗糙度的高要求有利于保证主轴性能的稳定与持久。

3）配合表面的接触精度：装配砂轮以及带轮传力件的圆锥表面，其接触精度也有较高的要求，全长范围内接触点不小于 75%。

4）主轴最终热处理：主轴最终热处理采用渗碳淬火，其渗碳层深度为 1.5mm，硬度为57HRC。零件经渗碳淬火后既具有很高的表面硬度，又具有很高的冲击韧度和心部强度，这有利于保持零件的精度，保证零件使用的有效性。但渗碳淬火变形大，零件加工时应考虑到变形对加工工艺及精度的影响。

2. 砂轮主轴材料及毛坯

一般机床主轴的强度总是足够的，但应有很高的静刚度，它的轴端、锥孔、轴颈或花键部分还需要较高的硬度。因此一般主轴材料选用 45 钢、65Mn 钢或 40Cr 钢。后两种钢淬透性较好，经调质处理和表面淬火后，可获得较高的综合力学性能和耐磨性。渗碳淬火的优点是表面硬度高而心部有较高韧性，淬火表面层具有压应力使抗弯强度提高，缺点是热处理工艺性差、变形大。当要求主轴在高精度、高转速和重载下工作时，可选用低碳合金钢

18CrMnTi、20Cr、20Mn2B 等。精密主轴可选用 38CrMoAlA 氮化钢。与淬火钢相比，它的表面硬度和疲劳强度更高，热处理变形小，氮化层还具有抗腐蚀能力。

主轴毛坯多采用锻件，钢材经过锻造使纤维组织均匀致密，提高了抗拉、抗弯及抗扭强度。锻造方法多采用自由锻、模锻及精密模锻。强度要求高的钢制件，一般要用锻件毛坯。锻件有自由锻造锻件和模锻件两种。自由锻造锻件可通过手工锻打（小型毛坯）、机械锤锻（中型毛坯）或压力机压锻（大型毛坯）等方法获得。这种锻件的精度低，生产率不高，加工余量较大，而且零件的结构必须简单；适用于单件和小批生产，以及制造大型锻件。模锻件的精度和表面质量都比自由锻件好，而且锻件的形状也可较为复杂，因而能减少机械加工余量。模锻的生产率比自由锻高得多，但需要特殊的设备和锻模，故适用于批量较大的中小型锻件。

大批量生产时，若采用带有贯穿孔的无缝钢管毛坯，能大大减少机械加工时间和节省原材料。

毛坯制造方法主要与零件的使用要求和生产类型有关。光轴或直径相差不大的阶梯轴，一般常用热轧圆棒料毛坯。当成品零件尺寸精度与冷拉圆棒料相符合时，其外圆可不进行车削，这时可采用冷拉圆棒料毛坯。比较重要的轴多采用锻件毛坯，因毛坯加热锻造后，能使金属内部纤维组织沿表面均匀分布，从而能得到较高的强度。对于某些大型、结构复杂的轴（如曲轴等）可采用铸件毛坯。

砂轮主轴材料选用 20Cr，主轴毛坯经锻造后正火，既使零件毛坯组织结构得到改善，同时又保证了主轴具有较好的机械加工工艺性能。

# 任务2　砂轮主轴加工的预备知识
## ——机械加工工艺规程的基本知识

### 一、机械产品的生产过程及工艺过程

机械产品制造时，由原材料到该机械产品出厂的全部劳动过程称为机械产品的生产过程。

1. 机械产品的生产过程

机械产品的生产过程包括以下环节。

1）生产的准备工作，如产品的开发设计和工艺设计，专用装备的设计与制造，各种组织方面的准备工作。

2）原材料及半成品的运输和保管。

3）毛坯的制造过程，如铸造、锻造和冲压等。

4）零件的各种加工过程，如机械加工、焊接、热处理和表面处理等。

5）部件和产品的装配过程，包括组装、部装等。

6）产品的检验、调试、涂装和包装等。

2. 机械产品的工艺过程

在机械产品的生产过程中，毛坯的制造、机械加工、热处理和装配等，这些与原材料变为成品直接有关的过程称为工艺过程。而在工艺过程中，用机械加工的方法直接改变毛坯形状、尺寸和表面质量，使之成为合格零件的那部分工艺过程称为机械加工工艺过程。

在生产过程中，直接改变原材料或毛坯的形状、尺寸、性能以及相互位置关系，使之成为成品的过程，称为工艺过程。工艺过程主要包括毛坯的制造（铸造、锻造、冲压等）、热处理、机械加工和装配。

3. 机械加工工艺过程的组成

机械加工工艺过程一般由一个或若干个工序组成，而工序又可分为安装、工位、工步和进给等，它们按一定顺序排列，逐步改变毛坯的形状、尺寸和材料的性能，使之成为合格的零件。

（1）工序　工序是指一个（或一组）工人，在一个工作地点（如一台设备）对一个（或同时对几个）工件所连续完成的那一部分工艺过程。

工序是工艺过程的基本单元，划分工序的主要依据是零件加工过程中工作地点（设备）是否变动，该工序的工艺过程是否连续完成。

（2）安装　在机械加工中，使工件在机床或夹具中占据某一正确位置并被夹紧的过程称为装夹。有时，工件在机床上需经过多次装夹才能完成一个工序的工作内容。工件经一次装夹后所完成的那一部分工序称为安装。在一个工序中，工件的工作位置可能只需一次安装，也可能需要几次安装。

（3）工位　为了减少工件的安装次数，在大批量生产时，常采用各种回转工作台、回转夹具或移位夹具，使工件在一次安装中先后处于几个不同位置进行加工。工件在一次安装下相对于机床或刀具每占据一个加工位置所完成的那部分工艺过程称为工位。

（4）工步　工步是指加工表面、加工工具和切削用量中切削速度和进给量都不变的情况下，所完成的那一部分工序内容。一道工序可以包括几个工步，也可以只包括一个工步。构成工步的任一因素改变后，一般即为另一工步。但对于那些在一次安装中连续进行的若干相同工步，有时为了提高生产率，用几把不同刀具同时加工几个不同表面，此类工步称为复合工步。在工艺文件上，复合工步应视为一个工步。

（5）进给　在一个工步内，若被加工表面要切除的金属层很厚，需要分几次切削，则每进行一次切削就是一次进给。

## 二、生产类型及其工艺特征

机械产品的制造工艺不仅与产品的结构、技术要求有很大关系，而且也与企业的生产类型有很大关系，而企业的生产类型是由企业的生产纲领决定的。

1. 生产纲领

企业在计划期内应当生产的产品产量和进度计划称为生产纲领。计划期常定为一年，所以年生产纲领也就是年产量。生产纲领的大小对生产组织和零件加工工艺过程起着重要的作用，它决定了各工序所需专业化和自动化的程度，决定了所应选用的工艺方法和工艺装备。

2. 生产类型及其工艺特点

根据生产纲领的大小和产品品种的多少，机械制造业的生产类型可分为单件生产、成批生产和大量生产三种类型。

（1）单件生产　单件生产的基本特点是：产品品种多，但同一产品的产量少，而且很少重复生产，各工作地加工对象经常改变。例如，重型机械产品制造和新产品试制等都属于单件生产。

（2）成批生产　成批生产是分批地生产相同的零件，生产周期性地重复。例如，机床、机车、纺织机械等产品制造多属于成批生产。同一产品（或零件）每批投入生产的数量称为批量。批量可根据零件的年产量及一年中的生产批数计算确定。按照批量的大小和被加工零件的特征，成批生产又可分为小批生产、中批生产和大批生产三种。在工艺方面，小批生产与单件生产相似，大批生产与大量生产相似，中批生产则介于单件生产和大量生产之间。

（3）大量生产　大量生产的基本特点是产品的产量大、品种少，大多数工作地长期重复地进行某一零件的某一工序的加工。例如，汽车、拖拉机、轴承和自行车等产品的制造多属于大量生产。

**三、机械加工工艺规程**

机械加工工艺规程是规定零件机械加工工艺过程和操作方法等的工艺文件之一，它是机械制造厂最主要的技术文件。一般包括以下内容：工件加工的工艺路线、各工序的具体内容及所用的设备和工艺装备、工件的检验项目及检验方法、切削用量、时间定额等。

1. 机械加工工艺规程的作用

（1）指导生产的重要技术文件　工艺规程是依据工艺学原理和工艺试验，经过生产验证而确定的，是科学技术和生产经验的结晶。所以，它是获得合格产品的技术保证，是指导企业生产活动的重要文件。正因为如此，在生产中必须遵守工艺规程，否则将会造成废品。但是，工艺规程也不是固定不变的，它可以根据生产实际情况进行修改，但必须要有严格的审批手续。

（2）生产组织和生产准备工作的依据　生产计划的制订、产品投产前原材料和毛坯的供应、工艺装备的设计、制造与采购、机床负荷的调整、作业计划的编排、劳动力的组织、工时定额的制订以及成本的核算等，都是以工艺规程作为基本依据的。

（3）新建和扩建工厂（车间）的技术依据　在新建和扩建工厂（车间）时，生产所需要的机床和其他设备的种类、数量和规格，车间的面积、机床的布置、生产工人的工种、技术等级及数量、辅助部门的安排等都是以工艺规程为基础，根据生产类型来确定的。

2. 工艺规程制订的原则

工艺规程制订的原则是优质、高产和低成本，即在保证产品质量的前提下，争取最好的经济效益。

3. 制订工艺规程的原始资料

制订工艺规程时，必须具备下列原始资料：

1）产品全套装配图和零件图。

2）产品验收的质量标准。

3）产品的生产纲领（年产量）。

4）毛坯资料：毛坯资料包括各种毛坯制造方法的技术经济特征，各种型材的品种和规格、毛坯图等。在无毛坯图的情况下，需实际了解毛坯的形状、尺寸及力学性能等。

5）本厂的生产条件：为了使制订的工艺规程切实可行，一定要考虑本厂的生产条件，如了解毛坯的生产能力及技术水平、加工设备和工艺装备的规格及性能、工人技术水平以及专用设备与工艺装备的制造能力等。

6）国内外先进工艺及生产技术发展情况：制订工艺规程时，要经常研究、参考国内外有关工艺技术资料，积极引进适用的先进工艺技术，不断提高工艺水平，以获得最大的经济效益。

7）有关的工艺手册及图册。

**4. 制订工艺规程的步骤**

制订零件机械加工工艺规程的步骤如下：

1）计算年生产纲领，确定生产类型。

2）分析零件图及产品装配图，对零件进行工艺分析。

3）选择毛坯。

4）拟订工艺路线。

5）确定各工序的加工余量，计算工序尺寸及公差。

6）确定各工序所用的设备及刀具、夹具、量具和辅助工具。

7）确定切削用量及工时定额。

8）确定各主要工序的技术要求及检验方法。

9）填写工艺文件。

**5. 工艺文件**

将工艺规程的内容填入一定格式的卡片，即成为生产准备和施工依据的工艺文件。常用的工艺文件格式有下列几种：

（1）综合工艺过程卡片　这种卡片以工序为单位，简要地列出了整个零件加工所经过的工艺路线（包括毛坯制造、机械加工和热处理等），它是制订其他工艺文件的基础，也是生产技术准备、编排作业计划和组织生产的依据。在这种卡片中，由于各工序的说明不够具体，故一般不能直接指导工人操作，而多作生产管理方面使用。但是，在单件小批生产中，由于通常不编制其他较详细的工艺文件，因此就直接以这种卡片指导生产。工艺过程卡片的格式见表 1-1。

**表 1-1　综合工艺过程卡片**

| 厂名 | 综合工艺过程卡片 | 产品名称及型号 | | 零件名称 | | 零件图号 | | | |
|---|---|---|---|---|---|---|---|---|---|
| | | 材料 | 名称 | 毛坯 | 种类 | 零件质量 /kg | 毛重 | 第　页 | |
| | | | 牌号 | | 尺寸 | | 净重 | 共　页 | |
| | | | 性能 | 每料件数 | | 每台件数 | | 每批件数 | |
| 工序号 | 工序内容 | | | 加工车间 | 设备名称及编号 | 工艺装备名称及编号 | | | 工人技术等级 |
| | | | | | | 夹具 | 刀具 | 量具 | |

| 工序号 | 工序内容 | 加工车间 | 设备名称及编号 | 工艺装备名称及编号 夹具 | 刀具 | 量具 | 工人技术等级 | 时间定额/min 单件 | 准备—终结 |
|---|---|---|---|---|---|---|---|---|---|
| 更改内容 | | | | | | | | | |
| 编制 | | 抄写 | | 校对 | | 审核 | | 批准 | |

（2）机械加工工艺卡片　机械加工工艺卡片是以工序为单位，详细说明整个工艺过程的工艺文件。它是用来指导工人生产和帮助车间管理人员、技术人员掌握整个零件加工过程的一种主要技术文件，广泛用于成批生产的零件和小批生产中的重要零件。工艺卡片格式见表 1-2。

表 1-2　机械加工工艺卡片

| 厂名 | 机械加工工艺卡片 | 产品名称及型号 | | 零件名称 | | | 零件图号 | | | |
|---|---|---|---|---|---|---|---|---|---|---|
| | | 材料 | 名称 | 毛坯 | 种类 | | 零件质量/kg | 毛重 | | 第　页 |
| | | | 牌号 | | 尺寸 | | | 净重 | | 共　页 |
| | | | 性能 | 每料件数 | | | 每台件数 | | 每批件数 | |
| 工序 | 安装 | 工步 | 工序内容 | 同时加工零件数 | 切削用量 | | | | 工艺装备名称及编号 | | | 时间定额/min | |
| | | | | | 背吃刀量/mm | 切削速度/(m·min⁻¹) | r/min或每分钟往复次数 | 进给量/(mm·r⁻¹或mm/双行程) | 夹具 | 刀具 | 量具 | 工人技术等级 | 单件 | 准备—终结 |

| 工序 | 安装 | 工步 | 工序内容 | 同时加工零件数 | 背吃刀量/mm | 切削速度/(m·min⁻¹) | r/min或每分钟往复次数 | 进给量/(mm·r⁻¹或mm/双行程) | 夹具 | 刀具 | 量具 | 工人技术等级 | 单件 | 准备—终结 |
|---|---|---|---|---|---|---|---|---|---|---|---|---|---|---|
| | | | | | | | | | | | | | | |

| 更改内容 | | | | | | | | |
|---|---|---|---|---|---|---|---|---|
| 编制 | | 抄写 | | 校对 | | 审核 | | 批准 |

（3）机械加工工序卡片　机械加工工序卡片是根据工艺卡片为每一道工序制订的。它更详细地说明整个零件各个工序的加工要求，是用来具体指导工人操作的工艺文件。在这种卡片上，要画出工序简图，注明该工序每一工步的内容、工艺参数、操作要求以及所用的设备和工艺装备。工序简图就是按一定比例用较小的投影绘出工序图，可略去图中的次要结构和线条，主视图方向尽量与零件在机床上的安装方向相一致，本工序的加工表面用粗实线或红色粗实线表示，零件的结构、尺寸要与本工序加工后的情况相符合，并标注出本工序加工尺寸及上下偏差、加工表面粗糙度和工件的定位及夹紧情况。用于大批量生产的零件。机械加工工序卡片的格式见表 1-3。

表 1-3　机械加工工序卡片

| 工厂 | 机械加工工序卡片 | 产品名称及型号 | 零件名称 | 零件图号 | 工序名称 | 工序号 | 第　页 |
|---|---|---|---|---|---|---|---|
| | | | | | | | 共　页 |

| 车间 | 工段 | 材料名称 | 材料牌号 | 力学性能 |
|---|---|---|---|---|
| | | | | |
| 同时加工工件数 | 每料件数 | 技术等级 | 单件时间/min | 准—终时间/min |
| | | | | |
| 设备名称 | 设备编号 | 夹具名称 | 夹具编号 | 切削液 |
| | | | | |

| 工步号 | 工步内容 | 进给次数 | 切削用量 | | | 时间定额/min | | 工艺装备 | | | |
|---|---|---|---|---|---|---|---|---|---|---|---|
| | | | 背吃刀量/mm | 进给量/(mm/r) | 切削速度/(m/min) | 基本时间 | 辅助时间 | 名称 | 规格 | 编号 | 数量 |
| | | | | | | | | | | | |

| 编制 | | 抄写 | | 校对 | | 审核 | | 批准 | |
|---|---|---|---|---|---|---|---|---|---|

# 任务3　砂轮主轴的加工计划（一）
## ——切削加工与轴类零件外圆表面的加工

**一、切削运动和切削用量**

金属切削加工是在机床上使用具有一定几何形状的刀具，从工件上切下多余的金属，从而形成切屑和已加工表面的过程，该过程是通过刀具和工件间产生相对切削运动来实现的。所以，首先要掌握切削运动、切削用量和刀具几何角度等基本概念。本节以外圆车削为对象来讨论这些问题，但其定义也适于其他切削加工方法。

1. 切削运动

切削加工时，刀具与工件之间的相对运动，称为切削运动。切削运动按其在切削中所起的作用不同，可分为主运动和进给运动。图1-3所示为车外圆时的切削运动及形成的表面。

（1）主运动　主运动是切下切屑的基本运动。通常，在切削运动中，主运动的速度高，消耗的机床动力也最多。机床的主运动一般只有一个，它可以由工件完成，也可以由刀具完成。车削时的主运动是工件的旋转运动。

（2）进给运动　进给运动是使金属层不断投入切削，从而配合主运动加工出理想表面的运动。通常，进给运动的速度较低，消耗的功率较小。各种机床的进给运动可以由一个、两个或多个组成，如车床的进给运动有纵向进给运动、横向进给运动、车螺纹进给运动。

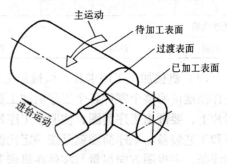

图1-3　外圆车削运动及形成的表面

在切削过程中，工件上形成三个不断变化着的表面：

1）待加工表面：工件有待切除的表面，即将被切除余量层的表面。它随切削运动的进行逐渐缩小，直至全部切去。

2）已加工表面：经刀具切削形成的新表面。它随着切削运动的进行逐渐扩大。

3）过渡表面：切削刃正在切削的表面。它总是位于待加工表面和已加工表面之间。

2. 切削用量

切削速度、进给量和背吃刀量，称为切削用量三要素。合理地选择切削用量能有效地提高生产效率，它也是调整机床、计算切削力、时间定额及核算工序成本等所必需的参量。

（1）切削速度 $v_c$　切削速度是刀具切削刃上选定点相对于工件的主运动线速度。当主运动为旋转运动时，其切削速度 $v_c$（单位为 m/min）为

$$v_c = \frac{\pi dn}{1000}$$

式中　$d$——切削刃上选定点的回转直径（mm）；

　　　$n$——主运动转速（r/min）。

（2）进给量 $f$　当主运动旋转一周时，刀具（或工件）沿进给方向移动的距离叫进给量，如图1-4所示。进给量 $f$ 的大小反映着进给速度 $v_f$（单位为 mm/min）的大小，关系为

$$v_f = fn$$

式中 $n$——主运动的转速（r/min）。

（3）背吃刀量 $a_p$ 车削时 $a_p$（单位为：mm）是工件上待加工表面与已加工表面间的垂直距离，即

$$a_p = \frac{d_w - d_m}{2}$$

式中 $d_w$——工件待加工表面的直径（mm）；

$d_m$——工件已加工表面的直径（mm）。

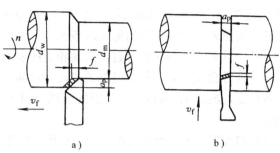

图1-4 进给量和背吃刀量
a）车外圆 b）车槽

3. 切削层横截面参数

切削过程中，刀具的切削刃在一次进给中从工件待加工表面上切除的金属层，称为切削层。用通过工件轴线的纵剖面截取切削层，得到切削层横剖面，如图1-5所示。其参数有：

（1）切削层公称厚度 $h_D$ 在切削层横剖面内，垂直于过渡表面度量的切削层尺寸，单位是 mm。

$$h_D = f\sin\kappa_r$$

（2）切削层公称宽度 $b_D$ 在切削层横剖面内，平行于过渡表面度量的切削层尺寸，单位是 mm。

$$b_D = a_p/\sin\kappa_r$$

（3）切削层公称横截面积 $A_D$ 切削层横剖面的实际面积，单位是 mm$^2$。

$$A_D = h_D b_D = f a_p$$

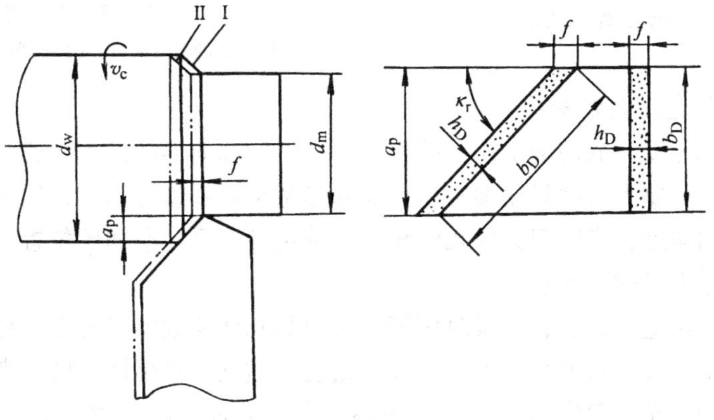

图1-5 车外圆的切削层横截面参数

## 二、刀具切削部分的组成及几何角度

在切削加工过程中，刀具直接参与切削，从工件上切除多余金属层，所以它在加工中占有重要的地位。金属切削刀具的种类繁多，形状各异，但从切削部分的几何特征上看，却具有共性。外圆车刀切削部分的形态，可作为其他各类刀具切削部分的基本形态，其他各类刀具是在此基本形态上，按各自的切削特点演变而来。因此，本节以外圆车刀为例，介绍刀具

切削部分的基本定义。

1. 刀具切削部分的组成

图 1-6 所示为外圆车刀,它由刀杆和切削部分组成,刀杆用来将车刀夹持在刀架上,切削部分也叫刀头,承担切削工作,切削部分由下列要素组成:

1)前面 $A_\gamma$:刀具上切屑流经的表面。

2)主后面 $A_\alpha$:与工件上过渡表面相对的表面。

3)副后面 $A'_\alpha$:与工件上已加工表面相对的表面。

4)主切削刃 $S$:前面与主后面的交线。用于切出工件上的过渡表面,完成主要的切削工作。

5)副切削刃 $S'$:前面与副后面的交线。它配合主切削刃完成切削工作,并最终形成已加工表面。

6)刀尖:主切削刃与副切削刃的连接处的一小段切削刃(见图 1-7)。在实际应用中,为增强刀尖的强度与耐磨性,往往磨成圆弧形(或一段直线),介于主、副切削刃之间,这段切削刃称为过渡刃。

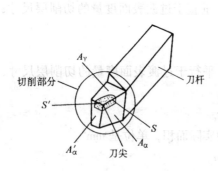

图 1-6　车刀切削部分的组成

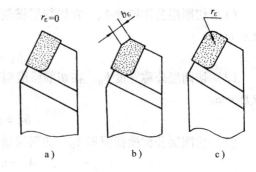

图 1-7　刀尖形状
a)切削刃的实际交点　b)倒角刀尖　c)修圆刀尖

2. 刀具的标注角度及参考系

刀具的切削部分要完成切削工作,就应具有一定的几何形状。为了确定刀具切削部分各个表面的空间位置,要人为地建立参考坐标面和参考坐标系作为基准,用参考平面与刀具各表面间形成相应的角度,定出刀具的几何角度以确定各刀面在空间的位置,这些角度值和其他必要的参数就是刀具的几何参数。

在刀具设计、制造、刃磨、测量时用于定义刀具几何参数的参考系,称为标注角度参考系,在该参考系中定义的角度称为刀具的标注角度。建立刀具标注角度参考系时不考虑进给运动的影响,且假定车刀刀尖与工件中心等高,车刀刀杆中心线垂直于工件轴线安装(见图 1-8)。

(1)参考坐标平面　刀具标注角度参考系由下列参考平面所构成。

1)基面 $p_r$:通过切削刃上的选定点,垂直于该点切削速度方向的平面。车刀切削刃上各点的基面都平行于车刀的安装面(即底面)。安装面是刀具制造、刃磨、测量时的定位基准面(见图 1-8)。就一般情况而言,切削刃上各点的基面在空间的方位都不同,因此在描述基面时,必须在切削刃上确定一个选定点,下述的切削平面、正交平面等亦如此。

2）切削平面 $p_s$：通过切削刃上的选定点，与该切削刃相切并垂直于基面的平面（选定点在主切削刃上者为主切削平面 $p_s$，选定点在副切削刃上者为副切削平面 $p_s'$）。车刀的切削平面 $p_s$ 垂直于刀杆底面。

3）正交平面 $p_o$：通过切削刃上选定点并同时垂直于该点基面和切削平面的平面（选定点在主切削刃上者为正交平面 $p_o$，选定点在副切削刃上者为副正交平面 $p_o'$）。

（2）正交平面参考系及标注角度　由基面 $p_r$、切削平面 $p_s$、正交平面 $p_o$ 组成的空间直角坐标系，称为正交平面参考系（见图1-8）。正交平面参考系内的刀具标注角度如图1-9所示。

在正交平面内定义的角度有：

1）前角 $\gamma_o$：前面与基面间

图1-8　刀具标注角度参考系

的夹角。以 $p_r$ 为基准，当 $A_\gamma$ 在 $p_r$ 之上时，规定 $\gamma_o < 0°$，为负前角；当 $A_\gamma$ 在 $p_r$ 之下时，规定 $\gamma_o > 0°$，为正前角；当 $A_\gamma$ 和 $p_r$ 重合时，则 $\gamma_o = 0°$。

2）后角 $\alpha_o$：主后面与切削平面间的夹角。后面与基面之间的夹角大于90°时，后角为负；后面与基面之间的夹角小于90°时，后角为正。

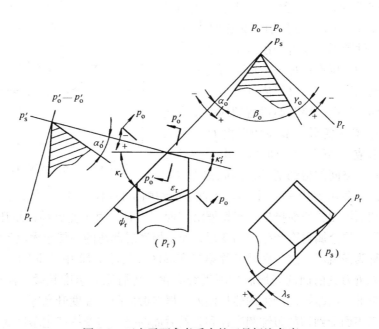

图1-9　正交平面参考系内的刀具标注角度

在正交平面内，前角 $\gamma_o$ 和后角 $\alpha_o$ 分别决定了刀具前面和后面的位置。前面和后面之间所夹的角度称为楔角 $\beta_o$，显然

$$\beta_o = 90° - (\gamma_o + \alpha_o)$$

在基面内定义的角度有：

1）主偏角 $\kappa_r$：主切削刃与进给运动方向的夹角。

2）副偏角 $\kappa_r'$：副切削刃与进给运动反方向的夹角。

在基面内，主偏角 $\kappa_r$ 和副偏角 $\kappa_r'$ 分别决定了主切削刃和副切削刃的位置。主切削刃和副切削刃所夹的角度称为刀尖角 $\varepsilon_r$，显然

$$\varepsilon_r = 180° - (\kappa_r + \kappa_r')$$

在切削平面内定义的角度有：

1）刃倾角 $\lambda_s$：主切削刃与基面之间的夹角。当刀尖位于主切削刃上最高点时，$\lambda_s$ 为正值；当刀尖位于主切削刃上最低点时，$\lambda_s$ 为负值。

在副正交平面内定义的角度有：

2）副后角 $\alpha_o'$：副后面与副切削平面之间的夹角。

对于前面为平面的普通外圆车刀，由 $\gamma_o$、$\alpha_o$、$\kappa_r$、$\kappa_r'$、$\lambda_s$、$\alpha_o'$ 六个角度就可以确定其切削部分的几何形状，这六个角度是普通外圆车刀的基本角度。

**三、金属切削过程**

金属切削过程就是刀具从工件表面上切除多余的金属，从而形成切屑和获得需要的加工表面的过程。在这一过程中产生一系列现象，如形成切屑、切削力、切削热与切削温度、刀具磨损等。研究这些现象及变化规律，对于合理使用与设计刀具、夹具和机床，保证加工质量，提高生产率都有很重要的意义。

1. 切削变形

（1）三个变形区域　如图 1-10 所示，当刀具与工件开始接触的瞬间（刀具前面推挤切削层），工件内部产生弹性变形。随着切削运动的进行，切削刃对工件材料的挤压作用加强，使金属材料内部的应力和应变逐渐增大。当材料内部的应力达到屈服强度时。被切削的金属层开始沿着切应力最大的方向滑移，产生塑性变形。塑性变形由 $OA$ 开始，至 $OM$ 终了，形成 $AOM$ 塑性变形区。由于塑性变形的主要特点是晶格间的剪切滑移，因此称为剪切

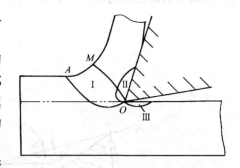

图 1-10　切削过程中的三个变形区

区或第一变形区（见图 1-10 中"Ⅰ"）。工件上的切削层材料经过第一变形区以后，切离工件基体，形成切屑沿刀具前面排出。当切屑沿前面流出时，由于受到前面挤压和摩擦作用，靠近前面的切屑底层金属再次产生剪切变形，使切屑底层薄薄的一层金属流动滞缓，流动滞缓的一层金属称为滞流层，这一区域又称第二变形区（见图 1-10 中"Ⅱ"）。在该区域内的变形特点是：靠近刀具前面的切屑底层附近纤维化，切屑流动速度趋缓，甚至滞留在前面上，切屑产生弯曲，由摩擦而产生的热量使刀—屑接触面附近温度升高等。

工件已加工表面受到切削刃钝圆半径和刀具后面的挤压与摩擦产生塑性变形。已加工表面与后面的接触区称为第三变形区，如图 1-10 中"Ⅲ"表示。

三个变形区各具特点，又相互联系，对工件表面质量都有很大影响。

（2）切屑类型　被切金属经过第一变形区的剪切滑移后便形成切屑，随滑移变形程度和加工材料的不同，形成几种不同状态的切屑，如图1-11所示。

1）带状切屑：当切屑内切应力小于材料的强度极限时，剪切滑移变形较小，切屑连绵不断，没有裂纹，外观呈延绵的长带状，靠近刀具前面的一面很光滑，另一面呈毛茸状。一般在加工塑性金属、切削厚度较小、切削速度较高、刀具前角较大时易得到这种切屑。形成带状切屑时，切削过程平稳，切削力波动很小，加工表面质量较高。但是，必须采取有效的断屑、排屑措施，否则会产生缠绕以至损坏刀具，影响加工质量和造成人身伤害等不良后果。

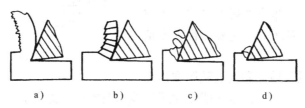

图1-11　切屑类型

a）带状切屑　b）挤裂切屑　c）单元切屑　d）崩碎切屑

2）挤裂切屑：又称节状切屑。切屑的外表面呈锯齿状，内表面（靠近刀具前面的一面）上有时有裂纹，锯齿形的出现是由于切削时第一变形区较宽，滑移量较大，由此导致的加工硬化使切应力增大，在局部达到材料的屈服强度。一般在加工塑性金属、进给量大、切削速度较低、刀具前角较小时易得到这种切屑。形成挤裂切屑时，由于切屑局部断裂，切削力波动较大，切削过程不太平稳，加工表面质量较差。

3）单元切屑：切削塑性材料时，如果在挤裂切屑的整个剪切面上的切应力都超过材料的强度极限，则裂纹就扩展到整个面上，切屑沿某一截面破裂，形成颗粒状的分离单元，故称单元切屑，它是在产生挤裂切屑的条件下，前角进一步减小（甚至为负值），切削速度大幅度降低，而进给量显著增大的情况下出现的。形成单元切屑时，切削力波动很大，切削过程不平稳，在生产中应避免出现此种切屑。

4）崩碎切屑：切削脆性材料时，由于材料的塑性很小且抗拉强度低，切削刃前方金属在塑性变形很小时就被挤裂或在拉应力状态下脆断，形成不规则的碎块状的切屑。它与工件基体分离的表面很不规则，使已加工表面粗糙度大，切削力变化大，切削振动大。刀具前角越小、切削厚度越大，越容易产生这种切屑。

切屑的形态随切削条件的不同可相互转化。

2. 积屑瘤

（1）积屑瘤现象　切削钢、球墨铸铁、铝合金等金属时，在切削速度不高，又能形成带状切屑的情况下，常常在前面上粘结着一些工件材料，它是一块硬度很高（通常为工件材料硬度的2~3.5倍）的楔块，能够代替刀面和切削刃进行切削，这一小楔块称为积屑瘤。如图1-12所示的积屑瘤高出前面0.37mm，突出后面0.06mm，宽1.14mm，在切削时的实际前角为32°27′（有时可达30°~40°）。

（2）积屑瘤对切削的影响

1）增大前角：当积屑瘤粘附在前面上时，使刀具在切削时的实际工作前角增大，因而减小了切削变形，降低了切削力。当积屑瘤高度达最大值时，积屑瘤前角可至30°左右（见图1-12）。

2）增大切削厚度：积屑瘤的前端伸出切削刃之外，伸出量为$H_b$，导致切削厚度增大了$\Delta h_D$，因而影响了工件的加工尺寸。

3）增大已加工表面粗糙度值：积屑瘤形成后，代替刀具切削，由于其轮廓形状不规则，且高度是变化的，因此增大了工件表面粗糙度值。积屑瘤脱落时，一部分被切屑带走，也有一部分粘附在已加工表面上，使表面粗糙度值增大。

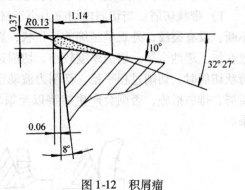

图1-12　积屑瘤

4）对刀具寿命的影响：积屑瘤粘附在前面上，在相对稳定时，可代替切削刃切削，从而减少刀具磨损，提高了刀具寿命。但积屑瘤的形成过程是一个不稳定的过程，使用硬质合金刀具时，如果积屑瘤处于不稳定的状态，则积屑瘤的破裂可能导致硬质合金刀具颗粒剥落，使刀具磨损加剧。

精加工时要避免积屑瘤产生。

（3）影响积屑瘤的因素

1）工件材料的塑性：工件材料的塑性越大、刀—屑间的平均摩擦系数和接触长度越大、切削温度越高，就越容易产生粘结，易产生积屑瘤。

2）切削速度：当工件材料一定时，切削速度是影响积屑瘤的首要因素。由图1-13可知，在低速切削（$v_c < 1\text{m/min}$）和高速切削（$v_c > 60\text{m/min}$）时，都很少产生积屑瘤；而当$v_c = 18\text{m/min}$左右的中速切削时，最容易产生积屑瘤，积屑瘤高度也最大。

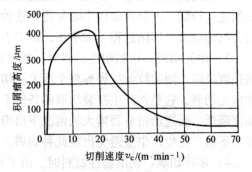

图1-13　切削速度对积屑瘤的影响
工件材料：中碳钢，$\sigma_b = 0.49\text{GPa}$
切削用量：$a_p = 4.5\text{mm}$，$f = 0.65\text{mm/r}$

切削速度是通过切削温度和平均摩擦系数影响积屑瘤的。切削速度很低时，切削温度较低；而切削速度很高时，切削温度也很高。在这两种情况下，刀—屑之间摩擦系数均较小，不易粘结，也就不易形成积屑瘤。在中等切削速度时，切削温度约为300~380℃，此时平均摩擦系数最大，外摩擦力也最大，故最容易形成积屑瘤。

3）刀具前角：前角越大，刀具和切屑之间的接触长度就越小，摩擦也小，切削温度低，所以不易产生积屑瘤。

4）进给量：进给量减小使切削厚度减小，切屑与刀具前面接触长度减小，摩擦系数也减小，切削温度降低，不易产生积屑瘤。

3. 切削力

（1）切削力的来源和分解　切削过程中，刀具施加于工件使工件材料产生变形，并使多余材料变为切屑所需的力，称为切削力。

切削力的来源有下列两个方面：

1）变形抗力：三个变形区内产生的弹性变形抗力和塑性变形抗力。

2）摩擦阻力：切屑和刀具前面间的摩擦阻力及工件和刀具后面间的摩擦阻力。

合力 $F$ 的大小和方向都不容易测量，为了便于测量、研究及计算，常将合力 $F$ 分解为三个分力，如图 1-14 所示。

1）切削力 $F_c$：总切削力 $F$ 在主运动方向的正投影。在切削加工中，$F_c$ 所消耗的功率最大，所以它是计算机床功率、刀柄刀片强度以及夹具设计、选择切削用量的主要依据。

2）背向力 $F_p$：总切削力 $F$ 在垂直于进给运动方向的分力。$F_p$ 过大使工件在水平面内弯曲，它会影响工件的形状精度，而且容易引起振动。

3）进给力 $F_f$：总切削力 $F$ 在进给方向的正投影。$F_f$ 是设计进给机构的主要依据。

由图 1-14 可以看出

$$F = \sqrt{F_c^2 + F_D^2} = \sqrt{F_c^2 + F_p^2 + F_f^2}$$

式中　$F_D$——推力，系总切削力 $F$ 在切削层尺寸平面上的投影。

切削加工时，切削力的计算可参阅有关资料。

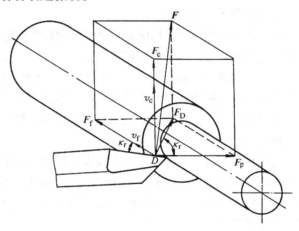

图 1-14　切削力的分解

（2）工作功率（$P_e$）　工作功率 $P_e$ 为切削过程中消耗的总功率，它包括切削功率 $P_c$ 和进给功率 $P_f$ 两部分。前者为主运动消耗的功率，后者为进给运动消耗的功率。由于后者在工作功率中所占的比例很小（仅为 1%~5%），故一般只计算切削功率 $P_c$（单位为 kW）。

$$P_e \approx P_c = \frac{F_c v_c}{60} \times 10^{-3}$$

式中，切削力 $F_c$ 和切削速度 $v_c$ 的单位分别为 N 和 m/min。

由求出的切削功率 $P_c$，可用下式计算主电动机功率 $P_E$（单位为 kW）。

$$P_E = \frac{P_c}{\eta_m}$$

式中　$\eta_m$——机床传动效率，一般取 $\eta_m = 0.75 \sim 0.85$。

（3）影响切削力的主要因素

1）工件材料：工件材料性能对切削力影响最大的是强度、硬度和塑性。工件材料的硬度和强度越高，变形抗力越大，切削力就越大。强度和硬度相近的材料，塑性越好，切削变形越剧烈，刀具的摩擦越强烈，切削力越大。因此，同样情况下切削中碳钢比切削铸铁的切削力大得多。

2）切削用量：背吃刀量 $a_p$ 增加一倍，切削力增加一倍；进给量 $f$ 增加一倍，其切削力增幅约为 70%~80%；在切削塑性金属时，切削速度 $v_c$ 增高，切削力往往可达到负增长，这是因为切削区温度升高，软化切削层，另外切削层金属内部剪切来不及充分滑移变形即被切下。切削脆性材料时，由于形成崩碎切屑，切削层金属内部的塑性变形极小，切屑与刀具前面之间的摩擦很小，故切削速度 $v_c$ 的增减对切削力 $F_c$ 的影响很小。可见影响切削力最大的是背吃刀量 $a_p$，其次是进给量 $f$，最小的是切削速度 $v_c$。

3) 刀具几何参数：前角 $\gamma_o$ 对切削力影响最大，当 $\gamma_o$ 增大时，切屑排出阻力减小，切屑变形减小，使切削力减小。

主偏角 $\kappa_r$ 对切削力 $F_c$ 影响不大，但随着 $\kappa_r$ 的增大，进给力 $F_f$ 增加，背向力 $F_p$ 则减小，当 $\kappa_r = 90°$ 时，理论上 $F_p = 0$，因此，车削细长轴时，取 $\kappa_r \geq 90°$ 最好。

刃倾角 $\lambda_s$ 对切削力 $F_c$ 的影响不大，但在一定范围内加大刃倾角 $\lambda_s$ 和加大主偏角 $\kappa_r$ 具有同样的效果，即 $F_f$ 增加，$F_p$ 减小。

加大刀尖圆弧半径，将使圆弧切削刃工作长度增加，使切削力增加，$F_p$ 值增加最大。

4. 切削热和切削温度

切削热和由此产生的切削温度是切削过程中产生的又一重要的物理现象，它直接影响着刀具的磨损和寿命，限制切削速度的提高，并影响加工精度和表面质量。

(1) 切削热的来源与传导　切削热是由切削功转变而来的，包括切削层发生的弹、塑性变形功形成的热及切屑与刀具前面、已加工表面与刀具后面摩擦功形成的热。切削塑性金属时切削热主要由剪切滑移区变形和刀具前面摩擦形成；切削脆性金属则刀具后面摩擦热占的比例较多。

切削热由切屑、工件、刀具及周围介质传导出来。一般情况下切屑带走的热量最多。例如车削不加切削液时，传热的大致比例为：50% ~80% 由切屑带走，10% ~40% 传入工件，3% ~9% 传入车刀，1% 左右通过辐射传入空气。切削速度越高、切削厚度越大，则由切屑带走的热量越多。

(2) 切削区温度的分布　切削区温度一般是指切屑、工件和刀具接触表面上的平均温度。图 1-15 所示为某切削条件下各点的温度分布图，由图中可看出，在距切削刃一定距离的刀具前面上温度最高，因此处是切屑与刀具前面之间的压力中心的缘故。切屑上温度最高处在切屑与刀具的接触面上，切屑底层的高温将使其剪切强度下降，并使其与前面间的摩擦系数减小。

(3) 影响切削温度的因素　切削温度的高低是由产生的热和传出的热两方面综合作用的结果。当产生的热多、传出的热少时，切削温度就高。所以，凡是影响切削热产生与传出的因素都影响切削温度的高低。

1) 工件材料：工件材料是通过强度、硬度和热导率等性能的不同对切削温度产生影响的。材料的强度、硬度高，切削力大，产生的热量多；塑性好，变形大，产生的热量也多，因此切削温度高；热导率大，热量易传出，则切削温度低。例如，低碳钢的强度、硬度低，热导率大，因此，产生的热量少，热量传散快，切削温度低；高碳钢的强度、硬度高，但热导率接近中碳钢，因此，产生的热量多，传热慢，切削温度高。

2) 切削用量：背吃刀量 $a_p$ 增大，切削层宽度也增大，增大了刀具、工件、切屑传散热面积，切削温度的升高甚微；进给量 $f$ 增大，切屑的变形和卷曲也发生变化，同样刀屑间接触面积略有增加，可见切削温度随 $f$ 的增加而升高，但上升幅度较小；切削速度 $v_c$ 增大，其中摩擦功转化生成的热量增加尤为明显，因此，切削温度将随 $v_c$ 的增加而明显升高。

显然，切削用量三要素中，$v_c$ 对切削温度影响最大，$f$ 次之，而 $a_p$ 最小。因此，为使切削温度较低，应选较大的背吃刀量 $a_p$，较小的进给量 $f$ 和低的切削速度 $v_c$。

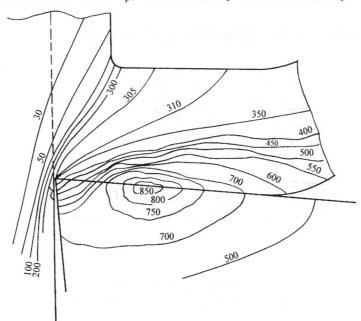

图1-15　切屑、工件和刀具上各点的温度分布（单位:℃）

3）刀具几何参数：①前角 $\gamma_o$。前角 $\gamma_o$ 增大，变形和摩擦减小，因此产生的热量少，切削温度下降。但前角增大到一定值后，如果前角 $\gamma_o$ 再增加，楔角 $\beta_o$ 减小，将使刀具散热变差，切削温度又会上升，所以，在一定的加工条件下，有一个对应切削温度最小的前角 $\gamma_o$。②主偏角 $\kappa_r$。主偏角 $\kappa_r$ 增大时，切削变形减小，对降低切削温度有利，但是刀尖角 $\varepsilon_r$ 和切削层宽度同时减小，刀具的散热能力减小，对降低切削温度的不利影响更大。因此，随着 $\kappa_r$ 的增大，切削温度升高。在车外圆时，主偏角 $\kappa_r = 75°$ 要比 $\kappa_r = 90°$ 好。

此外，刀具磨损后，切削刃变钝，刃区前方的挤压增大，塑性变形增加，同时，后面磨损处后角等于零，摩擦增大，因此，切削温度升高。

5. 刀具磨损和刀具寿命

刀具在切削金属的同时，本身也逐渐被磨损，当磨损到一定程度时，刀具便失去了继续切削的能力，如不及时重磨或换刀，便会产生加工质量恶化等一系列不良后果。

（1）刀具磨损的形式　在切削过程中，刀具的前面、后面始终与切屑、工件接触，在接触区内发生强烈摩擦并伴随着很高的温度和压力，因此，刀具的前面、后面都会产生磨损，如图1-16所示。

1）前面磨损：刀具前面磨损的典型形式是月牙洼磨损。用较高的切削速度和较大的切削厚度切削塑性金属时，或在刀具上出现积屑瘤的情况下，刀具后面上还没有出现明显的磨损痕迹，前面上却磨出一道沟，这条沟称为月牙洼，如图1-16a所示。

2）后面磨损：在切削脆性金属，或用较低的切削速度和较小的切削厚度切削塑性金属时，在前面上只有轻微的磨损，还未形成月牙洼磨损时，却在后面上磨出了明显的痕迹，形成一个小棱面的磨损，如图1-16b所示。

3）前、后面同时磨损：在切削塑性金属时，经常出现的是如图 1-16c 所示的前、后面同时磨损的情况。

通常以后面磨损区中部的平均磨损量 VB 来表示磨损的程度。

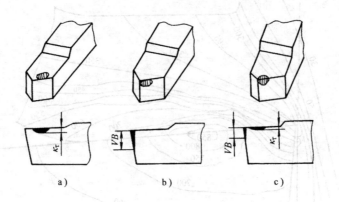

图 1-16　刀具磨损的形式

a）前面磨损　b）后面磨损　c）前、后面磨损

（2）刀具磨损过程和刀具磨钝标准　刀具磨损过程可分为三个阶段，如图 1-17 所示。

1）初期磨损阶段（AB 段）：在开始切削的短时间内，由于新刃磨的刀具主后面与过渡表面之间的实际接触面积很小，表面压力很大，因此磨损较快。

2）正常磨损阶段（BC 段）：随着切削时间增长，磨损量以较均匀的速度加大。这是由于主后面表面粗糙度值减小，与过渡表面的实际接触面积增大，压力减小所致。BC线基本上呈直线，单位时间内的磨损量称为磨损强度，该磨损强度近似为常数（直线的斜率），它是比较刀具切削性能的重要指标之一。

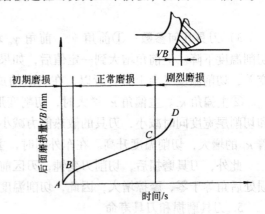

图 1-17　刀具磨损过程

3）急剧磨损阶段（CD 段）：磨损量达到一定数值后，切削刃变钝，切削力增大，切削温度升高，刀具强度、硬度降低，磨损急剧加速，继而刀具损坏。

在使用刀具时，应该控制刀具在产生急剧磨损前必须重磨或更换新刀片。这时刀具的磨损量称为磨钝标准或磨损限度。由于后面的磨损最常见，且易于控制和测量，因此，规定将后面上均匀磨损区平均磨损量允许达到的最大值 VB 作为刀具的磨钝标准。

加工条件不同，磨钝标准 VB 值也不同。粗加工的磨钝标准是根据能使刀具切削时间与可磨或可用次数的乘积最长为原则确定的，称之为经济磨钝标准；精加工的磨钝标准是在保证零件加工精度和表面粗糙度条件下制定的，因此 VB 值较小，该标准称之为工艺磨钝标准。表 1-4 为车刀的磨钝标准，供使用时参考。

表1-4　硬质合金车刀的磨钝标准

| 加工条件 | 磨钝标准 VB/mm | 加工条件 | 磨钝标准 VB/mm |
|---|---|---|---|
| 精车 | 0.1～0.3 | 精车铸铁 | 0.8～1.2 |
| 粗车合金钢,粗车刚性较差的工件 | 0.4～0.5 | 低速粗车钢及铸铁大件 | 1.0～1.5 |
| 粗车钢料 | 0.6～0.8 | | |

（3）刀具寿命　刃磨后的刀具从开始切削直到磨损量达到磨钝标准为止总的切削时间称为刀具寿命，也可用达到磨钝标准前加工出的零件数量或切削路程长度表示。

刀具寿命是确定换刀时间的重要依据，也是衡量工件材料可加工性、刀具切削性能优劣以及刀具几何参数、切削用量选择是否合理的重要指标。

6. 刀具材料的选择

（1）对刀具材料的基本要求　刀具切削时，在承受较大压力的同时，还与工件、切屑产生剧烈的摩擦，由此而产生较高的切削温度。在加工余量不均匀和切削断续表面时，刀具还将受到冲击和产生振动。为此，刀具切削部分的材料应具备下列基本性能：

1）硬度高，耐磨损：刀具要顺利地从工件上切除车削余量，其硬度必须高于工件材料，常温硬度一般要求超过60HRC，刀具材料的耐磨性与其硬度有关，硬度越高，其耐磨性越好。

2）强度高，抗弯曲：切削过程中作用于刀具前后面上的切削力都由刀具材料承受，其内部产生较大的弯曲应力，因此，刀具必须具有足够的抗弯强度。

3）韧性好，耐冲击：切削过程中大都伴有不同程度的冲击和振动，会造成刀具“崩刃”失效。冲击韧性的好坏，对延长刀具寿命有密切关系。

4）热硬性好：热硬性是指刀具材料在高温下仍能保持高硬度、高强度基本不变的能力，一般用保持刀具切削性能的最高温度来表示。

5）工艺性好：为了便于刀具的制造，要求刀具材料具有良好的工艺性能和高温塑性。

刀具材料应在保证基本性能的前提下，根据切削条件合理选用。

（2）常用刀具材料及其选用　目前生产中常用的刀具材料有高速钢和硬质合金两类。

1）高速钢：高速钢是以钨（W）、铬（Cr）、钒（V）、钼（Mo）为主要合金元素的高合金含量的合金工具钢，它允许的切削速度比碳素工具钢（T10A、T12A）及合金工具钢（9SiCr、CrWMn）高1～3倍，故称为高速钢。高速钢的常温硬度为63～70HRC，耐热温度可达540～600℃。与硬质合金相比，高速钢的强度高（抗弯强度一般为硬质合金的2～3倍，为陶瓷的5～6倍）、韧性好，工艺性好，故在复杂、小型及刚性较差的刀具（钻头、丝锥、成形刀具、拉刀、齿轮刀具等）制造中，高速钢占主要地位；由于高速钢的硬度、耐磨性、耐热性不及硬质合金，因此只适于制造中、低速切削的各种刀具。

高速钢分为两大类：普通高速钢和高性能高速钢。

2）硬质合金：硬质合金是由高强度的难熔金属碳化物（如WC、TiC、TaC、NbC等）和金属粘结剂（如Co、Ni等）按粉末冶金工艺制成的。由于硬质合金中所含难熔金属碳化物远远超过了高速钢，因此其硬度，特别是高温硬度、耐磨性、耐热性都高于高速钢，硬质合金的常温硬度可达89～93HRA（高速钢为83～86.6HRA），耐热温度可达800～1000℃，在相同寿命下，硬质合金刀具的切削速度比高速钢刀具提高4～10倍，它是高速切削的主要刀具材料。但硬质合金较脆，抗弯强度低，仅是高速钢的 1/3 左右，韧性也很低，仅是高速钢的十分之一至几十分之一。目前，硬质合金大量应用在刚性好、刃形简单的高速切削刀具上。随着技术的进步，在复杂刀具中也在逐步扩大高速钢的应用。

按其成分不同，常用的硬质合金有钨钴合金和钨钴钛合金两类。①钨钴类硬质合金由碳化钨（WC）和钴（Co）烧结而成，代号为 YG。这类硬质合金有较好的抗弯强度和冲击韧度以及较高的热导率，一般用来加工铸铁和有色金属，也适于加工不锈钢、高温合金、钛合金等难加工材料。②钨钴钛类硬质合金由碳化钨（WC）、碳化钛（TiC）和钴（Co）组成，代号为 YT，此类硬质合金的硬度、耐磨性、耐热性及抗粘结性能好，而抗弯强度及韧性较差，一般用于钢料的连续切削。

钨钛钽（铌）类硬质合金是在上述两种硬质合金中添加少量其他碳化物如 TaC 或 NbC 而派生出的一类硬质合金，代号为 YW，一般用于加工耐热钢、不锈钢等难加工材料，也可代替 YG 和 YT 类使用，此类硬质合金有良好的综合性能。

除上述三类硬质合金外，随着高速、高精度机床的发展，近年来我国又研制了一些新型硬质合金，如表面涂层硬质合金和超细晶粒硬质合金等。

3）其他刀具材料：①陶瓷。常用的陶瓷刀具材料是以 $Al_2O_3$ 或 $Si_3N_4$ 为基体成分在高温下烧结而成的。陶瓷有很高的硬度和耐磨性，耐热性高达 1200℃ 以上，切削速度可比硬质合金提高 2 ~ 5 倍，但它的抗弯强度很低，冲击韧度很低，一般用于高硬度材料的精加工。②人造金刚石。人造金刚石是在高温高压下由金刚石微粒烧结而成的，其硬度很高，耐磨性极好，但强度低、脆性大，在一定温度下与铁族金属亲和力大，一般不适宜加工钢铁材料，多用于对非铁金属及非金属材料的超精加工以及作磨具磨料用。③立方氮化硼。立方氮化硼刀具材料是由氮化硼在高温高压作用下转变而成的，其硬度和耐磨性仅次于金刚石，化学稳定性好，但它的焊接性能差，一般用于高硬度、难加工材料的精加工。

**四、刀具几何参数的合理选择**

刀具的几何参数包括：刀具角度、刀面的结构和形状，切削刃的形式等。刀具几何参数对切削变形、切削力、切削温度和刀具磨损均有显著的影响，因此也影响切削效率、刀具寿命、工件表面质量和加工成本。因此必须重视刀具几何参数的合理选择。

**1. 前角的选择**

前角的大小决定着切削刃的锋利程度。增大前角能使切削刃锋利，切削轻快，减少功率消耗，切削变形小，从而减小切削力和切削热的产生，还可抑制积屑瘤等现象的产生，提高表面加工质量。但是前角过大，将使刀具楔角变小，刀头强度降低，散热条件变差，切削温度升高，刀具磨损加剧，刀具寿命降低。

前角大小选择的总原则是，在保证加工质量和足够的刀具寿命的前提下，应尽量选取大的前角，在具体选择时要考虑以下因素：

1）根据刀具材料与工件材料的强弱对比来考虑。刀具材料强度高，韧性好，前角可选大一些，高速钢可选较大前角，硬质合金前角较小，陶瓷刀具前角应更小；工件材料的强度和硬度高，前角就要选小一些，加工塑性材料时，前角可选大一些，加工塑性很大的材料，如纯铜等，前角则应选得更大一些。加工脆性材料，前角宜选小一些。

2）根据加工情况来考虑。粗车时，车削余量多，进给量大，切削时冲击力大，所以在不影响车刀锋利前提下选取较小的前角；精车时，因工件表面有精度要求，增大前角可以减小切削力过大而引起的工艺系统振动，前角应取大些。

3）根据工艺系统刚性和加工工艺要求来考虑。刚性差或机床功率不足时，宜选取较大的前角。用成形刀具加工时，如螺纹车刀、铣刀、齿轮刀具等，则应选用较小（甚至是零）的前角。

**2. 前面的形状及其选择**

图 1-18 所示为刀具前面的几种形式。

（1）正前角平面形（见图 1-18a）　特点是结构简单、制造方便，刃口锋利，但强度低，传热能力差，多用于精加工刀具、复杂刀具以及加工脆性材料的刀具。

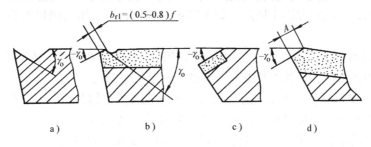

图 1-18　刀具前面形式

a）正前角平面形　b）正前角曲面带倒棱形　c）负前角单面形　d）负前角双面形

（2）正前角曲面带倒棱形（见图 1-18b）　在平面带倒棱的基础上，在前面上又磨出一个曲面，称为卷屑槽或月牙槽。正前角曲面形便于切屑的卷曲和折断，在刃口处做出负倒棱，以增加刀具强度和改善散热条件，因而可选取较大前角。

（3）负前角形（见图 1-18c、d）　切削高强度、高硬度材料时，为使脆性较大的硬质合金刀片承受压应力，而采用负前角。负前角单面形适用于后面磨损的刀具，负前角双面形适用于前、后面同时磨损的刀具。

**3. 后角的选择**

后角的主要作用是减小刀具后面与工件表面之间的摩擦，增大后角可以减少摩擦，减少切削热，使切削轻快。但若后角过大，则刀具强度下降，容易崩刃。后角大小选择的总原则是，在不产生较大摩擦条件下，尽量取较小后角。具体选择后角大小时，要考虑以下几个因素：

（1）后角应与前角协调　当前角选大时，后角的数值应在可选择的范围内取较小值，以保证刀具有合适的强度；当前角选小值甚至负值时，为便于切入，应在可选择的数值范围内取较大的后角。

（2）根据加工要求选取　粗加工时，切削余量多，切削用量较大，刃口需要有较好的强度，后角应选小些，一般取 3°～6°；精加工时，切削用量较小，工件表面质量要求高，为了减小摩擦，使刃口锋利，后角应选得大些，一般取 4°～8°。

（3）根据工件材料选取　加工塑性金属材料或强度及硬度较低的材料，后角应选得大些；加工脆性材料或强度及硬度较高的材料，后角应选得小些。

（4）工艺系统刚度　工件或刀具刚性较差时，应取较小的后角。如车削细长轴、长螺纹时，减小后角能有效地减少振动，使切削顺利。

### 4. 主偏角的选择

主偏角的大小直接影响切削力和刀具寿命。在相同的进给量和背吃刀量下进行切削时，减小主偏角，能使主切削刃参加切削的长度增大，切屑变薄，此时刀刃散热面积加大，改善散热情况，且刀尖角增大，提高了刀尖强度，对延长刀具寿命有利；但是，主偏角较小时，背向力 $F_p$ 大，容易使工件或刀杆（孔加工刀具）产生挠度变形而引起"让刀"现象，以及引起工艺系统振动，影响加工质量。一般车刀主偏角取 45°、60°、75°、90° 几种。主偏角的选择主要考虑以下因素：

（1）工艺系统刚性　在工艺系统刚性允许的情况下，应尽可能采用较小的主偏角，工艺系统刚性差时，采用较大的主偏角。如车削细长轴时，常采用主偏角为 90° 的车刀，以减小背向力 $F_p$。

（2）工件材料　当工件材料的强度、硬度较高时，刀具磨损快，为减轻单位切削刃上的载荷，改善散热条件，延长刀具寿命，宜选用较小的主偏角。

（3）粗车　粗车时，特别是强力切削时，常取较大的主偏角，以便获得厚而窄的切屑，使切屑平均变形和背向力相对减小。强力车刀常用 75° 主偏角。

（4）考虑操作者的方便和加工表面形状　主偏角选用某特殊值时，可用一把车刀车出较多的表面，以免多次换刀。如主偏角为 90° 的车刀，既可加工外圆，又能加工直角台阶与端面；主偏角为 45° 的车刀，可加工外圆、端面及倒角。

### 5. 副偏角的选择

副偏角主要是减少车刀与已加工表面间的摩擦。副偏角减小，可显著减少车削后的残留面积，减小工件表面粗糙度值，同时可增大刀尖角，提高刀尖强度与刀体散热能力，使其寿命提高。但是，副偏角太小，则副切削刃参与切削的长度增大，背向力 $F_p$ 增大，可能引起振动，同时也增加了副后面与已加工表面之间的摩擦，降低了加工质量。因此，副偏角选取应考虑以下因素：

（1）工序要求　粗车时，为了考虑生产效率和寿命，减小副切削刃的切削作用，副偏角应选大一些；精车时，为了保证已加工面的表面粗糙度，副偏角应选小一些，甚至为零。

（2）工件材料　当加工高硬度、高强度的材料或断续切削时，为了增加刀尖强度，副偏角应取较小值，如 $\kappa'_r = 4° \sim 6°$；当加工塑性和韧性较高的材料，如纯铜、铝及其合金时，为了使刀尖锋利，则副偏角可取较大值，如 $\kappa'_r = 15° \sim 30°$。

（3）工艺系统刚性　当工艺系统刚性较好时，副偏角应取较小值；工艺系统刚性较差时，副偏角应取较大值，以避免工件振动。

### 6. 刃倾角的选择

刃倾角的主要作用是影响切削刃强度、刀具锋利程度和排屑方向。当刃倾角为正值时，切屑流向工件待加工表面，已加工表面不易被切屑划伤，但刀尖强度较差；当刃倾角为负值时，切屑流向工件已加工表面，工件已加工表面容易被切屑划伤，但刀尖强度高。增大刃倾角可使切削刃更加锋利，切屑变形减小，从而延缓刀具磨损，提高刀具寿命，但刃倾角太大又会使刀体强度降低，散热不利及造成非正常损坏。具体选择时可考虑以下几点：

1）粗加工时，宜选负刃倾角，以增加刀具的强度。粗加工钢、铸铁时，一般取 $\lambda_s = -5° \sim 0°$。

2）在断续切削时，负刃倾角有保护刀尖的作用，负刃倾角刀具是远离刀尖的切削刃先与工件接触，刀尖不受冲击，起到保护刀尖的作用。有冲击载荷时一般取 $\lambda_s = -15° \sim -5°$。

3）精加工时，宜选用正刃倾角，可避免切屑流向已加工表面，保护已加工表面不被切屑碰伤。精车时取 $\lambda_s = 0° \sim 5°$。

4）大刃倾角刀具可使排屑平面的实际前角增大，刃口圆弧半径减小，使刀刃锋利，因此在微量切削时，常采用很大的刃倾角。如在精镗孔、精刨平面时，常采用 $\lambda_s = 30° \sim 75°$。

**五、切削用量的合理选择**

选择切削用量就是根据切削条件和加工要求，确定合理的背吃刀量、进给量和切削速度。所谓合理的切削用量应是在保证加工质量的前提下，获得高生产率和低加工成本的切削用量。

下面以车削为例来说明切削用量的选择原则及方法步骤。

1. 粗车时切削用量的选择原则

粗车的主要特点是加工精度和表面质量要求低，毛坯余量大且不均匀，因此，粗加工的主要目的是在保证刀具一定寿命前提下，尽可能提高在单位时间内的金属切除量。一般来说，加大切削速度、背吃刀量和进给量，均对提高生产效率有利。但如前所述，切削速度对刀具寿命影响最大，而背吃刀量影响最小。若首先将 $v_c$ 选得很大，刀具寿命就会急剧下降，则换刀次数增多，从而增加了辅助时间。因此，应根据切削用量对刀具寿命的影响大小，首先选择较大的背吃刀量 $a_p$，其次选较大的进给量 $f$，最后按照刀具寿命的限制确定合理的切削速度。

2. 精车时切削用量的选择原则

精车时，表面粗糙度和加工精度要求较高，加工余量小而均匀。因此，精加工或半精加工选择切削用量的原则是，在保证加工质量的前提下，尽可能提高生产率。

切削用量 $a_p$、$f$、$v_c$ 对切削变形、残留面积的高度、积屑瘤、切削力等的影响是不同的，因而它们对加工精度和表面粗糙度的影响也不相同。提高切削速度，可使切削变形和切削力减小，而且能有效控制积屑瘤的产生；进给量受残留面积高度（表面质量）的限制；背吃刀量受预留精车余量大小的控制。因此，精车时要保证加工质量，又要提高生产率，只有选用较高的切削速度，较小的进给量和背吃刀量。

3. 切削用量的选择方法

（1）背吃刀量的选择

1）粗车时，一般是在保留半精车和精车加工余量的前提下，尽可能用一次进给切除全部加工余量，以使进给次数最少。只有当加工余量 $Z$ 太大或加工余量不均匀，而工艺系统刚性又不足时，为了避免振动才分成两次或多次进给。采用两次进给时，通常第一次进给取：$a_{p1} = (2/3 \sim 3/4)Z$；第二次进给取：$a_{p2} = (1/4 \sim 1/3)Z$。

2）精车时，通常取 $a_p = 0.1 \sim 0.4\text{mm}$；半精车时，通常取 $a_p = 0.5 \sim 2\text{mm}$。精车时的背吃刀量不宜太小，若 $a_p$ 太小，因车刀刃口都有一定的钝圆半径，使切屑形成困难，已加工表面与刃口的挤压使摩擦变形较大，反而会降低加工表面的质量。

（2）进给量的选择

1）粗车时，对加工表面粗糙度的要求不高，进给量的选择主要受切削力的限制。在工艺系统刚性和机床进给机构强度允许的情况下，应选择较大的进给量。

2）半精车和精车时，产生的切削力不大，进给量主要受表面粗糙度的限制。因此精车

时的进给量 $f$ 一般选得较小。

（3）切削速度的选择　背吃刀量和进给量确定以后，则可在保证刀具寿命的前提下，确定合理的切削速度。粗车时，切削速度受刀具寿命和机床功率的限制；精车时，机床功率足够，切削速度主要受刀具寿命的限制。

由刀具寿命计算公式可计算切削速度（单位为 m/min）：

$$v_c = \frac{C_v}{T^m a_p^{x_v} f^{y_v}} K_v$$

式中　$C_v$——与寿命有关的系数；

　　　$T$——刀具寿命（min）；

$m$，$x_v$，$y_v$——分别表示 $T$、$a_p$、$f$ 对切削速度的影响程度，它们与工件材料、刀具材料等因素有关；

　　　$K_v$——切削速度的修正系数。

上述指数和系数可从有关切削用量手册中查出。

切削速度可用刀具寿命公式算出，也可从手册中查出。

4. 机床功率校验

切削功率 $P_c$（单位为 kW）用下式计算

$$P_c = \frac{F_c v_c}{60 \times 10^3}$$

式中　$F_c$——切削力（N）；

　　　$v_c$——切削速度（m/min）。

机床有效功率 $P'_E$ 为

$$P'_E = \eta_m P_E$$

式中　$P_E$——机床电动机功率（kW）；

　　　$\eta_m$——机床传动效率，一般取 $\eta_m = 0.75 \sim 0.85$。

如果 $P_c < P'_E$，则所选切削用量可以在原确定的机床上使用。但是，如出现 $P_c \ll P'_E$，则说明机床功率未得到充分利用。这时可采用切削性能优良的刀具材料，以提高切削速度，使机床物尽其用。

如果 $P_c > P'_E$，则应更换功率大的机床，或采取降低切削速度等方法以减小切削功率。

**六、外圆表面的常规加工**

外圆是轴类零件的主要表面，因此要合理地制订轴类零件的机械加工工艺规程，首先应了解外圆表面的各种加工方法和加工方案。

1. 车削加工

车削是零件回转表面的主要加工方法之一。其主要特征是零件回转表面的定位基准必须与车床主轴回转中心同轴，因此无论何种工件上的回转表面加工，都可以用车削的方法经过一定的调整而完成；车削既可加工非铁金属，又可加工钢铁材料，尤其适用于非铁金属的加工；车削既可进行粗加工，又可精加工。一般情况下，轴类零件回转表面由于结构原因（$L \gg D$）绝大部分在卧式车床加工，因此车削是应用最广泛的回转表面加工方法之一。

1）工艺范围广。车削可加工内外圆柱面、圆锥表面、车端面、切槽、切断、车螺纹、钻中心孔、钻孔、扩孔、铰孔、盘绕弹簧等工作；在车床上如果装上一些附件及夹具，还可以进行镗削、磨削、研磨、抛光等。车削的基本加工内容如图1-19所示。

2）生产率高。车削加工时，由于加工过程为连续切削，基本上无冲击现象，刀杆的悬伸长度很短，刚性高，因此可采用很高的切削用量，故车削的生产率很高。

3）车削加工精度范围大。在卧式车床上，粗车铸件、锻件时可达到经济加工精度（以公差等级表示）IT11～IT13，$Ra12.5～50\mu m$；精车时达到经济加工精度（以公差等级表示）IT7～IT8，$Ra0.8～1.6\mu m$。在高精度车床上，采用钨钛钴类硬质合金、立方氮化硼刀片，同时采用高切削速度（160m/min或更高），小的背吃刀量（0.03～0.05mm）和小的进给量（0.02～0.2mm/r），进行精细车，可以获得很高的精度和很小的表面粗糙度值，大型精密外圆表面常用精细车代替磨削。

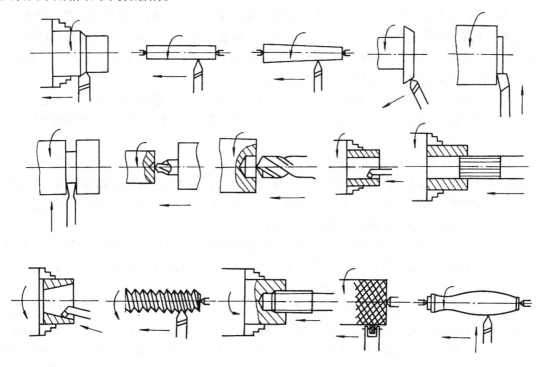

图1-19　车削加工基本内容

在数控车床上加工时，能够完成很多卧式车床上难以完成、或者根本不能加工的复杂表面的零件加工。可以获得很高的加工精度，而且产品质量稳定，比卧式车床可提高生产率2～3倍，尤其对某些复杂零件的加工，生产率可提高十几倍甚至几十倍，大大减轻了工人的劳动强度。

4）非铁金属的高速精细车削　在高精度车床上，用金刚石刀具进行切削，可以获得尺寸公差等级为IT5～IT6，表面粗糙度值$Ra$为$0.1～1.0\mu m$，甚至还能达到镜面的效果。

5）生产成本低　车刀结构简单，刃磨和安装都很方便，许多车床夹具都已经作为附件进行标准化生产，它可以满足一定加工精度要求，生产准备时间短，故其加工成本较低。

2. 磨削加工

在磨床上用砂轮或其他磨具加工工件，称为磨削，磨床的种类很多，较常见的有：外圆磨床、内圆磨床和平面磨床等。

作为切削工具的砂轮，是由磨料加粘结剂用烧结的方法而制成的多孔物体。由于磨料、粘结剂及制造工艺等的不同，砂轮特性包括磨料、粒度、硬度、粘结剂、组织以及形状和尺寸等。

砂轮的磨削是切削、刻划和滑擦三种作用的综合。

(1) 磨削的工艺特征

1) 精度高、表面粗糙度值小。磨削时，砂轮表面有极多的切削刃，并且刃口圆弧半径 $\rho \approx 0.006 \sim 0.012\text{mm}$，而一般车刀和铣刀的 $\rho \approx 0.012 \sim 0.032\text{mm}$。磨粒上较锋利的切削刃，能够切下一层很薄的金属，切削厚度可以达到数微米，这是精密加工必须具备的条件之一。一般切削刀具的刃口圆弧半径虽也可磨得小些，但不耐用，不能或难以进行经济的、稳定的精密加工。磨削所用的磨床比一般切削加工机床精度高，刚性好及稳定性较好，并且具有控制小背吃刀量的微量进给机构，可以进行微量切削，从而保证了精密加工的实现。磨削时，切削速度很高，如普通外圆磨削 $v_c \approx 30 \sim 35\text{m/s}$，高速磨削 $v_c > 50\text{m/s}$。当磨粒以很高的切削速度从工件表面切过时，同时有很多切削刃进行切削，每个磨刃仅从工件上切下极少量的金属，残留面积高度很小，有利于形成光洁的表面。

因此，磨削可以达到高的精度和很小的表面粗糙度值。一般磨削公差等级可达 IT6 ~ IT7。表面粗糙度值 $Ra$ 为 $0.2 \sim 0.8\mu\text{m}$，当采用小表面粗糙度值磨削时，表面粗糙度值 $Ra$ 可达 $0.008 \sim 0.1\mu\text{m}$。

2) 砂轮有自锐作用。磨削过程中，砂轮的自锐作用是其他切削刀具所没有的。一般刀具的切削刃，如果磨钝或损坏，则切削不能继续进行，必须换刀或重磨。而砂轮由于本身的自锐性，使得磨粒能够以较锋利的刃口对工件进行切削。实际生产中，有时就利用这一原理，进行强力连续磨削，以提高磨削加工的生产效率。

3) 可以磨削硬度很高的材料。砂轮磨粒本身具有很高的硬度和耐热性。因而，砂轮不仅能磨削一般材料（如未淬火钢、铸铁和非铁金属等），而且还可以磨削用其他刀具难以加工甚至不能加工的材料，如淬火钢、硬质合金等。

4) 磨削温度高。在磨削过程中，一方面由于砂轮高速旋转，砂轮与工件之间产生剧烈地外摩擦，另一方面由于磨粒挤压工件表层，使其产生弹性和塑性变形，在工件材料内部发生剧烈的内摩擦。内外摩擦的结果产生了大量的磨削热。由于砂轮本身导热性差，磨削区瞬时所产生的大量热量，短时间来不及传出，所以瞬时形成很高的温度，一般可达 800 ~ 1000℃，甚至可使微粒金属熔化。因此，工件表面容易产生烧损现象，淬火的工件在磨削时更易发生退火，使表面硬度降低。

对于导热性差的材料在磨削高温作用下，容易在工件内部与表层之间产生很大的温度差，致使工件表层产生很大的磨削应力和应变，有时使工件表面产生很细的裂纹，降低表面质量。

另外，在高温下变软的工件材料，极易堵塞砂轮，不仅影响砂轮的使用寿命，也影响工件表面质量。

因此，在磨削过程中，应采用大量的切削液。磨削时加注切削液，除了起到冷却和润滑作用之外，还可以起到冲洗砂轮的作用，切削液将细碎的切屑以及碎裂或脱落的磨粒冲走，避免砂轮堵塞，可有效地提高工件的表面质量和砂轮的使用寿命。

磨削钢件时，广泛应用的切削液是苏打水或乳化液，磨削铸铁、青铜等脆性材料时，一般不加切削液，而用吸尘器清除尘屑。

（2）磨削工艺的发展 近年来磨削正朝着高精度、小表面粗糙度值和高效磨削方向发展。

1）高精度、小表面粗糙度值磨削。包括精密磨削（$Ra0.1 \sim 0.05\mu m$），超精密磨削（$Ra0.025 \sim 0.012\mu m$）和镜面磨削（$Ra0.006\mu m$），它们可以代替研磨加工，以减轻劳动强度和提高生产率。

小表面粗糙度值磨削时，除对磨床有要求外，砂轮需经精细修整，保证砂轮表面磨粒具有微刃性和微刃等高性。磨削时，磨粒的微刃在工件表面上切下微细的切屑，同时在适当的磨削压力下，借助半钝态的微刃与工件表面间产生的摩擦抛光作用获得高的精度和小的表面粗糙度值。

2）高效磨削。高效磨削包括高速磨削和强力磨削，主要目的是提高生产率。

高速磨削是采用高的磨削速度（$v_c > 50m/s$）和相应提高进给量来提高生产率的磨削方法，高速磨削还可提高工件的加工精度和降低表面粗糙度值，砂轮使用寿命也可提高。

强力磨削是经大的背吃刀量（可达十几毫米）和缓慢的轴向进给（$0.01 \sim 0.3mm/min$）进行磨削的方法。它可以在铸、锻毛坯上直接磨出零件所要求的表面形状和尺寸，从而大大提高生产效率。

（3）在无心外圆磨床上磨削外圆表面的方法 无心外圆磨削的加工示意如图1-20所示，工作原理如图1-21所示，其工作方法与万能外圆磨床不同，工件不是支承在顶尖上或夹持在卡盘上，而是放在砂轮和导轮之间，由托板支承，以工件自身外圆为定位基准。砂轮和导轮的旋转方向相同，导轮是用摩擦系数较大的树脂或橡胶作粘结剂制成的刚玉砂轮，当砂轮以转速 $n_0$ 旋转时，工件就有与砂轮相同的线速度回转的趋势，但是由于受到导轮摩擦力对工件的制约作用，结果使工件回转速度接近于导轮线速度（导轮线速度远

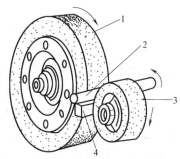

图1-20 无心外圆磨削的加工示意图
1—砂轮 2—工件 3—导轮 4—托板

低于砂轮），从而在砂轮和工件之间形成很大的速度差，由此而产生磨削作用。改变导轮的转速，便可以调整工件的圆周进给速度。无心磨削时，工件的中心必须高于导轮和砂轮的中心连线，使工件与砂轮、导轮间的接触点不在工件同一直径上，从而使工件上某些凸起表面在多次转动中能逐次磨圆，避免磨出棱形工件。

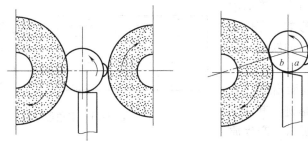

图1-21 无心外圆磨削加工原理图

无心外圆磨床有两种磨削方式（见图1-22）：纵磨法和横磨法。纵磨法适用于磨削不带凸台的圆柱形工件，磨削表面长度可大于或小于砂轮宽度。磨削加工时，一件接一件地连续

对工件进行磨削，生产率高。横磨法适用于磨削有阶梯的工件或成形回转体表面，但磨削表面长度不能大于砂轮宽度。

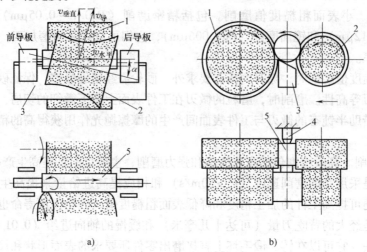

图 1-22　无心外圆磨削加工方式示意图
a）纵磨法　b）横磨法
1—磨削砂轮　2—导轮　3—托板　4—挡块　5—工件

在无心外圆磨床上磨削外圆表面时，工件不需钻中心孔，装夹工件省时省力，可连续磨削；由于有导轮和托板沿全长支承工件，因而刚度差的工件也可用较大的切削用量进行磨削。所以无心外圆磨削生产率较高。

由于工件定位基准是被磨削的工件表面自身，而不是中心孔，所以就消除了中心孔误差、外圆磨床工作台运动方向与前后顶尖连线的不平行引起的误差以及顶尖的径向圆跳动等项误差的影响。无心外圆磨削磨出来的工件公差等级为 IT6 ~ IT7，圆度误差 0.005mm，圆柱度误差 0.004mm/100mm，表面粗糙度值 $Ra$ 不高于 1.6μm。如果配备适当的自动装卸料机构，无心外圆磨削易于实现自动化。但由于无心磨床调整费时，故只适于大批量生产。又因工件的支承与传动特点，只能用来加工尺寸较小，形状比较简单的工件。此外，当工件外圆表面不连续（如有长的键槽）或内、外圆表面同轴度要求较高时，也不适宜采用无心外圆磨床加工。

（4）外圆磨削的质量分析　在磨削过程中，由于多种因素的影响，零件表面容易产生各种缺陷。常见的缺陷及解决措施分析如下。

1）多角形：在零件表面沿素线方向存在一条条等距的直线痕迹，其深度小于 0.5μm，如图 1-23 所示。产生原

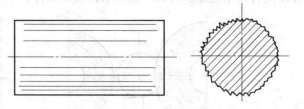

图 1-23　多角形缺陷

因主要是由于砂轮与工件沿径向产生周期性振动所致，如砂轮或电动机不平衡、轴承刚性差或间隙太大、工件中心孔与顶尖接触不良、砂轮磨损不均匀等。消除振动的措施包括平衡砂轮和电动机；改善中心孔和顶尖的接触情况；及时修整砂轮；调整轴承间隙等。

2）螺旋形：磨削后的工件表面呈现一条很深的螺旋痕迹，痕迹的间距等于工件每转的纵向进给量，如图1-24所示。产生原因主要是砂轮微刃的等高性破坏或砂轮与工件局部接触。如砂轮素线与工件素线不平行；头架、尾座刚性不等；砂轮主轴刚性差。消除的措施有修正砂轮，保持微刃等高性；调整轴承间隙；保持主轴的位置精度；砂轮两边修磨成台肩形或倒圆角，使砂轮两端不参加切削；工作台润滑油要合适，同时应有卸载装置；使导轨润滑为低压供油等。

3）拉毛（划伤或划痕）：常见的工件表面拉毛现象如图1-25所示。产生原因主要是磨粒自锐性过强；切削液不清洁；砂轮罩上磨屑落在砂轮与工件之间等。消除拉毛的措施包括选择硬度稍高一些的砂轮；砂轮修整后用切削液和毛刷清洗；对切削液进行过滤；清理砂轮罩上的磨屑等。

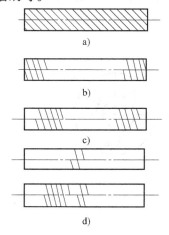

图1-24　几种螺旋形缺陷

a）在全长连续不断　b）在两端（到端面）
c）在两端（不到端面）　d）在中间不连续

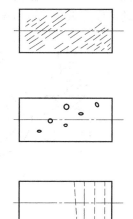

图1-25　拉毛（划伤或划痕）缺陷

4）烧伤：可分为螺旋形烧伤和点烧伤，如图1-26所示。烧伤的原因主要是由于磨削高温的作用，使工件表层金相组织发生变化，因而使工件表面硬度发生明显变化。避免烧伤的措施有降低砂轮硬度；减小背吃刀量；适当提高工件转速；减少砂轮与工件接触面积；及时修正砂轮；进行充分冷却等。

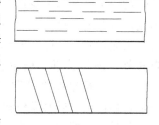

图1-26　烧伤缺陷

**七、外圆表面的精密加工**

精密加工是指在一定发展时期，加工精度和表面质量达到较高程度的加工工艺。当前是指零件的加工精度为 $0.1 \sim 1 \mu m$，表面粗糙度值 $Ra$ 为 $0.008 \sim 0.1 \mu m$ 的加工技术，主要指研磨、珩磨、超精加工和抛光等。从广义上看，精密加工还包括刮削、宽刀细刨和金刚石刀具切削加工等。外圆表面的精密加工主要有研磨加工、超精加工和抛光等。

1. 研磨

研磨是利用研磨工具和研磨剂，从工件上研去一层极薄表面层的精密加工方法。研磨有平面研磨、外圆研磨、内圆研磨、螺纹研磨等。研磨公差等级可达 IT5 左右，表面粗糙度值 $Ra$ 可达 $0.01 \sim 0.1 \mu m$，研磨余量约为 $0.005 \sim 0.02 mm$。研磨是最常用的光整加工方法。

（1）研磨原理　研磨时，在研具与工件被研表面间加研磨剂，研具是用比工件软的材料制造而成的。在一定压力下，研具与工件作复杂的相对运动。研磨剂中的磨料会嵌入研具表面，在相对运动中对已经精细加工过的工件表面进行微量切削，切除的金属层极薄，约为 $0.01 \sim 0.1 \mu m$。此外，研磨过程中还伴随有化学作用，即研磨剂可使工件表面形成很薄的氧化膜，凸起的氧化膜被磨粒刮掉，再生成氧化膜，再被刮去，加之研磨运动复杂，运动轨迹不重复，工件表面得到均匀地加工，不平的凸起一次次被切除，表面粗糙度值便逐渐减小。

（2）研磨方法　研磨有手工研磨和机械研磨两种方法。

1）手工研磨：研磨外圆时，工件夹持在车床卡盘上或用顶尖支承，作低速回转，研具套在工件上，在研具和工件之间加入研磨剂，然后用手推动研具作往返运动。外圆研具如图1-27 所示。图1-27a 粗研具套孔内有油槽，可储存研磨剂，图1-27b 精研具套孔内无油槽。研具往复运动速度选 $20 \sim 70 m/min$ 为宜。

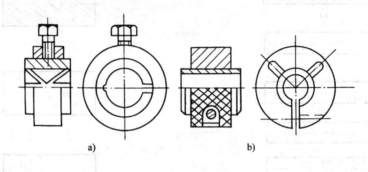

图 1-27　外圆研具

a）粗研具　b）精研具

2）机械研磨：研磨设备专用于某种工件，生产效率高，适用于大批量生产。图1-28 所示为一种行星传动式的双面研磨机。

图中中心传动齿轮带动6个工件和工件夹盘转动，工件夹盘本身在传动中就是1个行星齿轮。这6个行星齿轮的外圆又同时与1个中心内齿轮4啮合。行星齿轮除了以 $n_3$ 的转速作自转外，还作公转。研磨盘以 $n_1$ 转速旋转。工件则置于行星齿轮（即工件夹盘）的槽中，并随行星齿轮与研磨盘作相对运动。

此外，机器研磨不仅可以研磨外圆柱面，还适用于内圆柱面、平面、球面、半球面等的表面研磨。

3）嵌砂与无嵌砂研磨：根据磨料是否嵌入研具，研磨又可分为嵌砂与无嵌砂研磨。

①嵌砂研磨。研具材料比工件软，组织均匀。有一定弹性、变形小、表面无斑点。常用材料为灰铸铁、铜、铝、软钢等。

在加工中将磨料直接加入工作区域内，磨

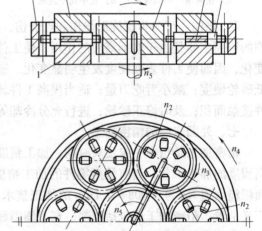

图 1-28　行星齿轮研磨机

1′—上研磨盘　1—下研磨盘　2—工件　3—工件夹盘
4—中心内齿轮　5—中心传动齿轮　$n_1$—研磨盘转速
$n_2$—工件转速　$n_3$—工件夹盘转速　$n_4$—内齿圈转速
$n_5$—中心传动齿轮转速

粒受挤压而自动嵌入研具称为自动嵌砂法。

若在加工前先将磨料直接挤压到研具表面中则称为强迫嵌砂。此方法主要用于精密量具的研磨。

②无嵌砂的研磨。研具材料较硬，而磨粒较软（如氧化铬）。在研磨过程中，磨粒处于自由状态，不嵌入研具表面。研具材料常选用淬火后的钢、镜面玻璃等。

4）研具材料与研磨剂。研具一般采用比工件材料硬度低的材料制作，常用的有铸铁、青铜、低碳钢等。研磨剂的成分是磨料与研磨液。常用的磨料为刚玉 $Al_2O_3$ 和碳化硅。磨料粒度粗研时为 F220～F500，精研时为 F500～F1000，常用的研磨液有煤油、机油、植物油等，为使工件表面研磨时能生成氧化膜而缩短研磨过程，还要适量的加入油酸或研脂酸起活化作用。

**2. 超精加工**

超精加工是用极细磨料的油石，以恒定压力（5～20MPa）和复杂相对运动对工件进行微量切削，以降低表面粗糙度值为主要目的的精密加工方法。超精加工外圆如图 1-29 所示，工件以较低的速度作旋转运动，油石一方面以 12～25Hz 的频率、1～3mm 的振幅作往复振动，一方面以 0.1～0.15mm/r 的进给量作纵向进给运动。油石对工件表面的压力，靠调节上面的压力弹簧来实

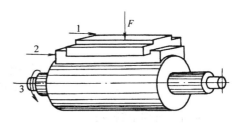

图 1-29　超精加工
1—往复振动　2—纵向进给运动　3—旋转运动

现。在油石与工件之间注入具有一定粘度的切削液，以清除屑末和形成油膜。

加工时，油石上每一磨粒均在工件上刻划出极细微且纵横交错不重复的痕迹，切除工件表面上的微观凸峰。随着凸峰逐渐降低，油石与工件的接触面积逐渐加大，压力随之减小，切削作用相应减弱。当压力小于油膜表面张力时，油石与工件即被油膜分开，切削作用自行停止。

超精加工只能切除微观凸峰，一般不留加工余量或只留很小的加工余量，一般为 0.003～0.01mm。超精加工后 $Ra$ 值可达 0.01～0.1μm，可使零件配合表面间的实际接触面积大大增加。但超精加工一般不能提高尺寸精度、形状精度和位置精度，工件这方面的要求应由前工序保证。超精加工生产率很高，常用于大批量生产中加工曲轴、凸轮轴的轴颈外圆，飞轮、离合器的端平面以及滚动轴承的滚道等。

**3. 抛光**

抛光工作是在高速旋转的抛光轮上进行的，只能减小表面粗糙度值，不能提高尺寸和形位精度，也不能保持抛光前的加工精度。抛光的主要作用是消除表面的加工痕迹，提高零件的疲劳强度；作为表面装饰加工；需要电镀的零件，为了保证质量，镀前需要抛光等。所有抛光加工都不以提高加工精度为目的。

抛光轮一般用毛毡、橡胶、皮革、布等材料制成，具有弹性，能对各种表面进行抛光。抛光液（磨膏）是用氧化铝、氧化铁等加入磨料和油酸、软脂等配制而成，抛光时涂于抛光轮上。手持工件压于轮上，在磨膏的作用下，工件表层金属因化学作用形成一层极薄软膜，可被比工件材料软的磨料切除而不留痕迹。此外，由于抛光速度很高，摩擦使工件表面温度很高，致使工件表层出现塑性流动，填补表面凹坑之处，从而使表面粗糙度值降低。

**4. 滚压加工**

滚压加工是用滚压工具对金属材质的工件施加压力，使其产生塑性变形，从而降低工件表面粗糙度值，强化表面性能的加工方法。它是一种无屑加工。图 1-30 所示为滚压加工示意图。

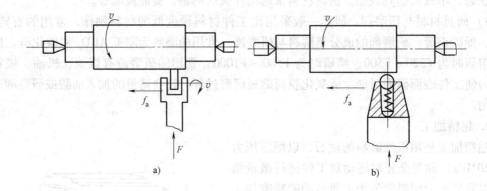

图 1-30　滚压加工示意图
a）滚轮滚压　b）滚珠滚压

滚压加工有如下特点：

1）滚压前工件加工表面粗糙度值 $Ra$ 不大于 5μm，表面要求清洁，直径余量为 0.02 ~ 0.03mm。

2）滚压后的形状精度和位置精度主要取决于前道工序。

3）滚压的工件材料一般是塑性材料，并且材料组织要均匀。铸铁件一般不适合滚压加工。

4）滚压加工生产率高。

# 任务 4　砂轮主轴的加工计划（二）
## ——工艺方案的设计（工件的定位）

**一、基准及基准的分类**

基准就是零件上用以确定其他点、线、面位置所依据的那些点、线、面。基准根据其功用不同分为设计基准与工艺基准。

**1. 设计基准**

在零件图上用以确定零件上其他点、线、面位置的那些点、线、面称为设计基准。如图 1-31a 所示零件，对尺寸 20mm 而言，$A$、$B$ 面互为设计基准；图 1-31b 中，$\phi50$mm 圆柱面的设计基准是 $\phi50$mm 的轴线，$\phi30$mm 圆柱面的设计基准是 $\phi30$mm 的轴线。就同轴度而言，$\phi50$mm 的轴线是 $\phi30$mm 轴线的设计基准。图 1-31c 所示零件，圆柱面的下素线 $D$ 为槽底面 $C$ 的设计基准。作为设计基准的点、线、面在工件上不一定具体存在，例如表面的几何中心、对称线、对称平面等。

**2. 工艺基准**

零件在加工工艺过程中所采用的基准称为工艺基准。工艺基准按用途不同又可分为工序基准、定位基准、测量基准和装配基准。

（1）工序基准　在工序图上，用以确定本工序被加工表面加工后的尺寸、形状、位置的基准称为工序基准。其所标注的加工面尺寸称为工序尺寸。

（2）定位基准　加工时，使工件在机床上或夹具中占据一正确位置所依据的基准称为定位基准。作为定位基准的点、线、面可能是工件上的某些面，也可能是看不见摸不着的中心线、对称线、对称面、球心等。工件定位时，往往需要通过某些表面来体现，这些面称为定位基准面。例如，用三爪自定心卡盘夹持工件外圆，以轴线为定位基准，外圆面为定位基准面；严格地说，定位基准与定位基面并不相同，但可以替代，这中间存在一个误差问题，定位精度要求高时，替代后需计入这个误差。

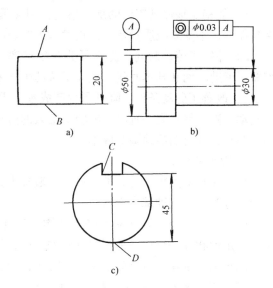

图 1-31　设计基准示例

（3）测量基准　零件检验时，用以测量已加工表面尺寸形状及位置的基准称为测量基准。

（4）装配基准　装配时，用以确定零件或部件在产品中的相对位置所采用的基准称为装配基准。

**二、工件的装夹方式**

工件的装夹方式有三种。

**1. 直接找正法**

直接找正法是用百分表、划针或目测在机床上直接找正工件，使其获得正确位置的一种装夹方法。例如在磨床上磨削一个与外圆表面有同轴度要求的孔时，加工前将工件装在四爪单动卡盘上，用百分表直接找正外圆表面，即可获得工件的正确位置。又如在牛头刨床上加工一个对工件底面及侧面有平行度要求的槽时，用百分表找正工件的右侧面，即可使工件获得正确的位置。直接找正法装夹工件时找正面即为定位基准。

直接找正法生产效率低，对工人技术水平要求高，一般用于单件小批量生产。

**2. 划线找正法**

划线找正法是先在毛坯上按照零件图划出中心线、对称线和各待加工表面的加工线，然后将工件装在机床上，按照划好的线找正工件在机床上的装夹位置。此时用于找正的划线即为定位基准。

由于受到划线精度及找正精度的限制，此法多用于生产批量较小、毛坯精度较低以及大型零件等不便于使用夹具的粗加工中。

**3. 用夹具装夹**

此法是用夹具上的定位元件使工件获得正确位置的一种方法。此时工件与定位元件相接触的面即为定位基准。采用夹具装夹，迅速、方便、生产率高，定位精度高；但需设计、制造专用夹具，广泛用于成批生产和大量生产中。

### 三、夹具的作用、分类及组成

**1. 夹具的作用**

在机械制造过程中，广泛采用各种夹具，夹具的主要作用有以下几个方面：

1）能稳定地保证工件的加工精度：用夹具装夹工件时，工件相对刀具、机床的位置由夹具保证，不受划线质量及工人技术水平的影响，因而精度高，稳定可靠。

2）缩短了劳动时间，提高了劳动生产率。采用夹具后，能使工件迅速地定位和夹紧，缩短了辅助时间和基本时间，提高了劳动生产率。

3）改善了劳动条件，降低了生产成本。用夹具装夹工件方便、省力、安全。特别是采用气动、液压等夹紧装置时，减轻了工人的劳动强度，保证了安全生产。同时，生产率也得到了提高，故可明显地降低成本。

**2. 夹具的分类**

目前夹具尚无统一的分类方法。一般按夹具的应用范围和所使用的机床来分类，按应用范围可分为以下五种基本类型：

（1）通用夹具　通用夹具是指结构、尺寸已规格化，且具有一定的通用性，可以用来装夹一定形状和一定尺寸范围内的各种工件，而不需进行特殊调整的夹具，如三爪自定心卡盘、四爪单动卡盘、万能分度头、回转工作台、机用平口虎钳等。

（2）专用夹具　为满足某一工件的某道工序加工而专门设计、制造的夹具称为专用夹具。这类夹具能提高零件加工的生产率，且操作方便，安全可靠，但设计与制造周期长，费用较高，生产对象变化后无法再用，故适用于加工对象固定的成批生产。

（3）可调夹具　可调夹具是指加工完一种工件后，通过调整或更换夹具上个别元件就可加工形状相似、尺寸相近工件的夹具。一般分为通用可调夹具和成组夹具。

通用可调夹具是在通用夹具的基础上发展起来的，通用范围较大。而成组夹具则是专门为成组加工工艺中某一组工件而设计制造的，针对性强，加工对象和适用范围明确，可使多品种、小批量生产获得类似于大量生产的经济效益，是夹具发展的方向。

（4）组合夹具　组合夹具是指按某种工序的加工要求，将一套专门设计、制造的标准元件组装而构成的夹具。其灵活多变、通用性强、制造周期短、元件可重复使用。因此，特别适用于新产品的试制和单件小批生产，现在数控加工中应用多，是目前夹具发展方向。

（5）随行夹具　这是一种在自动生产线或柔性制造系统中使用的夹具。工件安装在随行夹具上，除完成对工件的定位和夹紧外，还载着工件由运输装置送往各机床，并在各机床上被定位和夹紧。

夹具按使用的机床类型分为车床夹具、铣床夹具、钻床夹具、镗床夹具、磨床夹具等。

**3. 夹具的组成**

虽然各类机床夹具的结构不同，但按其各部分的主要功能分析可知，它一般是由定位元件、夹紧装置、夹具体和其他装置或元件组成。

（1）定位元件　定位元件的作用是确定工件在夹具中的正确位置。如图 1-32b 所示为钻后盖零件上 $\phi12mm$ 孔的夹具，夹具上的圆柱销 5、菱形销 1 和支承板 6 都是定位元件，通过它们使工件在夹具中占据正确的位置。

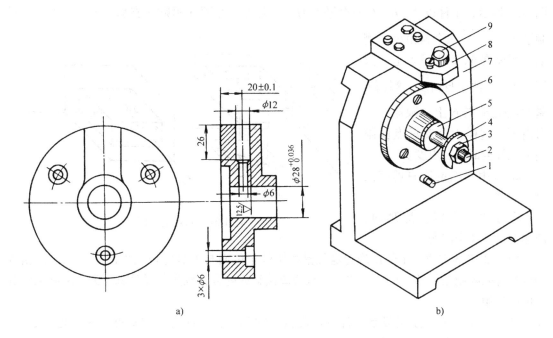

a)　　　　　　　　　　　　　　　　　　　　　　b)

图 1-32　后盖零件图及后盖钻夹具

a）后盖零件图　b）后盖钻夹具

1—菱形销　2—螺杆　3—螺母　4—开口垫圈　5—圆柱销　6—支承板　7—夹具体　8—钻模板　9—钻套

（2）夹紧装置　夹紧装置的作用是保证工件在夹具中已定位好的正确位置在加工过程中不因外力的影响而变化，使加工顺利进行。如图 1-32 所示的螺杆 2（与圆柱销合成的一个零件）、螺母 3 和开口垫圈 4 组成了夹紧装置。

（3）夹具体　夹具体是夹具的基础件，如图 1-32 所示，通过它将夹具的所有部分连接成一个整体。

（4）其他装置或元件　夹具除上述三部分外，还有一些根据需要设置的其他装置或元件，如分度装置、导向元件和夹具与机床之间的连接元件等。如图 1-32 所示的钻套 9 与钻模板 8 就是为了引导钻头而设置的导向装置。

**四、定位原理**

1. 六点定位原理

任何一个尚未定位的工件，在空间直角坐标系中都可看成是自由物体，具有六个自由度，即沿三个互相垂直的坐标轴的移动自由度和绕三个坐标轴的旋转自由度。

如图 1-33 所示，在工件定位分析中，用 $\vec{x}$、$\vec{y}$、$\vec{z}$ 分别表示沿 $x$ 轴、$y$ 轴、$z$ 轴的移动自由度，用 $\hat{x}$、$\hat{y}$、$\hat{z}$ 分别表示绕 $x$ 轴、$y$ 轴、$z$ 轴的转动自由度。要使工件沿某方向的位置确定，就必须限制该方向的自由度。当工件的六个自由度在夹具中都被限定时，工件在夹具中的位置就被完全确定了，这就是六点定位原理。实现的方法是：用适当分布的六个支承点来限制工件的六个自由度，如

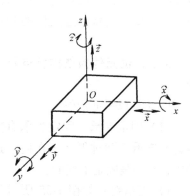

图 1-33　工件的六个自由度

图 1-34 所示，工件以 $A$、$B$、$C$ 三个平面为定位基准，底面 $A$ 紧贴在支承点 1、2、3 上，限制了 $\vec{z}$、$\hat{x}$、$\hat{y}$ 三个自由度，侧面 $B$ 紧贴在 4、5 支承点上，限制了 $\vec{x}$、$\hat{z}$ 两个自由度，端面 $C$ 紧贴在支承点 6 上，限制了 $\vec{y}$ 自由度。这样六个支承点就限制了工件全部的自由度。

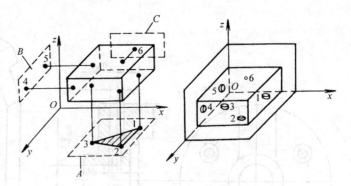

图 1-34　六点定位原理

2. 应用六点定位原理应注意的问题

在应用六点定位原理时，应注意以下几个问题：

（1）正确的定位　工件正确的定位是指工件定位面与夹具定位元件的定位工作面相接触或配合来限制工件的自由度，二者一旦脱离接触或配合，则定位元件就丧失了限制工件自由度的作用。

（2）定位方式　按照限制工件自由度数目的不同，工件定位方式可分为：完全定位、不完全定位、欠定位和过定位。

1）完全定位：工件的六个自由度全被限制的定位状态，称为完全定位。图 1-34 所示为完全定位。一般工件在三个方向上都有尺寸要求时，要用此方式定位。

2）不完全定位：工件被限制的自由度数目少于六个，但能保证加工要求时的定位状态。

3）欠定位：指工件实际定位所限制的自由度少于按其加工要求所必须限制的自由度时的定位状态。由于应限制的自由度未被限制，必然无法保证工序所规定的加工要求，因此欠定位是不允许的。

4）过定位：定位元件重复限制工件同一自由度的定位状态称为过定位。这种定位状态是否允许采用，主要从它产生的后果来判断。当过定位导致工件或定位元件变形、工件与定位元件干涉，明显影响工件的定位精度时，不能采用。

实际生产中，在采取适当工艺措施的情况下，可利用过定位来提高定位刚度，这就是过定位的合理应用。

**五、定位元件的结构特点及应用**

1. 工件以平面定位

（1）固定支承　固定支承有支承钉和支承板两种形式，在使用过程中，它们是固定不变的。

1）支承钉：如图 1-35 所示为标准支承钉结构（GB/T 2226—

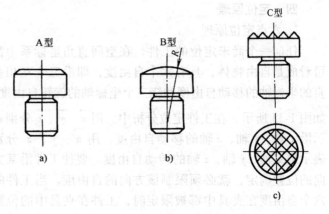

图 1-35　支承钉

1991），A 型是平头支承钉，用于定位加工过的精基准；B 型是球头支承钉，用于定位未加工毛坯的粗基准；C 型是齿纹面支承钉，常用于侧面定位以增大摩擦力。一般一个支承钉只限制一个自由度，因此一个毛坯平面只能用三个球头支承钉定位，以保证接触点确定，使其定位稳定。若工件以加工过的平面为定位基准，则可用三个或更多的平头支承钉定位。但必须保证这几个平头支承钉的定位工作面位于同一平面内，否则，就会使各支承钉不能全部与工件接触，造成定位不稳定。

2）支承板：如图 1-36 所示为标准支承板结构（GB/T 2236—1991），用于定位精基准平面。A 型支承板结构简单，制造容易，但孔边切屑不易清除，故适用于侧面及顶面定位。B 型因开有斜槽，容易清除切屑，易保证工作面清洁，故适用于底面定位。

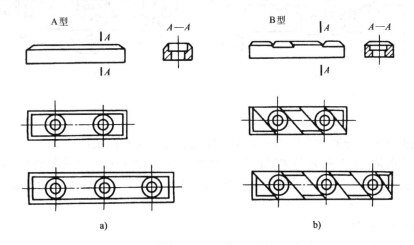

图 1-36 支承板

（2）可调支承 支承点位置可以调整的支承为可调支承，如图 1-37 所示为几种常用的可调支承。调整时要先松后调，调好后用防松螺母锁紧。可调支承主要用于工件以粗基准面定位或定位基准面形状复杂（如成形面、台阶面等），以及各批毛坯的尺寸、形状变化较大时的情况。

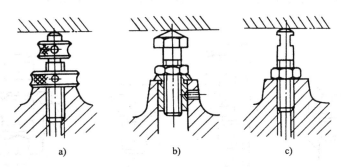

图 1-37 可调支承

（3）自位支承 在工件定位过程中，能自动调整位置的支承称为自位支承（也称浮动支承），图 1-38 所示为两点式自定位支承。这类支承的特点是：支承点的位置能随着工件定位基准面的不同而自动调节，工件定位基准面压下其中一点，其余点便上升，直至各点都与工件接触。接触点数目的增加，提高了工件的装夹刚度和稳定性，但其作用仍相当于一个固定支承，只限制工件一个自由度。

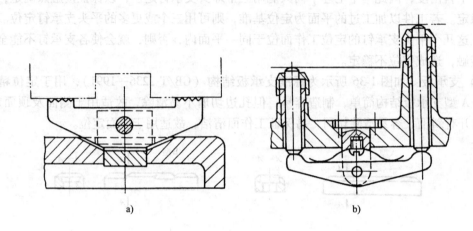

图 1-38　自位支承

（4）辅助支承　辅助支承是用来提高工件的装夹刚度和稳定性，不起定位作用。辅助支承的工作特点是：待工件定位夹紧以后，再调整支承钉的高度，使其分别与工件的有关表面接触并锁紧。每安装一个工件就调整一次辅助支承。另外，辅助支承还可起到预定位作用。

2. 工件以圆孔定位

工件以圆孔表面作为定位基准面时，常用以下定位元件：

（1）圆柱定位销　图 1-39 所示为常用圆柱定位销结构。当工件直径小于 10mm 时，为避免销子因撞击而折断，或热处理淬裂，通常将根部倒出圆角 $R$，应用时在夹具体上锪出沉孔，使定位销圆角部分沉入孔内而不影响定位，如图 1-39a 所示。大批量生产时，为了便于更换定位销可采用如图 1-39d 所示的带衬套结构。圆柱定位销的工作部分直径通常根据加工要求按 g5、g6、f6、f7 制造，定位销与夹具体的配合可参考国家标准。

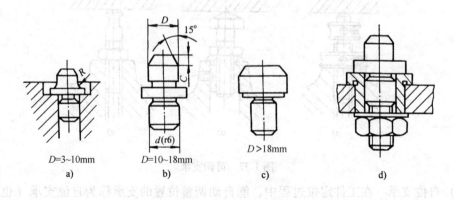

图 1-39　圆柱定位销

（2）圆柱定位心轴　圆柱定位心轴主要用在车床、铣床、磨床上加工套类和盘类零件。

（3）圆锥定位销　如图1-40所示为工件以圆孔在圆锥销上的定位示意图。它限制了工件的 $\vec{x}$、$\vec{y}$、$\vec{z}$ 三个自由度，锥销与圆孔沿孔口接触，孔口的形状直接影响接触情况，从而影响定位精度。图1-40a所示为整体圆锥销，适应于加工过的圆孔，若圆孔是毛坯孔，由于孔的误差大，为保证二者接触均匀，采用图1-40b所示的结构。

3. 工件以外圆柱面定位

工件以外圆柱面定位时，常用的定位元件有 V 形块、定位套、半圆套等。

（1）V 形块

1）V 形块的典型结构：图1-41所示为常用 V 形块。图1-41a 是用于精基准的短 V 形块；图1-41b 是用于精基准的长 V 形块；图1-41c 是用于粗基准的长 V 形块，也可定位两段精基准外圆相距较远的阶梯轴；图1-41d 为大重量工件用镶淬硬垫块或镶硬质合金的 V 形

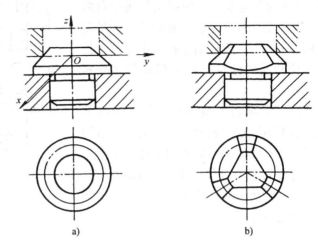

图1-40　圆锥销定位

块。采用这种结构除制造经济性好外，又便于 V 形块定位工作面磨损后更换，还可通过更换不同厚度的垫块以适应不同直径的工件定位，使结构通用化。长、短 V 形块是按照 V 形块量棒和 V 形块定位工作面的接触长度 $L$ 与量棒直径 $d$ 之比来区分，即 $L/d \ll 1$ 时为短 V 形块，$L/d \gg 1$ 时为长 V 形块。

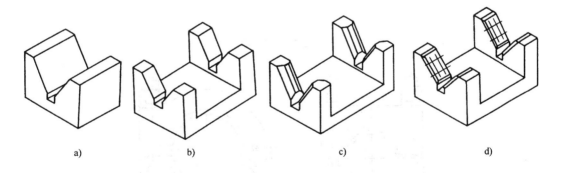

a)　　　　　　b)　　　　　　c)　　　　　　d)

图1-41　V 形块的典型结构

2）V 形块的结构参数：标准 V 形块（GB/T 2208—1991）的结构参数如图1-42所示。V 形块在夹具上调整好位置后用螺钉紧固并配作两个销孔，用两个定位销定位。两斜面的夹角 $\alpha$ 有 $60°$、$90°$、$120°$ 三种，其中以 $90°$ 应用最广。标准 V 形块是根据工件定位面外圆直径来选取。设计非标准 V 形块时可参考标准 V 形块的结构参数来进行。

3）V 形块的定位特性：V 形块定位的最大优点是对中性好，它可使一批工件的定位基准轴线对中在 V 形块两斜面的对称面上，而不受定位基准直径误差的影响。V 形块定位的另一个特点是无论定位基准是否经过加工，是完整的圆柱面还是局部的圆弧面，都可以采用

V 形块定位。因此在以外圆柱面定位时，V 形块是用得最多的定位元件。

（2）定位套　工件以外圆柱面定位时，也可采用如图 1-43 所示的定位套。图 1-43a 为短定位套，限制工件两个自由度；图 1-43b 为长定位套，限制工件四个自由度。定位套结构简单，容易制造，但是定位精度不高，一般适用于粗基准定位。长短定位套的区分与长短 V 形块的区分相同。

（3）半圆套　如图 1-44 所示为两种结构的半圆套定位装置，主要用于大型轴类工件及不便于轴向装夹的工件定位。工件定位面的公差等级应不低于 IT8 ~ IT9，上面的半圆套 1 起夹紧作用，下面的半圆套 2 起定位作用。

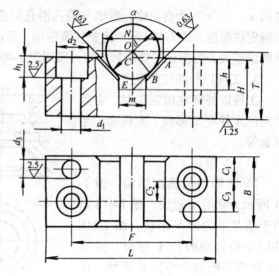

图 1-42　V 形块的结构尺寸

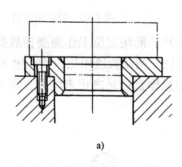
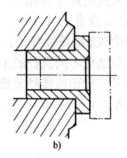

a)　　　　　　　　　　b)

图 1-43　定位套

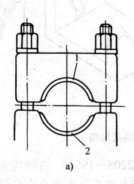
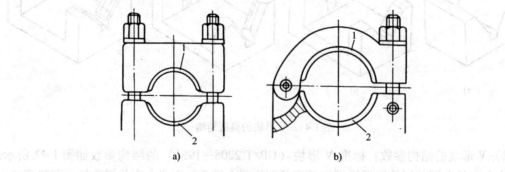

a)　　　　　　　　　　b)

图 1-44　半圆套

1—上半圆套　2—下半圆套

## 六、定位误差的分析计算

### 1. 定位误差产生的原因

造成定位误差的原因是定位基准与工序基准不重合以及定位基准的位移误差两个方面。

（1）基准不重合误差　由于定位基准与工序基准不重合而造成的定位误差，称为基准不重合误差，以 $\Delta_B$ 表示。

图 1-45a 为一工件的铣削加工工序简图，图 1-45b 为其定位简图。加工尺寸 $L_1$ 的工序基准是 $E$ 面，而定位基准是 $A$ 面，这种定位基准与工序基准的不重合，将会因它们之间的尺寸 $L_2$ 的误差 $T_2$ 给工序尺寸 $L_1$ 造成定位误差，由图 1-45b 可知

$$\Delta_B = L_{2max} - L_{2min} \tag{1-1}$$

$\Delta_B$ 仅与基准的选择有关，故通常在设计时遵循基准重合原则，即可防止产生 $\Delta_B$，如图 1-45 所示的工序尺寸 $H_1$，其工序基准与定位基准均为 $B$ 面即基准重合，基准不重合误差为零。

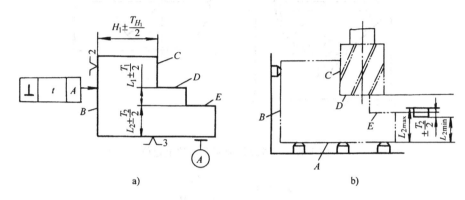

图 1-45　基准不重合误差示例

（2）基准位移误差 $\Delta_Y$　工件在夹具中定位时，由于定位副（工件的定位表面与定位元件的工作表面）的制造误差和最小配合间隙的影响，使定位基准在加工方向上产生位移，导致各个工件位置不一致，造成加工误差，这种定位误差称为基准位移误差，以 $\Delta_Y$ 表示。不同的定位方式，其基准位移误差的计算方法也不同。

1）用圆柱定位销、圆柱心轴中心定位：当圆柱定位销、圆柱心轴与被定位的工件孔为过盈配合时，不存在间隙，定位基准（孔轴线）相对定位元件没有位置变化，则

$$\Delta_Y = 0$$

当定位为间隙配合时，如图 1-46 所示，由于间隙的影响，会使工件的中心发生偏移，其偏移量即为最大配合间隙，可按下式计算

$$\Delta_Y = X_{max} = \delta_D + \delta_d + X_{min} \tag{1-2}$$

式中　$X_{max}$——定位副最大配合间隙；

　　　　$\delta_D$——工件定位基准孔的直径公差；

　　　　$\delta_d$——圆柱定位销或圆柱心轴的直径公差；

　　　　$X_{min}$——定位副所需最小间隙，由设计时确定。

基准位移误差的方向是任意的。减小定位副配合间隙，即可减小 $\Delta_Y$ 值，提高定位精度。

2）以平面定位：由于工件定位面与定位元件工作面以平面接触时，二者的位置不会发生相对变化，因此认为其基准位移误差为零，即

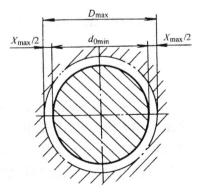

图 1-46　$X_{max}$ 对工件位置公差的影响

$$\Delta_Y = 0$$

3）用 V 形块定位：如图 1-47 所示，工件以外圆在 V 形块上定位，V 形块本身是一定心元件，工件的定位面虽是外圆，但定位基准是外圆轴线。由于一批工件外圆直径尺寸的变化引起定位基准相对定位元件发生位置变化，从而产生竖直方向的基准位移误差。

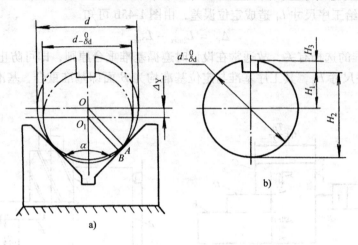

图 1-47　工件以外圆在 V 形块上定位

$$\Delta_Y = OO_1 = \frac{\delta_d}{2\sin\frac{\alpha}{2}}$$

式中　$\delta_d$——工件定位基准的直径公差（mm）；

　　　$\alpha$——V 形块两斜面夹角。

2. 定位误差的计算

定位误差由基准不重合误差 $\Delta_B$ 和基准位移误差 $\Delta_Y$ 组成。

1）当 $\Delta_B = 0$，$\Delta_Y \neq 0$ 时，产生定位误差的原因是基准位移，故

$$\Delta_D = \Delta_Y \tag{1-3}$$

式中　$\Delta_D$——定位误差。

2）当 $\Delta_B \neq 0$，$\Delta_Y = 0$ 时，产生定位误差的原因是基准不重合，故

$$\Delta_D = \Delta_B \tag{1-4}$$

3）当 $\Delta_B \neq 0$，$\Delta_Y \neq 0$ 时，如果工序基准不在定位基面上，则

$$\Delta_D = \Delta_Y + \Delta_B$$

如果工序基准在定位基面上，则

$$\Delta_D = \Delta_Y \pm \Delta_B \tag{1-5}$$

"+"、"−"号的判定方法是：当定位基准面变化时，分析工序基准随之变化所引起 $\Delta_Y$ 和 $\Delta_B$ 变动方向是相同还是相反。二者相同时为"+"号，二者相反时为"−"号。

**例 1-1**　钻铰如图 1-48 所示零件上 $\phi10H7$ 的孔，工件主要以 $\phi20^{+0.021}_{0}$ mm 孔定位，定位轴直径为 $\phi20^{-0.007}_{-0.016}$ mm，求工序尺寸 $(50 \pm 0.07)$ mm 的定位误差。

**解**　工序尺寸 $(50 \pm 0.07)$ mm 的定位误差

$$\Delta_B = 0 \quad （定位基准与工序基准重合，均为 A）$$

按式（1-2）得
$$\Delta_Y = (\delta_D + \delta_d + X_{min})$$
$$= (0.021 + 0.009 + 0.007)\,mm$$
$$= 0.037\,mm$$

则由式（1-3）求得
$$\Delta_D = \Delta_Y = 0.037\,mm$$

**例 1-2**　在图 1-49 中，$S = 40\,mm$，$T_s = 0.15\,mm$，$A = (18 \pm 0.10)\,mm$，求以 $E$ 面定位铣缺口时，加工尺寸 $A$ 的定位误差。

**解**　对于工序尺寸 $A$
$$\Delta_Y = 0$$
（$E$ 面为平面，基准位移误差为零）

故
$$\Delta_D = \Delta_B$$

按式（1-1）得
$$\Delta_B = S_{max} - S_{min} = T_s = 0.15\,mm$$

因此
$$\Delta_D = 0.15\,mm$$

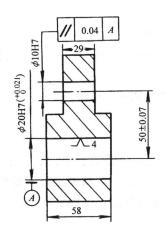

图 1-48　定位误差计算示例

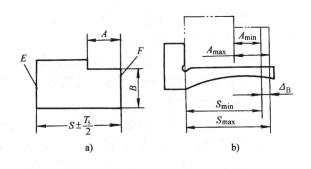

图 1-49　基准不重合误差

# 任务 5　砂轮主轴的加工计划（三）
## ——工艺方案的设计（工件的夹紧）

### 一、夹紧装置的组成

机械加工过程中，为保持工件定位时所确定的正确加工位置，需要采用一定的机构将工件压紧夹牢。夹具上这种用来把工件压紧夹牢的机构称作夹紧装置。

如图 1-50 所示，夹紧装置主要由以下三个部分组成。

1. 力源装置

力源装置是产生夹紧原始作用力的装置，对于机动夹紧机构，通常指气动、液动、电力等动力装置。

2. 中间传动机构

中间传动机构是把力源装置产生的力传给夹紧元件的中间机构，它可以起到如下的作用：

1）改变作用力的方向。如图1-50所示，气缸内作用力的方向通过铰链杠杆机构后改变为垂直方向的夹紧力。

2）改变作用力的大小。为了把工件牢固地夹住，有时需要较大的夹紧力，这时可利用中间传动机构（如斜楔、杠杆等）改变作用力的大小，以满足夹紧工件的需要。

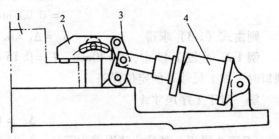

3）自锁作用。在力源消失之后，工件仍能得到可靠的夹紧。

3. 夹紧元件

夹紧元件是夹紧装置的最终执行元件，它与工件直接接触，把工件夹紧。

图1-50　夹紧装置组成
1—工件　2—夹紧元件
3—中间传动机构　4—力源装置

**二、夹紧装置的基本要求**

1）夹紧过程中，不能改变工件定位后所占据的正确位置。

2）夹紧力的大小要适当，既要保证工件在整个加工过程中位置稳定不变，又要保证工件不产生明显的变形或损伤工件表面。

3）工艺性要好，夹紧装置的结构力求简单，便于制造、调整和维修。

4）夹紧装置的操作应当方便，夹紧迅速，安全省力。

**三、夹紧力的确定**

夹紧装置设计的基本问题主要是合理确定夹紧力，而力有三要素：方向、大小和作用点，确定夹紧力就要确定夹紧力的方向、作用点和大小。确定时，应根据工件的结构特点、加工要求，并结合工件加工中的受力状况及定位元件的结构和布置方式等综合考虑。

1. 夹紧力方向的确定

1）夹紧力的方向应垂直于主要定位基准面。主要定位基准面的面积较大，限制的自由度较多，夹紧力的方向垂直于该面容易保持装夹稳固，从而有利于保证工序的精度要求。如图1-51所示，被加工孔与左端面有垂直度要求，因此，工件以左端面与 B 面接触，限制三个自由度，工件以底面与 A 面接触，限制两个自由度，夹紧力 F 应垂直于主要定位基准面 B 面，这样有利于保证孔与端面的垂直度要求。若夹紧力方向改向 A 面，则不仅装夹稳定性较差，而且因工件的左端面与底面的垂直度误差，使被加工孔与左端面的垂直度要求也难以保证。

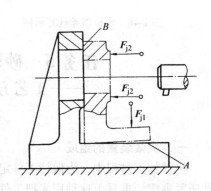

图1-51　夹紧力方向的选择

2）夹紧力的方向应尽量与切削力、工件重力方向同向，这样可以减小所需夹紧力。如图1-52a所示夹紧力 $F_j$ 与切削力方向相反，则夹紧力至少要大于切削力；而如图1-52b所示，夹紧力 $F_j$ 与主切削力方向一致，切削力由夹具的固定支承承受，所需夹紧力较小。

3）夹紧力的方向应尽量与工件刚度最大的方向相一致，以减小工件变形。如图1-53所示的薄壁套筒工件，它的轴向刚度比径向刚度大。若如图1-53a所示，用三爪自定心卡盘径向夹紧套筒，将使套筒产生较大变形。若改成如图 1-53b 所示的形式，用螺母轴向夹紧工件，就不易产生变形。

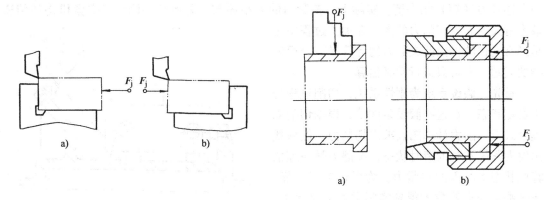

图 1-52　夹紧力与切削力方向　　　　　图 1-53　薄壁套筒的夹紧

2. 夹紧力作用点的确定

1）夹紧力的作用点应落在定位元件的支承范围内，以保证工件已获得的定位位置不变。如图 1-54 所示，夹紧力的作用点不在支承元件范围内，产生了使工件翻转的力矩，破坏了工件的定位。其正确位置应如图中的双点画线所示。

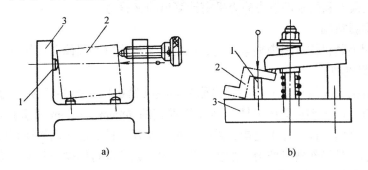

图 1-54　夹紧力作用点的位置
1—支承　2—工件　3—夹具体

2）夹紧力的作用点应落在工件刚性最好的部位，以减小工件的夹紧变形。如图 1-55a 所示的夹紧力作用点会使工件产生较大变形，应改为如图 1-55b 所示的方式。

3）夹紧力作用点应尽量靠近被加工表面，以减小对工件造成的翻转力矩。必要时应在工件刚度差的部位增加辅助支承和辅助夹紧，以减小切削过程中的振动和变形。如图 1-56 所示的零件，在铣削 A、B 两端面时，由于主要夹紧力的作用点距加工面较远，所以在靠近加工表面的地方设置了辅助支承，增加了夹紧力 $F_j$，这样提高了工件的装夹刚性，减小了工件加工时的振动。

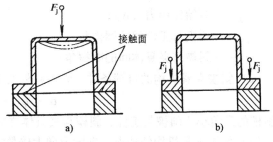

图 1-55　夹紧力的作用点应落在工件刚性最好的部位

### 3. 夹紧力大小的估算

在加工过程中，工件受到切削力、离心力、惯性力及重力的作用，从理论上讲夹紧力应与上述各力（矩）相平衡。实际上，夹紧力的大小还与工艺系统的刚性、夹紧机构的传递效率有关，而且切削力的大小在加工过程中也是经常变化的，因此夹紧力的计算是一个很复杂的问题，通常只进行粗略估算。

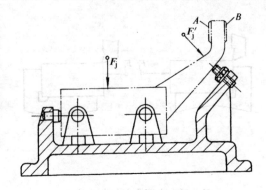

首先，假设系统为刚性系统，切削过程处于稳定状态。在这些假设条件下，根据切削原理公式或切削力计算图表求出切削力。然后找出对夹紧最不利的瞬时状态，按静力学原理估算此状态下所需的夹紧力。为保证夹紧可靠，还需乘以安全系数才得到实际需要的夹紧力。即

图 1-56　辅助支承与辅助夹紧

$$F_J = KF_j$$

式中　$F_J$——实际需要的夹紧力；

　　　$K$——安全系数，一般取 $K = 1.5 \sim 3$，粗加工取大值，精加工取小值；

　　　$F_j$——在最不利的条件下由静力平衡计算出的夹紧力。

### 四、常用夹紧机构

夹具中常用夹紧机构有斜楔夹紧机构、螺旋夹紧机构以及圆偏心夹紧机构等。

### 1. 斜楔夹紧机构

利用斜面直接或间接夹紧工件的机构称为斜楔夹紧机构，图 1-57 所示为几种斜楔夹紧机构的应用实例。图 1-57a 是在工件上钻互相垂直的 $\phi 8mm$、$\phi 5mm$ 两组孔。工件装入后，敲击斜楔大头，夹紧工件。加工完毕，敲击小头，松开工件。由于用斜楔直接夹紧工件，工件的夹紧力较小，且操作费时费力，故实际生产中多数情况将斜楔与其他机构联合使用。图 1-57b 是斜楔与滑柱组成的夹紧机构，图 1-57c 是由端面斜楔与压板组合而成的夹紧机构。

（1）斜楔夹紧力的计算　斜楔夹紧力的近似计算公式为

$$F_j = \frac{F_Q}{\tan(\alpha + 2\varphi)} \quad (\varphi_1 = \varphi_2 = \varphi, \alpha \leqslant 10°)$$

式中　$F_j$——斜楔对工件的夹紧力（N）；

　　　$\alpha$——斜楔升角；

　　　$F_Q$——原始作用力（N）；

　　　$\varphi_1$——斜楔与工件间的摩擦角；

　　　$\varphi_2$——斜楔与夹具体间的摩擦角。

（2）斜楔夹紧机构的自锁条件　斜楔在外力去除后应能自锁。斜楔自锁条件为

$$\alpha < \varphi_1 + \varphi_2$$

即斜楔的升角小于斜楔与工件、斜楔与夹具体之间的摩擦角之和。

（3）斜楔夹紧机构的特点　夹紧力增大倍数等于夹紧行程的缩小倍数。

（4）改变了原始作用力的方向　斜楔夹紧机构的这一特征，由图 1-57 中可以明显看出。

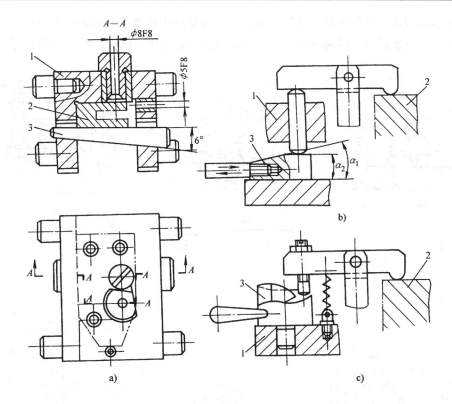

图 1-57　斜楔夹紧机构

1—夹具体　2—工件　3—斜楔

**2. 螺旋夹紧机构**

由螺钉、螺母、垫圈、压板等元件组成的夹紧机构称为螺旋夹紧机构。螺旋夹紧机构结构简单，夹紧可靠，通用性大，自锁性能好，夹紧力和夹紧行程较大，目前在夹具中得到广泛应用。

（1）单个螺旋夹紧机构　直接用螺钉、螺母夹紧工件的机构，称为单个螺旋夹紧机构，如图 1-58 所示。图 1-58a 中，用螺钉头部直接夹紧工件，容易损伤受压表面，并在旋紧螺钉时易引起工件转动，因此常在螺钉头部装上可以摆动的压块（见图 1-58b），以防止发生上述现象。

（2）螺旋压板夹紧机构　螺旋压板夹紧机构是结构形式变化最多的夹紧机构，也是应用最广的夹紧机构，图 1-59 所示为常用的五种典型结构。图 1-59a、b 为移动压板，图 1-59a 为减力增加夹紧行程；图 1-59b 为不增力但可改变夹紧力的方向；图 1-59c 是采用铰链压板增力机构，减小了夹紧行程，但使用上受工件尺寸的限制；图 1-59d 为钩形

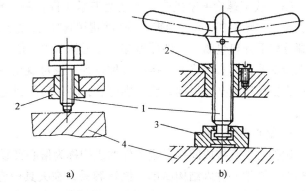

图 1-58　单个螺旋夹紧机构

1—螺钉、螺杆　2—螺母套　3—摆动压块　4—工件

压板，其结构紧凑，使用方便，适用夹具上安装夹紧机构位置受到限制的场合；图 1-59e 为自调式压板，它能适应工件高度由 0~200mm 范围内的变化，结构简单，使用方便。

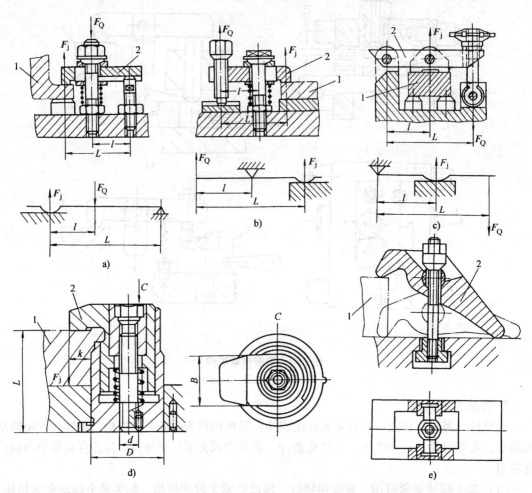

图 1-59　螺旋压板夹紧机构
1—工件　2—压板

（3）快速螺旋夹紧机构　为迅速夹紧工件，减少辅助时间，可采用各种快速的螺旋夹紧机构。如图 1-60a 所示为带有开口垫圈的螺母夹紧机构，螺母最大外径小于工件孔径，松开螺母取下开口垫圈，工件即可穿过螺母被取出；图 1-60b 所示为快卸螺母结构，螺孔内钻有光滑斜孔，其直径略大于螺纹公称直径，螺母旋出一段距离后，就可取下螺母；图 1-60c 所示为回转压板夹紧机构，旋松螺钉后，将回转压板逆时针转过适当角度，工件便可从上面取出。

3. 偏心夹紧机构

用偏心件直接或间接夹紧工件的机构称为偏心夹紧机构。偏心件有圆偏心和曲线偏心两种类型。圆偏心件因结构简单，制造容易，在夹具中应用较多。图 1-61 所示为常见的几种圆偏心夹紧机构。图 1-61a、b 采用的是圆偏心轮，图 1-61c 采用的是偏心轴，图 1-61d 采用的是有偏心圆弧的偏心叉。

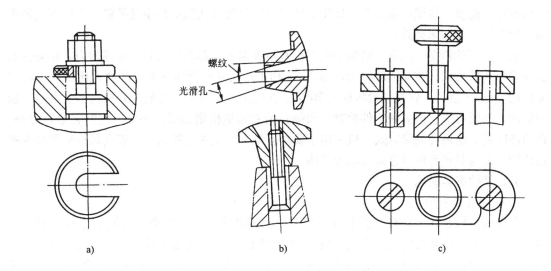

图 1-60　快速螺旋夹紧机构

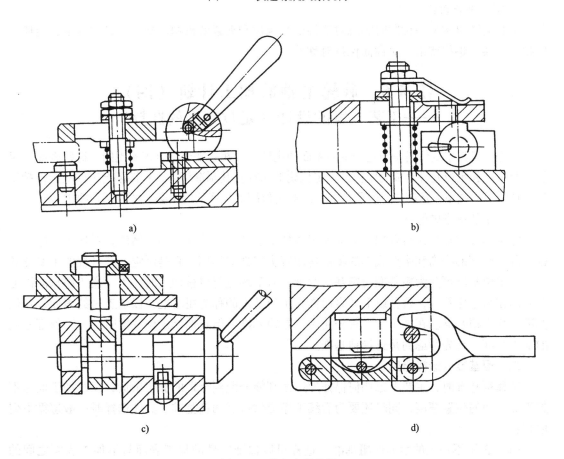

图 1-61　偏心夹紧机构

圆偏心轮夹紧机构结构简单，夹紧动作迅速，使用方便，但增力比和夹紧行程都较小，结构抗振性能差，自锁可靠性差。适用于所需夹紧行程及切削负荷小且平稳、工件不大的手动夹紧夹具，如钻床夹具。

上述介绍的斜楔、螺旋、圆偏心轮三种基本夹紧机构都是利用斜面原理增力。螺旋夹紧机构增力系数最大，在同值的原始作用力 $F_Q$ 和正常尺寸比例情况下，其增力比比圆偏心夹紧机构大 6~7 倍，比斜楔夹紧机构大 20 倍。在使用性能方面，螺旋夹紧机构不受夹紧行程的限制，夹紧可靠，但夹紧工件费时。圆偏心轮夹紧机构则相反，夹紧迅速但夹紧行程小，自锁性能差。这两种夹紧方式一般多用于要求自锁的手动夹紧机构。斜楔夹紧机构则很少单独使用，常与其他元件组合成为增力机构。

**五、其他夹紧机构**

**1. 联动夹紧机构**

在夹紧结构设计中，有时需要对一个工件上的几个点或对多个工件同时进行夹紧，此时，为了减少工件装夹时间，简化机构，常常采用各种联动夹紧机构。这种机构要求从一处施力，可同时在几处（或几个方向上）对一个或几个工件同时进行夹紧。这种利用一个原始作用力实现单件或多件的多点、多向同时夹紧的机构称为联动夹紧机构。

**2. 定心夹紧机构**

定心夹紧机构是一种同时实现对工件定心定位和夹紧的机构。即在夹紧过程中，能使工件相对于某一轴线或某一对称面保持对称性。

# 任务 6　砂轮主轴的加工计划（四）
## ——工艺方案的设计（定位基准的选择）

工件在夹具中定位时是通过一定的表面和定位元件相接触或配合来实现的，这些表面（定位基准面）和定位元件合成为定位副。定位副的选择及其制造精度将直接影响工件的定位精度和夹具的工作效率以及制造、使用性能，故对定位副的选择须提出必要的原则和要求。

**一、定位基准的选择**

定位基准的选择是否合理，对保证工件加工后的尺寸精度、形位精度，对加工顺序的安排以及生产率的提高和生产成本的降低均起着决定性的作用，它是制定工艺过程的主要任务之一。定位基准可分为粗基准与精基准两种。对毛坯进行机械加工时，第一道工序只能以毛坯表面作为定位基准，这种以毛坯表面作为定位基准的称为粗基准；以加工过的表面作定位基准的称为精基准。在加工中，首先使用的是粗基准，但在选择定位基准时，为了保证零件的加工精度，首先考虑的是选择精基准。

**二、粗基准的选择原则**

选择粗基准时，主要考虑如何保证加工面都能分配到合理的加工余量，以及加工面与不加工面之间的位置精度，同时还要为后续工序提供可靠的精基准。具体选择时一般遵循下列原则：

（1）选用不加工的表面作粗基准　这样可以保证零件的加工表面与不加工表面之间的相互位置关系，并可能在一次装夹中加工出更多的表面。如图 1-62 所示，铸件毛坯孔 B 与外圆有偏心，若以不加工的外圆面 A 为粗基准加工孔 B（见图 1-62a），加工时余量不均匀，但加工后的孔 B 与不加工的外圆面 A 基本同轴，较好地保证了壁厚均匀。若选择孔 B 作为粗基准加工时（见图 1-62b），加工余量均匀，但加工后孔与外圆不同轴，壁厚不均匀。应该说明的是，当零件上有多个不需要加工的表面时，应选择与需要加工表面中相对位置精度要求较高的表面作为粗基准。

（2）合理分配加工余量　对有较多加工面的工件，其粗基准选择时，应考虑合理地分配各加工表面的加工余量。

1）应保证各主要加工表面都有足够的加工余量。为满足这个要求，应选择毛坯上精度高、余量小的表面作粗基准。如图 1-63 所示的阶梯轴毛坯，其大小两端的同轴度误差为 0～3mm，大端最小加工余量为 8mm，小端最小加工余量为 5mm。若以加工余量大的大端为粗基准先车小端，则小端可能会因加工余量不足而使工件报废。反之，以加工余量小的小端为粗基准先车大端，则大端的加工余量足够，经过加工的大端外圆与小端毛坯外圆基本同轴，再以加工过的大端外圆为精基准车小端外圆，小端的余量也就足够了。

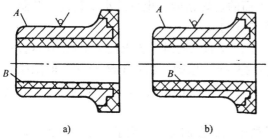

图 1-62　铸件粗基准的选择　　　　　　　图 1-63　阶梯轴毛坯粗基准的选择

2）为保证工件上最重要的表面（如机床导轨面和重要的孔等）的加工余量均匀，应选择这些重要表面作粗基准。如图 1-64 所示的车床床身，导轨表面是重要表面，要求耐磨性好且在整个导轨表面内具有大体一致的力学性能。因此，加工时应选导轨表面作为粗基准加工床腿底面（见图 1-64a），然后以床腿底面为基准加工导轨平面（见图 1-64b）。

（3）粗基准应避免重复使用　一般情况下，在同一尺寸方向上，粗基准只允许使用一次。因为粗基准表面粗糙，定位精度不高，若重复使用，在两次装夹中会使加工表面产生较大的位置误差，对于相互位置精度要求较高的表面，常常会造成超差而使零件报废。如图 1-65 所示小轴的加工中，如果重复使用毛坯 B 面定位，分别加工表面 A 和 C，必然会使 A 面与 C 面的轴线产生较大的同轴度误差。

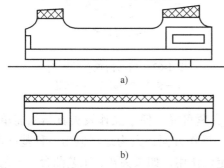

图 1-64　车床床身的粗基准选择

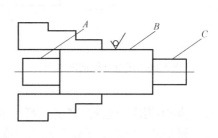

图 1-65　重复使用粗基准
A、C—加工面　B—毛坯面

（4）粗基准表面应平整　所选粗基准表面应尽可能平整，并有足够大的面积。还要将浇口、冒口和飞边等毛刺打磨掉，以便工件安装时定位可靠，夹紧方便。

### 三、精基准的选择原则

精基准的选择应从保证零件加工精度出发，同时考虑装夹方便可靠，夹具结构简单。

（1）"基准重合"原则　所谓基准重合是指设计基准和定位基准重合。精基准选择时应尽可能选用设计基准作为定位基准，以避免产生基准不重合误差。"基准重合"原则对于保证表面间的相互位置精度（如平行度、垂直度、同轴度等）也完全适用。

（2）"基准统一"原则　使位置精度要求较高的各加工表面，尽可能在多数工序中统一用同一基准，应尽可能在多个工序中采用同一基准，这就是"基准统一"原则，也称"基准同一"原则。例如，轴类零件加工时，一般总是先将两端面打好中心孔，其余工序都是以两中心孔为定位基准；齿轮的齿坯和齿形加工时，多采用孔及基准端面为定位基准；箱体零件加工时，大多以一组平面或一面两孔作统一基准加工孔系和端面。

采用"基准统一"原则可较好地保证各加工面的位置精度，也可减小工装设计及制造的费用，提高生产率，并且可以避免基准转换所造成的误差。

（3）"自为基准"原则　有些精加工工序为了保证加工质量，要求加工余量小而均匀，便以加工表面自身来作为定位基准，这就是"自为基准"原则。如图 1-66 所示，磨削床身导轨面时，一般以导轨面为基准找正定位，然后进行加工。此外，铰削孔、拉削孔、无心磨削、珩磨等都是应用"自为基准"原则进行加工的。

（4）"互为基准"原则　有位置精度要求的两个表面在加工时，为了使加工面获得均匀的加工余量和较高的相互位置精度，用其中任意一个表面作为定位基准来加工另一表面，这就是"互为基准"原则。例如加工精密齿轮时，通常是齿面淬硬后再磨齿面及孔。由于齿面磨削余量小，为了保证加工要求，采用如图 1-67 所示的装夹方式。先以齿面为基准磨孔，再以孔为基准磨齿面，这样不但使齿面磨削余量小而均匀，而且能较好地保证孔与齿切圆有较高的同轴度。

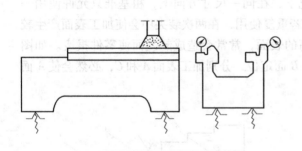

图 1-66　床身导轨面的磨削

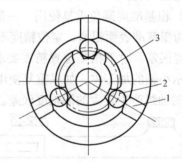

图 1-67　精密齿轮孔的磨削
1—卡盘　2—滚柱　3—齿轮

（5）其他原则　应选择精度较高、定位方便、夹紧可靠、便于操作及夹具结构简单的表面作为精基准。有时为了使基准统一或定位可靠，操作方便，人为地制造出一种基准面，这些表面在零件使用中并不起作用，仅在加工中起定位作用，如顶尖孔、工艺凸台、工艺孔等，这类基准称为辅助基准。

总之，无论是粗基准还是精基准的选择，都必须是首先使工件定位稳定、安全可靠，然后再考虑夹具设计容易、结构简单、成本低廉等技术经济原则。在实际生产中选择粗、精基准时，要想完全符合上述原则，是不可能的，往往会出现相互矛盾的情况。这时应从工件的整个加工过程统一考虑，抓住主要矛盾，确保选择出合理的加工方案。

### 四、砂轮主轴定位基准的确定

轴类零件最常用的定位基准是顶尖孔，砂轮轴也不例外。因为外圆的设计基准是轴的中心线，这样既符合基准重合原则，又符合基准统一原则，能在一次安装中最大限度地加工外圆及端面，容易保证各轴颈的同轴度以及它们与端面的垂直度。如本例中大部分工序均采用顶尖孔作为定位基准。在一些粗加工、半精加工以及不太重要的加工工序中，为了保护精基准以及承受较大的切削力，也可选用轴颈外圆作为定位基准，它与顶尖孔交替使用并互为基准。

# 任务7　砂轮主轴的加工计划（五）
## ——工艺方案的设计（工艺路线的拟订）

### 一、表面加工方法的选择

外圆是轴类零件的主要表面，因此要合理地制定轴类零件的机械加工工艺规程，首先应了解外圆表面的加工方案。

为了正确选择外圆表面的加工方案，首先应了解各种加工方法的特点和掌握加工经济精度的概念。所谓加工经济精度是指在正常的加工条件下（采用符合质量的标准设备、工艺装备和标准技术等级的工人，不延长加工时间）所能保证的加工精度及表面粗糙度值。

各种加工方法所能达到的加工经济精度和表面粗糙度值，以及各种典型表面的加工方案已制成表格，在机械加工工艺设计手册中都能查到。这里要指出的是，加工经济精度的数值并不是一成不变的，随着科学技术的发展，工艺技术的改进，加工经济精度会逐步提高。

表1-5摘录了外圆表面的加工方法和加工方案以及所能达到的加工经济精度和表面粗糙度值。

**表1-5　外圆柱面加工方案**

| 序号 | 加工方法 | 经济精度（用公差等级表示） | 表面粗糙度值 $Ra$ /$\mu m$ | 适用范围 |
|---|---|---|---|---|
| 1 | 粗车 | IT11 ~ IT13 | 10 ~ 50 | |
| 2 | 粗车—半精车 | IT8 ~ IT10 | 2.5 ~ 6.3 | 适用于淬火钢以外的各种金属 |
| 3 | 粗车—半精车—精车 | IT7 ~ IT8 | 0.8 ~ 1.6 | |
| 4 | 粗车—半精车—精车—滚压（或抛光） | IT7 ~ IT8 | 0.025 ~ 0.2 | |
| 5 | 粗车—半精车—磨削 | IT7 ~ IT8 | 0.4 ~ 0.8 | 主要用于淬火钢，也可用于未淬火钢，但不宜加工有色金属 |
| 6 | 粗车—半精车—粗磨—精磨 | IT6 ~ IT7 | 0.1 ~ 0.4 | |
| 7 | 粗车—半精车—粗磨—精磨—超精加工（或轮式超精磨） | IT5 | 0.012 ~ 0.1（或 $Rz$ 0.1） | |

（续）

| 序号 | 加 工 方 法 | 经济精度（用公差等级表示） | 表面粗糙度值 $Ra$ /μm | 适 用 范 围 |
|---|---|---|---|---|
| 8 | 粗车—半精车—精车—精细车（金钢车） | IT6 ~ IT7 | 0.025 ~ 0.4 | 主要用于要求较高的有色金属加工 |
| 9 | 粗车—半精车—粗磨—精磨—超精磨（或镜面磨） | IT5 | 0.006 ~ 0.025（或 $Rz$ 0.05） | 极高精度的外圆加工 |
| 10 | 粗车—半精车—粗磨—精磨—研磨 | IT5 | 0.006 ~ 0.1（或 $Rz$ 0.05） | |

选择表面加工方案，一般是根据经验或查表来确定，再结合实际情况或工艺试验进行修改。表面加工方案的选择应同时满足加工质量、生产率和经济性等方面的要求，具体选择时应考虑以下几方面的因素：

1）选择能获得相应经济精度的加工方法。例如加工公差等级为 IT7，表面粗糙度值 $Ra$ 为 0.4μm 的外圆柱面，通过精细车削是可以达到要求的，但不如磨削经济。

2）零件材料的可加工性能。例如淬火钢的精加工要用磨削，有色金属圆柱面的精加工为避免磨削时堵塞砂轮，则要用高速精细车或精细镗（金刚镗）。

3）工件的结构形状和尺寸大小。例如对于加工公差等级要求为 IT7 的孔，采用镗削、铰削、拉削和磨削均可达到要求。但箱体上的孔，一般不宜选用拉孔或磨孔，而宜选择镗孔（大孔）或铰孔（小孔）。

4）生产类型。大批量生产时，应采用高效率的先进工艺，例如用拉削方法加工孔和平面，用组合铣削或磨削同时加工几个表面，对于复杂的表面采用数控机床及加工中心等；单件小批生产时，宜采用刨削、铣削平面和钻、扩、铰孔等加工方法，避免盲目地采用高效加工方法和专用设备而造成经济损失。

5）现有生产条件。充分利用现有设备和工艺手段，发挥工人的创造性，挖掘企业潜力，创造经济效益。

**二、工序的划分**

工序划分采用工序集中和工序分散的原则。工序集中就是零件的加工集中在少数工序内完成，而每一道工序的加工内容却比较多；工序分散则相反，整个工艺过程中工序数量多，而每一道工序的加工内容则比较少。

**1. 工序集中的特点**

1）有利于采用高生产率的专用设备和工艺装备，如采用多刀多刃、多轴机床、数控机床和加工中心等，从而大大提高生产率。

2）减少了工序数目，缩短了工艺路线，从而简化了生产计划和生产组织工作。

3）减少了设备数量，相应地减少了操作工人和生产面积。

4）减少了工件安装次数，不仅缩短了辅助时间，而且在一次安装下能加工较多的表面，也易于保证这些表面的相对位置精度。

5）专用设备和工艺装置复杂，生产准备工作和投资都比较大，尤其是转换新产品比较困难。

2. 工序分散特点

1）设备和工艺装备结构都比较简单，调整方便，对工人的技术水平要求低。

2）可采用最有利的切削用量，减少机动时间。

3）容易适应生产产品的变换。

4）设备数量多，操作工人多，占用生产面积大。

工序集中和工序分散各有特点；在拟订工艺路线时，工序是集中还是分散，即工序数量是多还是少，主要取决于生产规模和零件的结构特点及技术要求。在一般情况下，单件小批量生产时，多将工序集中。大批量生产时，既可采用多刀、多轴等高效率机床将工序集中，也可将工序分散后组织流水线生产；目前的发展趋势是倾向于工序集中。

3. 砂轮主轴工序划分

本例砂轮主轴属小批量生产，采用工序集中方式进行。

**三、加工阶段的划分**

1. 各加工阶段的主要任务

（1）粗加工阶段　主要任务是切除毛坯上各加工表面的大部分加工余量，使毛坯在形状和尺寸上接近零件成品。因此，应采取措施尽可能提高生产率。同时要为半精加工阶段提供精基准，并留有充分均匀的加工余量，为后续工序创造有利条件。

（2）半精加工阶段　达到一定的精度要求，并保证留有一定的加工余量，为主要表面的精加工做准备。同时完成一些次要表面的加工（如紧固孔的钻削、攻螺纹、铣键槽等）。

（3）精加工阶段　主要任务是保证零件各主要表面达到图样规定的技术要求。

（4）光整加工阶段　对精度要求很高（公差等级 IT6 以上），表面粗糙度值很小（小于 $Ra0.2\mu m$）的零件，需安排光整加工阶段。其主要任务是减小表面粗糙度值或进一步提高尺寸精度和形状精度。

2. 划分加工阶段的原因

（1）保证加工质量的需要　零件在粗加工时，由于要切除掉大量金属，因而会产生较大的切削力和切削热，同时也需要较大的夹紧力，在这些力和热的作用下，零件会产生较大的变形。而且经过粗加工后零件的内应力要重新分布，也会使零件发生变形。如果不划分加工阶段而连续加工，就无法避免和修正上述原因所引起的加工误差。加工阶段划分后，粗加工造成的误差，通过半精加工和精加工可以得到修正，并逐步提高零件的加工精度和表面质量，保证了零件的加工要求。

（2）合理使用机床设备的需要　粗加工一般要求功率大，刚性好，生产率高而精度不高的机床设备。而精加工需采用精度高的机床设备，划分加工阶段后就可以充分发挥粗、精加工设备各自性能的特点，避免以粗干精，做到合理使用设备。这样不但提高了粗加工的生产效率，而且也有利于保持精加工设备的精度和使用寿命。

（3）及时发现毛坯缺陷　毛坯上的各种缺陷（如气孔、砂眼、夹渣或加工余量不足等），在粗加工后即可被发现，便于及时修补或决定是否报废，以免继续加工后造成工时和加工费用的浪费。

（4）便于安排热处理　热处理工序使加工过程划分成几个阶段，如精密主轴在粗加工后进行去除应力的人工时效处理，半精加工后进行淬火，精加工后进行低温回火和冷处理，最后再进行光整加工。这几次热处理就把整个加工过程划分为粗加工—半精加工—精加工—

光整加工阶段。

在零件工艺路线拟订时，一般应遵守划分加工阶段这一原则，但具体应用时还要根据零件的情况灵活处理。例如，对于精度和表面质量要求较低而工件刚性足够，毛坯精度较高，加工余量小的工件，可不划分加工阶段。又如，对一些刚性好的重型零件，由于装夹吊运很费时，也往往不划分加工阶段，而在一次安装中完成粗、精加工。

还需指出的是，将工艺过程划分成几个加工阶段是对整个加工过程而言的，不能单纯从某一表面的加工或某一工序的性质来判断。例如工件的定位基准，在半精加工阶段甚至在粗加工阶段就需要加工得很准确，而在精加工阶段中也经常安排某些钻孔之类的粗加工工序。

3. 砂轮主轴加工阶段的划分

由于砂轮轴的加工精度高，并且在加工过程中要切除大量的金属，因此，必须将砂轮轴的加工过程按粗、精分开的原则划分阶段。这是因为加工过程中热处理、切削力、切削热、夹紧力等对工件产生较大的加工误差和应力。在粗加工中产生的变形和误差会在下阶段中予以消除和纠正，并且常常在阶段之间安排有热处理工序。最好粗、精加工间隔一些时间，让上道工序产生的内应力逐步消失。

从上述砂轮轴加工工艺过程可以看出，淬火以前的工序，为各主要表面的粗加工阶段。淬火以后的工序，基本上是半精加工和精加工阶段；要求高的支承轴颈的精加工，则放在最后进行。这样，主要表面的精加工就不会受到其他表面的加工或内应力重新分布的影响。同时，还可以看出，整个砂轮轴的加工过程，就是以主要表面（特别是支承轴颈表面）的粗加工、半精加工、精加工为骨干，适当穿插其他表面的加工工序而组成的。

**四、工序顺序的安排**

1. 机械加工工序的安排

（1）基准先行　零件加工一般多从精基准的加工开始，再以精基准定位加工其他表面。因此，选作精基准的表面应安排在工艺过程起始工序先进行加工，以便为后续工序提供精基准。例如，齿轮加工时应先加工孔及基准端面，再以孔及端面作为精基准，粗、精加工齿形表面。

（2）先粗后精　精基准加工好以后，整个零件的加工工序，应是粗加工工序在前，相继为半精加工、精加工及光整加工。按先粗后精的原则先加工精度要求较高的主要表面，即先粗加工再半精加工各主要表面，最后再进行精加工和光整加工。

（3）先主后次　根据零件的功用和技术要求，先将零件的主要表面和次要表面分开，然后先安排主要表面的加工，再把次要表面的加工工序插入其中。次要表面一般指键槽、螺孔、销孔等表面。这些表面一般都与主要表面有一定的相对位置要求，应以主要表面作为基准进行次要表面加工，所以次要表面的加工一般放在主要表面的半精加工以后，精加工以前一次加工结束。也有放在最后加工的，但此时应注意不要碰伤已加工好的主要表面。

（4）先面后孔　对于箱体、底座、支架等类零件，平面的轮廓尺寸较大，用它作为精基准加工孔，比较稳定可靠，也容易加工，有利于保证孔的精度。如果先加工孔，再以孔为基准加工平面，则比较困难，加工质量也受影响。

对于本例而言，在安排工序顺序时，要与定位基准的选择相适应。也就是说，轴类零件各表面的加工顺序，在很大程度上与定位基准的转换有关。当零件用的粗、精基准选定后，加工顺序就大致可以确定了。因为各阶段加工开始时总是先加工基准面，后加工其他面。如本例中顶尖孔、支承轴颈定位面的加工，均安排在各加工阶段开始之前完成，这样，有利于工序加工时有比较好的定位基面，以减小定位误差，保证加工质量。其次，安排加工顺序时，应粗、精加工分开进行，先粗后精，主要表面的精加工安排在最后。如上述工艺过程中的第16道精磨支承轴颈工序。第三，热处理工序安排要适当。为改善金属组织和加工性能而安排的热处理，如退火、正火等，一般应安排在机械加工之前；为提高零件的力学性能和消除内应力而安排的热处理，如调质、时效处理等，一般应安排在粗加工之后，精加工之前。对于精度要求较高的轴类零件，在粗磨和精磨之间安排了时效处理；提高硬度的淬火安排在粗磨之前，氮化安排在粗磨之后，精磨之前。第四，淬硬表面上的孔、槽加工等应在淬火之前完成，淬火后要安排修正工序；对非淬硬表面上的孔、槽加工尽可能往后安排，一般在粗磨之后，精磨之前如第13道车削螺纹工序；在轴刚性大时，先加工小直径外圆表面并按顺序向大直径处加工，然后掉头车大端外圆，这样比较方便，生产效率较高；对于刚性较差的轴类零件，则应先加工大直径后加工小直径，以避免轴的刚性降低太多。

2. 热处理工序的安排

在主轴加工的整个过程中，应合理地安排足够的热处理工序，以保证主轴的力学性能及加工精度要求，并改善工件的切削加工性能。

（1）正火　主要是为了消除毛坯的锻造应力，降低硬度，改善切削加工性能。同时也可均匀组织细化晶粒，为以后的热处理做组织准备。

（2）渗碳、淬火　零件经渗碳、淬火后既具有很高的表面硬度，又具有很高的冲击韧度和心部强度，这有利于保持零件的精度，保证零件使用的有效性。但渗碳、淬火变形大，零件加工时应考虑到变形对加工工艺及精度的影响。

为了减少变形，淬火及回火后，需用粗磨纠正淬火变形。然后再进行螺纹加工。最后用精磨以消除总的变形，从而保证主轴的装配质量。

（3）时效处理　消除或减少内应力，保证主轴精度的高度稳定性和使用性能的有效性。

**五、辅助工序的安排**

本例中的辅助工序主要是指检验工序。由于该磨床为小批量生产，所以加工过程中没有专门安排检验工序，但每道工序后都有由操作工人检验的工步（为工艺规定必须进行的工步），以使主轴加工精度得到严格的保证。这是因为多品种小批量生产时，不可能只依靠工装的调整保证加工精度，还需要有工序的随时检查控制加工精度。如果零件为大批量生产，则可只在比较重要的工序后设计检验工序由专人进行检验，其他工序的加工精度可通过调整找正工艺装备由调整法加工保证。所以检验工序的安排要根据零件的具体情况采取不同的方案来确定。

**六、精靠磨的安排**

本例中的最后一个加工工序——精靠磨削轴向定位端面，是在入库后进行的。这是因为该端面的精加工必须与相配件配作，因此该道工序是在与相配件装配时进行，然后打好标记成对安装。所以在机械加工过程中并不进行此工序。

总之，根据上述分析，并考虑到主轴材料为20Cr，锻件毛坯，小批量的生产纲领，确定砂轮主轴的加工工艺路线为：备料→锻造→正火→打顶尖孔→粗车→半精车、精车→渗碳→淬火、低温回火→粗磨→次要表面加工→精磨→超精磨。

# 任务8　砂轮主轴的加工计划（六）
## ——工艺方案的设计（工序内容设计）

### 一、工序内容的设计

1. 加工余量的确定

加工余量大小与加工成本有密切关系，加工余量过大不仅浪费材料，而且增加切削工时，增大刀具和机床的磨损，从而增加成本；加工余量过小，会使前一道工序的缺陷得不到纠正，造成废品，从而也使成本增加，因此，合理地确定加工余量，对提高加工质量和降低成本都有十分重要的意义。

在机械加工过程中从加工表面切除的金属层厚度称为加工余量，加工余量分为工序余量和加工总余量。

工序余量是指为完成某一道工序所必须切除的金属层厚度，即相邻两工序的工序尺寸之差。

加工总余量是指由毛坯变为成品的过程中，在某加工表面上所切除的金属层总厚度，即毛坯尺寸与零件图设计尺寸之差。

由于毛坯尺寸和各工序尺寸不可避免地存在公差，因此无论是加工总余量还是工序余量实际上是个变动值，因而加工余量又有基本余量、最大余量和最小余量之分，通常所说的加工余量是指基本余量。加工余量、工序余量的公差标注应遵循"入体原则"，即：毛坯尺寸按双向标注上、下偏差；被包容表面尺寸上偏差为零，也就是基本尺寸为最大极限尺寸（如轴）；对包容面尺寸下偏差为零，也就是基本尺寸为最小极限尺寸（如孔）。

加工过程中，工序完成后的工件尺寸称为工序尺寸。由于存在加工误差，各工序加工后的尺寸也有一定的公差，称为工序公差。工序公差带的布置也采用"入体原则"法。

为切除前工序在加工时留下的各种缺陷和误差的金属层，又考虑到本工序可能产生的安装误差而不致使工件报废，必须保证一定数值的最小工序余量。为了合理确定加工余量，首先必须了解影响加工余量的因素。影响加工余量的主要因素有：

（1）前工序的尺寸公差　由于工序尺寸有公差，前工序的实际工序尺寸有可能出现最大或最小极限尺寸。为了使前工序的实际工序尺寸在极限尺寸的情况下，本工序也能将前工序留下的表面粗糙度和缺陷层切除，本工序的加工余量应包括前工序的公差。

（2）前工序的形状和位置公差　当工件上有些形状和位置偏差不包括在尺寸公差的范围内时，这些误差又必须在本工序加工纠正，在本工序的加工余量中必须包括它。

（3）前工序的表面粗糙度和表面缺陷　为了保证加工质量，本工序必须将前工序留下的表面粗糙度和缺陷层切除。

（4）本工序的安装误差　安装误差包括工件的定位误差和夹紧误差，若用夹具装夹，还应有夹具在机床上的装夹误差。

确定加工余量的方法有三种：分析计算法、经验估算法和查表修正法。

（1）分析计算法　本方法是根据有关加工余量计算公式和一定的试验资料，对影响加工余量的各项因素进行分析和综合计算来确定加工余量。用这种方法确定加工余量比较经济合理，但必须有比较全面和可靠的试验资料。目前，只在材料十分贵重，以及军工生产或少数大批量生产的工厂中采用。

（2）经验估算法　本方法是根据工厂的生产技术水平，依靠实际经验确定加工余量。为防止因余量过小而产生废品，经验估计的数值总是偏大，这种方法常用于单件小批量生产。

（3）查表修正法　此法是根据各工厂长期的生产实践与试验研究所积累的有关加工余量数据，制成各种表格并汇编成手册，确定加工余量时，查阅有关手册，再结合本厂的实际情况进行适当修正后确定，目前此法应用较为普遍。

总之，对于本例而言，由于单件小批生产，工序余量可由经验获得，见表1-5。

2. 基准重合时工序尺寸及公差的确定

当零件定位基准与设计基准（工序基准）重合时，零件工序尺寸及其公差的确定方是：先根据零件的具体要求确定其加工工艺路线，再通过查表确定各道工序的加工余量及其公差，然后计算出各工序尺寸及公差。计算顺序是：先确定各工序余量的基本尺寸，再由后往前逐个工序推算，即由工件上设计尺寸开始，由最后一道工序向前工序推算直到毛坯尺寸。

例1-3　直径为 $\phi30f7$，长度为 50mm 的短轴，材料为 45 钢，需经表面淬火，其表面粗糙度值为 $Ra0.8\mu m$，试查表确定其工序尺寸和毛坯尺寸。

解　（1）根据技术要求，确定加工路线　由表1-5取外圆的工艺路线为：粗车→半精车→粗磨→精磨。

（2）查表确定各工序加工余量及各工序尺寸公差　由《机械制造工艺人员手册》查得毛坯余量及各工序加工余量为：毛坯 4.5mm、精磨 0.1mm、粗磨 0.30mm、半精车 1.10mm，由总余量公式可知：粗车余量为 3.0mm。查得各工序尺寸公差：精磨 0.013mm、粗磨 0.021mm、半精车 0.033mm、粗车 0.52mm、毛坯 0.8mm。

（3）确定工序尺寸及上、下偏差　由于精磨工序尺寸为精磨后工件的尺寸，所以精磨工序尺寸为 $\phi30_{-0.013}^{0}mm$；粗磨工序尺寸为粗磨后精磨前工件的尺寸，因此粗磨工序尺寸为：

粗磨工序尺寸 = 精磨工序尺寸 + 精磨余量，即 $\phi30.1_{-0.021}^{0}mm$；

半精车工序尺寸为半精车后粗磨前的工件尺寸，因此半精车工序尺寸为：

半精车工序尺寸 = 粗磨工序尺寸 + 粗磨余量，即 $\phi30.4_{-0.033}^{0}mm$；

粗车工序尺寸为粗车后半精车前的工序尺寸，因此粗车工序尺寸为：

粗车工序尺寸 = 半精车工序尺寸 + 半精车余量，即 $\phi31.5_{-0.52}^{0}mm$；

毛坯直径为 $\phi(34.5\pm0.4)mm$。

3. 基准不重合时工序尺寸及公差的确定

机械加工过程中，工件的尺寸在不断地变化，由毛坯尺寸到工序尺寸，最后达到设计要求的尺寸。在这个变化过程中，加工表面本身的尺寸及各表面之间的尺寸都在不断地变化，这种变化无论是在一个工序内部，还是在各个工序之间都有一定的内在联系。应用尺寸链理论去揭示它们之间的内在关系，掌握它们的变化规律是合理确定工序尺寸及其公差和计算各种工艺尺寸的基础，因此，本节先介绍工艺尺寸链的基本概念，然后分析工艺尺寸链的计算方法以及工艺尺寸链的应用。

（1）工艺尺寸链的定义　如图1-68a所示为一定位套，$A_0$ 与 $A_1$ 为图样上已标注的尺寸。如按零件图进行加工时，尺寸 $A_0$ 不便直接测量。如欲通过易于测量的尺寸 $A_2$ 进行加工，以间接保证尺寸 $A_0$ 的要求，则首先需要分析尺寸 $A_1$、$A_2$ 和 $A_0$ 之间的内在关系，然后据此算出尺寸的数值。尺寸 $A_1$、$A_2$ 和 $A_0$ 就构成一个封闭的尺寸组合，即形成了一个尺寸链，如图

1-68b 所示。

又如图 1-69 所示的阶台零件，该零件先以 $A$ 面定位加工面 $C$，得到尺寸 $L_c$；再加工 $B$ 面，得到尺寸 $L_a$；这样该零件在加工时并未直接予以保证的尺寸 $L_b$ 就随之确定。尺寸 $L_c$、$L_a$、$L_b$ 就构成一个封闭的尺寸组合，即形成了一个尺寸链。

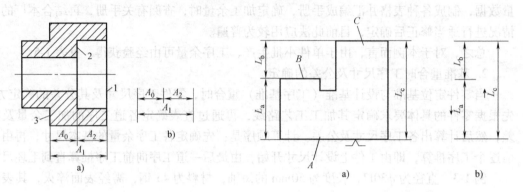

图 1-68　定位套的尺寸联系　　　　　图 1-69　阶台零件的尺寸联系

由上述两例可知，在零件的加工过程中，为了加工和检验的方便，有时需要进行一些工艺尺寸的计算。为使这种计算迅速准确，按照尺寸链的基本原理，将这些有关尺寸以一定顺序首尾相连排列成一封闭的尺寸系统，即构成了零件的工艺尺寸链，简称工艺尺寸链。

（2）工艺尺寸链的组成

1）环：组成工艺尺寸链的各个尺寸都称为工艺尺寸链的环。图 1-68 中的尺寸 $A_1$、$A_2$、$A_0$ 和图 1-69 中的尺寸 $L_a$、$L_b$、$L_c$ 都是工艺尺寸链的环。

2）封闭环：工艺尺寸链中间接得到的环称为封闭环。图 1-68 中的尺寸 $A_0$ 和图 1-69 中的尺寸 $L_b$，都是加工后间接获得的，因此是封闭环。封闭环以下角标"0"表示，如"$A_0$"、"$L_0$"。

3）组成环：除封闭环以外的其他环都称为组成环。图 1-68 中的尺寸 $A_1$、$A_2$ 和图 1-69 中的尺寸 $L_a$、$L_c$ 都是组成环。组成环分增环和减环两种。

4）增环：当其余各组成环保持不变，某一组成环增大，封闭环也随之增大，该环即为增环。一般在该环尺寸的代表符号上，加一向右的箭头表示，如 $\overrightarrow{A_1}$、$\overrightarrow{L_c}$，图 1-68 中的尺寸 $A_1$ 和图 1-69 中尺寸 $L_c$ 为增环。

5）减环：当其余各组成环保持不变，某一组成环增大，封闭环反而减小，该环即为减环。一般在该尺寸的代表符号上，加一向左的箭头表示，如 $\overleftarrow{A_2}$、$\overleftarrow{L_a}$，图 1-68 中的尺寸 $A_2$ 和图 1-69 中的尺寸 $L_a$ 为减环。

（3）工艺尺寸链的特征

1）关联性。组成工艺尺寸链的各尺寸之间必然存在着一定的关系，相互无关的尺寸不组成工艺尺寸链。工艺尺寸链中每一个组成环不是增环就是减环，其尺寸发生变化都要引起封闭环的尺寸变化。对工艺尺寸链中的封闭环尺寸没有影响的尺寸，就不是该工艺尺寸链的组成环。

2）封闭性。尺寸链必须是一组首尾相接并构成一个封闭图形的尺寸组合，其中应包含一个间接得到的尺寸。不构成封闭图形的尺寸组合就不是尺寸链。

（4）建立工艺尺寸链的步骤

1）确定封闭环：即加工后间接得到的尺寸。

2）查找组成环：从封闭环一端开始，按照尺寸之间的联系，首尾相连，依次画出对封闭环有影响的尺寸，直到封闭环的另一端，形成一个封闭图形，就构成一个工艺尺寸链。如图 1-69 中，从尺寸 $L_b$ 上端开始，沿 $L_b$—$L_c$—$L_a$ 到 $L_b$ 下端就形成了一个封闭的尺寸组合，即构成了一个工艺尺寸链。

组成环是加工过程中"直接获得"的，而且对封闭环有影响。下面以图 1-70 为例，说明尺寸链建立的具体过程。图 1-70 所示为套类零件，为便于讨论问题，图中只标出轴向设计尺寸，轴向尺寸加工顺序安排如下：①以大端面 $A$ 定位，车端面 $D$ 获得 $A_1$；并车小外圆至 $B$ 面，保证长度 $40_{-0.2}^{0}$mm（见图 1-70b）；②以端面 $D$ 定位，精车大端面 $A$ 获得尺寸 $A_2$，并在车大孔时车端面 $C$，获得孔深尺寸 $A_3$（见图 1-70c）；③以端面 $D$ 定位，磨大端面 $A$ 保证全长尺寸 $50_{-0.5}^{0}$mm，同时保证孔深尺寸为 $36_{0}^{+0.5}$mm（见图 1-70d）。

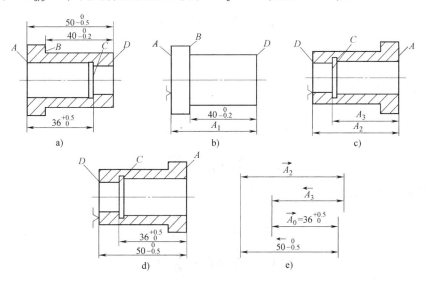

图 1-70　工艺尺寸链建立过程

由以上工艺过程可知，孔深设计尺寸 $36_{0}^{+0.5}$mm 是自然形成的，应为封闭环。从构成封闭环的两界面 $A$ 面和 $C$ 面开始查找组成环，$A$ 面的最近一次加工是磨削，工艺基准是 $D$ 面，直接获得的尺寸是 $50_{-0.5}^{0}$mm；$C$ 面最近的一次的加工是车孔时的车削，测量基准是 $A$ 面，直接获得的尺寸是 $A_3$。显然上述两尺寸的变化都会引起封闭环的变化，是欲查找的组成环。但此两环的工序基准各为 $D$ 面与 $A$ 面，不重合，为此要进一步查找最近一次加工 $D$ 面和 $A$ 面的加工尺寸。$A$ 面的最近一次加工是精车 $A$ 面，直接获得的尺寸是 $A_2$，工序基准为 $D$ 面，正好与加工尺寸 $50_{-0.5}^{0}$mm 的工序基准重合，而且 $A_2$ 的变化也会引起封闭环的变化，应为组成环。至此，找出 $A_2$，$A_3$，$50_{-0.5}^{0}$mm 为组成环，$36_{0}^{+0.5}$mm 为封闭环，它们组成了一个封闭的尺寸链（见图 1-70e）。

3）按照各组成环对封闭环的影响，确定其为增环或减环：确定增环或减环可用图 1-71 所示的方法：先给封闭环任意规定一个方向，然后沿此方向，绕工艺尺寸链依次给各组成环画出箭头，凡是与封闭环箭头方向相同的是减环，相反的是增环。

（5）工艺尺寸链的计算　尺寸链的计算方法有两种：极值法与概率法。极值法从最坏情况出发来考虑问题，即当所有增环都为最大极限尺寸而减环恰好都为最小极限尺寸，或所有增环都为最小极限尺寸而减环恰好都为最大极限尺寸，来计算封闭环的极限尺寸和公差。事实上，一批零件的实际尺寸是在公差带范围内变化的。在尺寸链中，所有增环不一定同时出现最大或最小极限尺寸，即使出现，此时所有减环也不一定同时出现最小或最大极限尺寸。概率法解尺寸链，主要用于装配尺寸链，其计算方法在装配中讲授。这里只介绍极值法解工艺尺寸链的基本计算公式。

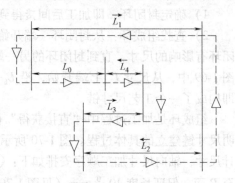

图 1-71　增环、减环的判断
$L_0$—封闭环　$L_1$、$L_3$—增环　$L_2$、$L_4$—减环

1）封闭环的基本尺寸 $L_0$

$$L_0 = \sum_{i=1}^{k} \overrightarrow{L_i} - \sum_{i=k+1}^{m} \overleftarrow{L_i}$$

式中　$k$——增环的环数；

$m$——组成环的环数（下同）。

2）封闭环的极限尺寸

$$L_{0max} = \sum_{i=1}^{k} \overrightarrow{L_{imax}} - \sum_{i=k+1}^{m} \overleftarrow{L_{imin}}$$

$$L_{0min} = \sum_{i=1}^{k} \overrightarrow{L_{imin}} - \sum_{i=k+1}^{m} \overleftarrow{L_{imax}}$$

3）封闭环的极限偏差

$$ES_0 = \sum_{i=1}^{k} \overrightarrow{ES_i} - \sum_{i=k+1}^{m} \overleftarrow{EI_i}$$

$$EI_0 = \sum_{i=1}^{k} \overrightarrow{EI_i} - \sum_{i=k+1}^{m} \overleftarrow{ES_i}$$

4）封闭环的公差 $T_0$

$$T_0 = ES_0 - EI_0 = \sum_{i=1}^{m} T_i$$

5）封闭环的平均尺寸 $L_{0m}$

$$L_{0m} = \sum_{i=1}^{k} \overrightarrow{L_{im}} - \sum_{i=k+1}^{m} \overleftarrow{L_{im}}$$

（6）工艺尺寸链的应用

1）测量基准与设计基准不重合时工序尺寸及其公差的计算。在加工中，有时会遇到某些加工表面的设计尺寸不便测量，甚至无法测量的情况，为此需要在工件上另选一个容易测量的测量基准，通过对该测量尺寸的控制来间接保证原设计尺寸的精度。这就产生了测量基准与设计基准不重合时，测量尺寸及公差的计算问题。

**例 1-4**　如图 1-72 所示零件，加工时要求保证尺寸（$6 \pm 0.1$）mm，但该尺寸不便测量，只能通过测量尺寸 $L$ 来间接保证，试求工序尺寸 $L$ 及其上、下偏差。

**解**　在图 1-72a 中尺寸（$6 \pm 0.1$）mm 是间接得到的即为封闭环。工艺尺寸链如图 1-72b

所示，其中尺寸 $L$、$(26 \pm 0.05)$mm 为增环，尺寸 $36_{-0.05}^{0}$mm 为减环。

　　由公式得

$$6\text{mm} = L + 26\text{mm} - 36\text{mm} \quad L = 16\text{mm}$$

$$0.1\text{mm} = \text{ES}_L + 0.05\text{mm} - (-0.05\text{mm})$$

$$\text{ES}_L = 0\text{mm}$$

$$-0.1\text{mm} = \text{EI}_L + (-0.05\text{mm}) - 0$$

$$\text{EI}_L = -0.05\text{mm}$$

因而　　　　　　　　　　　　　　$L = 16_{-0.05}^{0}$mm。

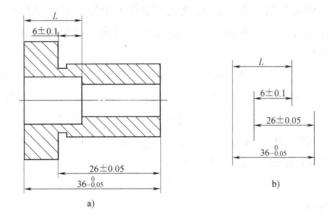

图 1-72　测量基准与设计基准不重合的尺寸换算

　　2）"假废品"分析：如图 1-73a 所示的零件，设计尺寸为 $50_{-0.17}^{0}$mm 和 $10_{-0.36}^{0}$mm；大孔深度无明显的尺寸要求。加工时，直接测量尺寸 $10_{-0.36}^{0}$mm 比较困难，而常用深度游标卡尺直接测量大孔的深度，间接保证设计尺寸 $10_{-0.36}^{0}$mm。这时出现了设计基准 1 和测量基准 2 不重合的问题，需要按图 1-73b 所示的工艺尺寸链来换算大孔深度这一工序尺寸。

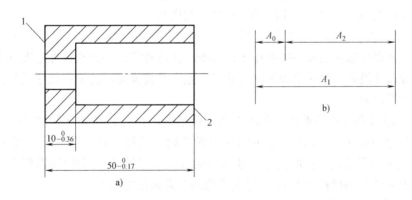

图 1-73　测量尺寸的换算

　　在工艺尺寸链中，$A_0 = 10_{-0.36}^{0}$mm，是间接保证的尺寸，为封闭环；$A_1 = 50_{-0.17}^{0}$mm，为增环；$A_2$ 为减环，通过计算可求出工序尺寸 $A_2$。

　　计算 $A_2$ 的基本尺寸：

因为　　　　　　　　　　$10\text{mm} = 50\text{mm} - A_2$

所以　　　　　　　　　　$A_2 = (50 - 10)\text{mm} = 40\text{mm}$

计算 $A_2$ 的上下偏差：

因为　　　　　　　　　　$-0.36\text{mm} = -0.17\text{mm} - \text{ES}_{A_2}$

所以　　　　　　　　　　$\text{ES}_{A_2} = (-0.17 + 0.36)\text{mm} = +0.19\text{mm}$

因为　$0\text{mm} = 0\text{mm} - \text{EI}_{A_2}$　所以　$\text{EI}_{A_2} = 0\text{mm}$　最后求得：$A_2 = 40^{+0.19}_{0}\text{mm}$

假废品的分析：采用极值法换算基准不重合的工序尺寸，并按换算的工序尺寸加工或测量时，可能出现假废品。所谓假废品，就是按换算的工序尺寸进行加工、测量时，发现超出换算的尺寸要求，工件应报废。但这时可能出现要保证的设计尺寸仍然在要求的公差范围内的现象，这时，工件实际上是合格品，而不是废品。因此，对于因基准不重合而换算的工序尺寸超差，应进行分析。

仍然以图 1-73a 所示为例。对零件进行测量时，当 $A_2$ 的实际尺寸在 $40^{+0.19}_{0}\text{mm}$ 范围内，$A_1$ 的实际尺寸在 $50^{0}_{-0.17}\text{mm}$ 之内时，则 $A_0$ 必然在设计尺寸 $10^{0}_{-0.36}\text{mm}$ 以内，零件为合格品。

假如，$A_2$ 的实际尺寸为 39.83mm，比换算的尺寸 $40^{+0.19}_{0}\text{mm}$ 的最小值 40mm 还小 0.17mm，此时这个工件将被认为是废品。如果再测量一下 $A_1$ 的实际尺寸，假如 $A_1$ 的实际尺寸恰巧也最小，为 49.83mm，此时 $A_0$ 实际尺寸为

$$A_0 = (49.83 - 39.83)\text{mm} = 10\text{mm}$$

零件实际上是合格品。

同样，当 $A_2$ 的实际尺寸为 40.36mm，比换算的尺寸 $40^{+0.19}_{0}\text{mm}$ 的最大值 40.19mm 还大 0.17mm，如果这时 $A_1$ 尺寸也刚好做到最大，为 50mm，则 $A_0$ 的实际尺寸为

$$A_0 = (50 - 40.36)\text{mm} = 9.64\text{mm}$$

零件实际上仍是合格品。

通过上述分析可知，当按换算的尺寸进行加工和测量时，如果超差，不应立即判定为废品，应该测量其他工序尺寸（如上例中的 $A_1$），然后通过计算判别实际要保证的设计尺寸是否在要求的公差范围内，以免将实际的合格品判为废品。

3）定位基准与设计基准不重合时工序尺寸计算：在零件加工过程中有时为方便定位或加工，选用不是设计基准的几何要素作定位基准，在这种定位基准与设计基准不重合的情况下，需要通过尺寸换算，改注有关工序尺寸及公差，并按换算后的工序尺寸及公差加工。以保证零件的原设计要求。

**例 1-5**　如图 1-74a 所示零件以底面 $N$ 为定位基准镗 $O$ 孔，确定 $O$ 孔位置的设计基准是 $M$ 面（设计尺寸 100mm ± 0.15mm），用镗夹具镗孔时，镗杆相对于定位基准 $N$ 的位置（即 $L_1$ 尺寸）预先由夹具确定。这时设计尺寸 $L_0$ 是在 $L_1$、$L_2$ 尺寸确定后间接得到的，如何确定 $L_1$ 尺寸及公差才能使间接获得的 $L_0$ 尺寸在规定的公差范围之内？

**解**　1）根据题意可看出尺寸 $(100 ± 0.15)\text{mm}$ 是封闭环。

2）工艺尺寸链如图 1-74b 所示，其中尺寸 $220^{+0.10}_{0}$ 为减环，$L$ 为增环。

3）按公式计算工序尺寸，由公式得 $100\text{mm} = L_1 - 220\text{mm}$，则 $L_1 = 320\text{mm}$

由公式得 $+0.15\text{mm} = \text{ES}_1 - 0\text{mm}$，则 $\text{ES}_1 = +0.15\text{mm}$

由公式得 $-0.15\text{mm} = \text{EI}_1 - 0.10\text{mm}$，则 $\text{EI}_1 = -0.05\text{mm}$

因而
$$L = 320^{+0.15}_{-0.05}\,\mathrm{mm}$$

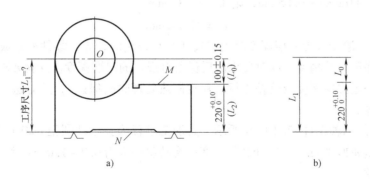

图 1-74  定位基准与设计基准不重合的尺寸换算

4）中间工序的工序尺寸及其公差的求解计算：在工件加工过程中，有时一个基面的加工会同时影响两个设计尺寸的数值。这时，需要直接保证其中公差要求较严的一个设计尺寸，而另一设计尺寸需由该工序前面的某一中间工序的合理工序尺寸间接保证。为此，需要对中间工序尺寸进行计算。

**例 1-6**  如图 1-75a 所示齿轮孔，孔径设计尺寸为 $\phi40^{+0.06}_{0}\,\mathrm{mm}$，键槽设计深度 $43.2^{+0.36}_{0}$ mm，孔及键槽加工顺序为①镗孔至 $\phi39.6^{+0.1}_{0}\,\mathrm{mm}$；②插键槽至尺寸 $L_1$；③淬火处理；④磨孔至设计尺寸 $\phi40^{+0.06}_{0}\,\mathrm{mm}$，同时要求保证键槽深度 $43.2^{+0.36}_{0}\,\mathrm{mm}$。试问：如何规定镗后的插键槽深度 $L_1$ 值，才能最终保证得到合格产品？

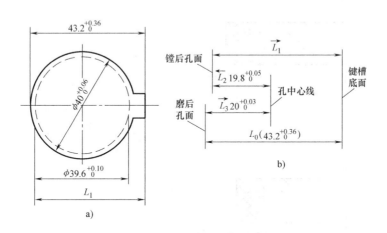

图 1-75  加工孔键槽的工艺尺寸链

**解**  1）由加工过程可知，尺寸 $43.2^{+0.36}_{0}\,\mathrm{mm}$ 的一个尺寸界限——键槽底面，是在插键槽工序时按尺寸 $L_1$ 确定的；另一尺寸界限——孔表面，是在磨孔工序时由尺寸 $\phi40^{+0.06}_{0}\,\mathrm{mm}$ 确定的，故尺寸 $43.2^{+0.06}_{0}\,\mathrm{mm}$ 是一个间接得到的尺寸，为封闭环。

2）工艺尺寸链如图 1-75b 所示，其中尺寸 $L_1$、$\phi40^{+0.06}_{0}\,\mathrm{mm}$ 为增环，尺寸 $\phi39.6^{+0.1}_{0}$ mm 为减环。

3）由公式得 $43.2\mathrm{mm} = (L_1 + 20\mathrm{mm}) - 19.8\mathrm{mm}$，则 $L_1 = 43\mathrm{mm}$

$$0.36\text{mm} = (ES_1 + 0.03\text{mm}) - 0\text{mm}, \ \text{则} \ ES_1 = 0.33\text{mm}$$

$$0\text{mm} = (EI_1 + 0\text{mm}) - 0.05\text{mm}, \ \text{则} \ EI_1 = 0.05\text{mm}$$

因而 $\qquad\qquad\qquad\qquad\qquad L_1 = 43^{+0.33}_{+0.05}\text{mm}$

4）保证应有渗碳或渗氮层深度时工艺尺寸及其公差的计算：零件渗碳或渗氮后，表面一般要经磨削保证尺寸精度，同时要求磨后保留有规定的渗层深度。这就要求进行渗碳或渗氮热处理时按一定渗层深度及公差进行（用控制热处理时间保证），并对这一合理渗层深度及公差进行计算。

**例 1-7** 一批圆轴工件如图 1-76 所示，其加工过程为：车外圆至 $\phi20.6^{0}_{-0.04}\text{mm}$；渗碳、淬火；磨外圆至 $\phi20^{0}_{-0.02}\text{mm}$。试计算保证磨后渗碳层深度为 $0.7 \sim 1.0\text{mm}$ 时，渗碳工序的渗入深度及其公差。

**解** 1）由题意可知，磨后保证的渗碳层深度 $0.7 \sim 1.0\text{mm}$ 是间接获得的尺寸，为封闭环。

2）工艺尺寸链如图 1-76b 所示，其中尺寸 $L$、$10^{0}_{-0.01}\text{mm}$ 为增环，尺寸 $10.3^{0}_{-0.02}\text{mm}$ 为减环。

3）由公式得 $\quad 0.7\text{mm} = L + 10\text{mm} - 10.3\text{mm}$，则 $L = 1\text{mm}$

$$0.3\text{mm} = ES_L + 0\text{mm} - (-0.02\text{mm}) \quad ES_L = 0.28\text{mm}$$

$$0 = EI_L + (-0.01\text{mm}) - 0\text{mm} \quad EI_L = 0.01\text{mm}$$

因此 $\qquad\qquad\qquad\qquad\qquad L = 1^{+0.28}_{+0.01}\text{mm}$

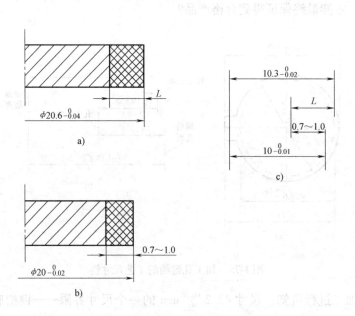

图 1-76　保证渗碳层深度的尺寸换算
a）渗碳　b）磨外圆　c）尺寸链

4. 砂轮主轴工序尺寸及公差的确定

对于本例砂轮主轴，由于是小批生产，工序余量与加工尺寸按照经验确定，见表 1-6。

### 5. 机床及工艺装备的选择

（1）机床的选择　零件加工时，机床选择应与工序的精度要求相适应，与零件的尺寸相适应，小批生产时，尽量选择通用设备，大批生产时，为提高生产率，尽可能选择专用设备。本例砂轮主轴为小批生产，各工序应选通用设备，见表1-6。

表1-6　磨床砂轮主轴加工工艺过程

| 工序 | 工序内容 | 设　备 | 定位基准 |
|---|---|---|---|
| 1 | 正火<br>毛坯检验 | | |
| 2 | 车：按图1-2工艺图车全部<br>1）两端打中心孔B2，其深度不超过5mm<br>2）两处1:5锥面留磨量0.5～0.6mm<br>3）两端 $\phi$25mm、$\phi$30mm、1:5锥面对中心孔同轴度0.05mm<br>4）按零件图车 $\phi$48mm两端面槽，深至尺寸<br>5）检验 | C6140 | 外圆 |
| 3 | 热处理：<br>1）渗碳 S1.5mm，校直跳动量0.1～0.15mm<br>2）检验 | | |
| 4 | 车：软爪中心架装夹工件<br>1）均匀车去两端面，取总长573mm<br>2）两端打中心孔B2<br>3）车两端外径至 $\phi$12.5mm<br>4）检验 | C6140 | 外圆 |
| 5 | 铣：铣扁至图样尺寸 | X52K | 外圆 |
| 6 | 钳：在铣扁处打编号（年、月、序号）<br>检验 | | |
| 7 | 热处理：淬火＋低温回火，58HRC<br>检验 | | |
| 8 | 研磨：研磨两端中心孔<br>检验 | 中心孔研磨机 | |
| 9 | 粗磨：<br>1）磨两端 $\phi$37h7 外圆留余量0.15～0.2mm<br>2）磨三段 $\phi30_{-0.10}^{-0.05}$mm 外圆留余量0.15～0.2mm<br>3）磨两段 $\phi$25h8 外圆留余量0.15～0.2mm<br>4）磨两段1:5锥体留余量0.15～0.2mm<br>5）磨两个倒棱<br>6）检验 | M131W | 顶尖孔 |
| 10 | 热处理：时效处理<br>检验 | | |
| 11 | 车：软爪、顶尖装夹工件<br>1）沉割两端3mm×1.5mm槽，车螺纹外径至尺寸，倒角<br>2）车两端M12左-8h螺纹<br>3）检验 | C6140 | 顶尖孔 |
| 12 | 研磨：研磨两端中心孔，表面粗糙度值 Ra 为0.4μm<br>检验 | 中心孔研磨机 | |
| 13 | 精磨：<br>1）磨 $\phi$48mm外圆至尺寸<br>2）磨三段 $\phi30_{-0.10}^{-0.05}$mm 外圆至尺寸（注意各段分布位置）<br>3）磨两处倒棱 | M131W | 顶尖孔 |

（续）

| 工序 | 工序内容 | 设 备 | 定位基准 |
|---|---|---|---|
| 13 | 4）磨两段 $\phi$25h8 外圆至尺寸<br>5）磨两段 $\phi$30h7 外圆至 $\phi30^{+0.005}_{-0.003}$mm，表面粗糙度值 $Ra$ 为 0.4μm 以上<br>6）磨两端 1:5 锥体至尺寸<br>7）靠磨 $\phi$48mm 两端面至 $12^{+0.04}_{+0.02}$mm<br>工艺要求：1:5 锥体对基准 $A-B$ 跳动允差 0.004mm<br>$\phi$30h7 外圆对基准 $C-D$ 跳动允差 0.003mm<br>8）检验 | M131W | 顶尖孔 |
| 14 | 超精磨：<br>1）磨两段 $\phi$30h7 外圆至尺寸，表面粗糙度值 $Ra$ 为 0.05μm，圆柱度 0.002mm<br>工艺要求：1:5 锥体对基准 $A-B$ 跳动允差 0.004mm<br>2）检验 | MGB1432 | 顶尖孔 |
| 15 | 入库 | | |
| 16 | 精靠磨 $\phi$48mm 两端面至图样要求，与相配件配研成套装配<br>检验 | | |

（2）刀具的选择　零件加工时，刀具选择应与设备相适应，小批生产时，尽量选择通用刀具，大批生产时，为提高生产率，尽可能选择专用刀具。本例砂轮主轴为小批生产，各工序应选通用刀具，见表 1-6。

（3）夹具的选择　夹具选择时要考虑下面问题：

1）夹具选择的一般原则：零件加工时，夹具选择应与设备相适应、应与工序的精度要求相适应；小批生产时，尽量选择通用夹具，大批生产时，为提高生产率，尽可能选择专用夹具。

2）砂轮主轴的装夹：从砂轮轴结构分析中知，砂轮轴结构属于细长轴的范围，因此细长轴加工就成为砂轮轴加工中应考虑的一个主要问题。细长轴车削采用反向进给法加工，如图 1-77 所示。这种方法的特点是：①细长轴左端缠有一圈钢丝，利用三爪自定心卡盘夹紧，以减少接触面积，使工件在卡盘内能自由调节其位置，避免夹紧时形成弯曲力矩，且切削过程中发生的变形也不会因卡盘夹死而产生内应力。②尾架顶尖改成弹性顶尖，当工件因切削热发生线膨胀伸长时，顶尖能自动后退，可避免热膨胀引起的弯曲变形。③采用三个支承块跟刀架，以提高工件刚性。④改变进给方向，使大托板由车头向尾架方向移动。由于细长轴固定在卡盘内，可以自由伸缩，所以反向进给后，工件受拉，不易产生弹性弯曲变形。而且反向进给的平稳性也比正向进给好，其原因是反向进给时车床小齿轮与床身上齿条的啮合比较好。

由于采取这些措施，所以反向进给车削法能达到较高的加工精度和较小的表面粗糙度值。

6. 时间定额

（1）时间定额的概念　所谓时间定额是指在一定生产条件下，规定生产一件产品或完成一道工序所需消耗的时间。它是安排作业计划、核算生产成本、确定设备数量、人员编制以及规划生产面积的重要依据。

（2）时间定额的组成　时间定额一般由以下几部分组成：

1）基本时间 $T_j$：基本时间是指直接改变生产对象的尺寸、形状、相对位置以及表面状

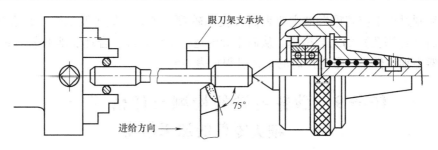

图 1-77　细长轴反向进给车削法

态或材料性质等工艺过程所消耗的时间。对于切削加工来说，基本时间就是切除金属所消耗的时间（包括刀具的切入和切出时间在内）。

2）辅助时间 $T_f$：辅助时间是为实现工艺过程所必须进行的各种辅助工作所消耗的时间。它包括：装卸工件、开停机床、引进或退出刀具、改变切削用量、试切和测量工件等所消耗的时间。

基本时间和辅助时间的总和称为作业时间，它是直接用于制造产品或零部件所消耗的时间。

辅助时间的确定方法随生产类型而异。大批大量生产时，为使辅助时间规定得合理，需将辅助工作分解，再分别确定各分解工作的时间，最后予以综合；中批生产则可根据以往统计资料来确定；单件小批生产常用基本时间的百分比进行估算。

3）布置工作地时间 $T_b$：布置工作地时间是为了使加工正常进行，工人照管工作地（如更换刀具、润滑机床、清理切屑、收拾工具等）所消耗的时间。它不是直接消耗在每个工件上的。而是消耗在一个工作班内的时间，再折算到每个工件上的。一般按作业时间的2%~7%估算。

4）休息与生理需要时间 $T_x$：休息与生理需要时间是工人在工作班内恢复体力和满足生理上的需要所消耗的时间。$T_x$ 是按一个工作班为计算单位，再折算到每个工件上的。对机床操作工人一般按作业时间的2%估算。

以上四部分时间的总和称为单件时间 $T_d$，即

$$T_d = T_j + T_f + T_b + T_x$$

5）准备与终结时间 $T_e$：准备与终结时间是指工人为了生产一批产品或零部件，进行准备和结束工作所消耗的时间。在单件或成批生产中，每当开始加工一批工件时，工人需要熟悉工艺文件，领取毛坯、材料、工艺装备、安装刀具和夹具，调整机床和其他工艺装备等所消耗的时间以及加工一批工件结束后，需拆下和归还工艺装备，送交成品等所消耗的时间。$T_e$ 既不是直接消耗在每个工件上的，也不是消耗在一个工作班内的时间，而是消耗在一批工件上的时间。因而分摊到每个工件的时间为 $T_e/n$，其中 $n$ 为批量。故单件和成批生产的单件工时定额的计算公式 $T_c$ 应为

$$T_c = T_d + T_e/n$$

大批量生产时，由于 $n$ 的数值很大，$T_e/n \approx 0$ 故不考虑准备终结时间，即

$$T_c = T_d$$

**二、磨床砂轮主轴加工工艺过程**

经过对主轴结构特点、技术要求的分析，可以根据生产批量、设备条件等编制主轴的工

艺规程，编制过程中应着重考虑主要表面（支承轴颈、锥孔、短锥及端面等）和加工比较困难的表面（如深孔）的工艺措施。从而正确的选择定位基准，合理安排工序。图 1-2 所示磨床砂轮架主轴单件小批量生产时的工艺过程见表 1-6。

# 任务 9  砂轮主轴的检测与评估（一）
## ——轴类零件的加工精度

### 一、概述

机械产品的工作性能和寿命与组成产品的零件加工质量和产品的装配精度直接有关，尤其是零件的加工质量对产品的工作性能和使用寿命影响更大。零件的加工质量一般用加工精度和加工表面质量两个指标表示。

加工精度是指加工后所得到的零件的实际几何参数与理想几何参数的符合程度；加工误差是指加工后所得到的零件的实际几何参数偏离理想几何参数的程度。所以加工精度和加工误差是一个问题的两个方面，加工误差越小则加工精度越高。

在机械加工时，由机床、夹具、刀具和工件构成的系统称为工艺系统。工艺系统各环节中所存在的各种误差称为原始误差，正是由于工艺系统各环节中存在有各种原始误差，才使得工件加工表面的尺寸、形状和相互位置关系发生变化，造成加工误差。为了保证和提高零件的加工精度，必须采取措施消除或减少原始误差对加工精度的影响，将加工误差控制在允许的变动范围（公差）内。影响原始误差的因素很多，一部分与工艺系统本身的初始状态有关，一部分与切削过程有关，还有一部分与工作加工后的情况有关。根据原始误差的性质、状态，可将其归纳成加工原理误差、工艺系统的几何误差、工艺系统受力变形引起的加工误差及工艺系统受热变形引起的加工误差等四个方面。

### 二、加工原理误差

加工原理误差是由于采用了近似的成形运动或近似的刀刃轮廓所产生的误差。因为它是在加工原理上存在的误差，故称加工原理误差。

一般情况下，为了获得规定的加工表面，刀具和工件之间必须作相对准确的成形运动。如车削螺纹时，必须使刀具和工件间完成准确的螺旋运动（即成形运动）；滚切齿轮时必须使滚刀和工件间有准确的展成运动。在生产实践中，由于采用理论上完全精确的成形运动是不可能实现的。所以在这种情况下常常采用近似的成形运动，以获得较高的加工精度和提高加工效率，使加工更为经济。

用成形刀具加工复杂的曲面时，常采用圆弧、直线等简单的线型替代。例如，常用的齿轮滚刀就有两种误差：一是滚刀刀刃的近似造形误差，即由于制造上的困难，采用阿基米德基本蜗杆或法向直廓基本蜗杆代替渐开线基本蜗杆；二是由于滚刀刀刃数有限，所切成的齿轮齿形是一条折线，并非理论上的光滑曲线，所以滚切齿轮是一种近似的加工方法。

所有上述这些因素，都会产生加工原理误差，加工原理误差的存在，会在一定程度上造成工件的加工误差。

### 三、工艺系统的几何误差

工艺系统的几何误差主要是指机床、夹具、刀具本身在制造时所产生的误差、使用中的调整误差和磨损误差以及工件的定位误差等，这些原始误差将不同程度地反映到工件表面上，形成零件的加工误差。

1. 机床的几何误差

加工中刀具相对工件的各种成形运动，一般是由机床来完成，机床的几何误差会通过成形运动反映到工件的加工表面上。机床的几何误差来源于机床的制造、磨损和安装误差三个方面。

（1）机床主轴回转误差

1）主轴回转误差的概念及其影响因素：主轴回转误差就是主轴的实际回转轴线相对于平均回转轴线（实际回转轴线的对称中心线）的最大变动量。

主轴回转误差可分为三种基本形式：轴向窜动、径向圆跳动和角度摆动。

轴向窜动——任一瞬时主轴回转轴线沿平均回转轴线的轴向运动。

纯径向圆跳动——任一瞬时主轴回转轴线始终平行于平均回转轴线方向的径向运动。

纯角度摆动——任一瞬时主轴回转轴线与平均回转轴线成一倾斜角度，但其交点位置固定不变的运动。

实践和理论分析表明，主轴的回转误差不但与主轴部件的加工和装配误差有关，而且还与主轴部件受力、受热后的变形以及磨损有关。

2）主轴回转误差对加工精度的影响：切削加工过程中，机床主轴的回转误差使得刀具和工件间的相对位置不断改变，影响着成形运动的准确性，在工件上引起加工误差。然而，刀具相对于加工表面的位移方向不同时，对加工精度的影响程度是不一样的。

法向方向称为误差敏感方向，这个方向上的相对位移对加工精度影响很大。

切向方向称为误差非敏感方向，在切向的相对位移对加工精度几乎没有影响，可以忽略不计。

由以上讨论可以知道，分析主轴回转误差对加工精度的影响时，应将误差敏感方向的影响作为讨论的主要对象。在分析其他原始误差对加工精度的影响时，也应主要在误差敏感方向上进行分析。

3）提高主轴回转精度的措施：为了提高主轴的回转精度，需提高主轴部件的制造精度，其中由于轴承是影响主轴回转精度的关键部件，因此对于精密机床宜采用精密滚动轴承、多油楔动压和静压滑动轴承。对于滚动轴承可进行预紧以消除间隙。还可通过提高主轴支承轴径、箱体支承孔的加工精度来提高主轴的回转精度。在使用过程中，对主轴部件进行良好的维护保养以及定期维修，也是保证主轴回转精度的措施。

另外，还可采取措施减小机床主轴回转误差对加工精度的影响。例如，在外圆磨床上采用死顶尖磨削外圆，由于顶尖不随主轴回转，因此，主轴回转误差对工件回转精度无影响，故工件回转精度高，加工精度高。这是磨削外圆时消除机床主轴回转误差对加工精度影响的主要方法，并被广泛地应用于检验仪器和其他精密加工机床上。当用死顶尖时，两顶尖或两中心孔的同轴度、顶尖和中心孔的形状误差、接触精度等，都会不同程度地影响工件的回转精度，故应严格控制。

（2）机床导轨导向误差　机床导轨是机床工作台或刀架等实现直线运动的主要部件。因此机床导轨的制造误差、工作台或刀架等与导轨之间的配合误差是影响直线运动精度的主要因素。导轨的各项误差将直接反应到工件加工表面的加工误差中。

（3）传动链误差　在机械加工中，对于某些表面的加工，如车螺纹时，要求工件转一转，刀具必须走一个导程。滚齿和插齿时，要求工件转速与刀具转速之比保持恒定不变。这种速比关系的获得取决于机床传动系统中工件与刀具之间的内联系传动链的传动精度，而该传动精度又取决于传动链中各传动零件的制造和装配精度，以及在使用过程中各传动零件的磨损程度。另外，各传动零件在传动链中的位置不同，对传动链传动精度的影响程度也不同。显然，传动机构越多，传动路线越长，则总的传动误差越大。因此，为保证传动链的传动精度，应注意保证传动机构尤其是末端传动件的制造和装配精度，尽量减少传动元件，缩短传动路线。此外，在使用过程中进行良好的维护保养以及定期维修，也是保证传动链传动精度的必要措施。

2. 调整误差

在零件加工的每一道工序中，为了获得加工表面的尺寸、形状和位置精度，需要对机床、夹具和刀具进行调整，任何调整工作都必然会带来一定的误差。

机械加工中零件的生产批量和加工精度要求不同，所采用的调整方法也不同。如大批量生产时，一般采用样板、样件、挡块及靠模等调整工艺系统；在单件小批量生产中，通常利用机床上的刻度或利用量块进行调整。调整工作的内容也因工件的复杂程度而异。因此，调整误差是由多种因素引起的。

3. 刀具、夹具的制造误差及工件的定位误差

机械加工中常用的刀具有：一般刀具、定尺寸刀具及成形刀具。

一般刀具（如普通车刀、单刃镗刀及平面铣刀等）的制造误差，对加工精度没有直接影响。

定尺寸刀具（如钻头、铰刀、拉刀及槽铣刀等）的尺寸误差，直接影响工件的尺寸精度。另外，刀具的工作条件，如机床主轴的跳动或因刀具安装不当引起的径向或端面圆跳动等，都会使工件产生加工误差。

成形刀具（如成形车刀、成形铣刀以及齿轮滚刀等）的制造误差，主要影响被加工面的形状精度。

夹具的制造误差指定位元件、导向元件及夹具体等零件的制造和装配误差。这些误差对工件的精度影响较大。所以在设计和制造夹具时，凡影响工件加工精度的尺寸和位置误差都应严格控制。

4. 工艺系统的磨损误差

工艺系统在长期使用中，会产生各种不同程度的磨损。这些磨损必将扩大工艺系统的几何误差，影响工件的各项加工精度。例如机床导轨面的不均匀磨损，会造成工件的形状误差和位置误差；量具在使用中的磨损，会引起工件的测量误差。

工艺系统中机床、夹具、刀具以及量具虽然都会磨损，但其磨损速度和程度对加工精度的影响不同。其中以刀具的磨损速度最快，甚至有时在加工一个工件过程中，就可能出现不能允许的磨损量。而机床、量具、夹具的磨损比较缓慢，对加工精度的影响也不明显。故对它们一般只进行定期鉴定和维修。

**四、工艺系统受力变形对加工精度的影响**

在切削力、传动力、惯性力、夹紧力以及重力等的作用下，工艺系统将产生相应的变形（弹性变形和塑性变形）和振动。这种变形和振动，会破坏刀具和工件之间的成形运动的位置关系和速度关系，还影响切削运动的稳定性，从而造成各种加工误差和增加表面粗糙度。

例如车削细长轴时，在切削力作用下工件因弹性变形而出现"让刀"现象。随着刀具的进给，在工件全长上背吃刀量由大变小，然后再由小变大，即工件两端切去的金属多，中间切去的金属少，结果使工件产生腰鼓形圆柱度误差。再如精磨外圆时，一般到磨削后期需进行无进给磨削（或称"光磨"），此时砂轮无进给，但磨削时火花继续存在，且先多后少，直至消失。这就是用多次无进给磨削消除工艺系统的受力变形，以保证零件的加工精度和表面粗糙度。

由此可见，工艺系统的受力变形是加工中一项很重要的原始误差。它不仅严重地影响加工精度，而且还影响表面质量，也限制了切削用量和生产率的提高。因此，需采取措施提高工艺系统刚度，以减少工艺系统受力变形对加工质量的影响。

1. 工艺系统刚度分析

切削加工中，工艺系统各部分在各种外力的作用下，将在各个受力方向产生相应的变形。其中，对加工精度影响最大的误差敏感方向（即法向方向）上的力和变形的分析更有意义。

（1）工件、刀具的刚度　工件、刀具的刚度可按材料力学中有关悬臂梁的计算公式或简支梁的计算公式求得。当工件和刀具（包括刀杆）的刚度较差时，对加工精度的影响较大。如图1-78所示，在内圆磨床上以切入法磨孔时，由于内圆磨头轴的刚度较差，磨内孔时会使工件产生带有锥度的圆柱度误差。

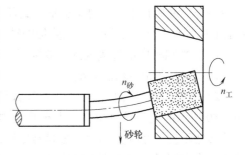

图1-78　内圆磨头的受力变形

（2）接触刚度　由于机床和夹具以及整个工艺系统是由许多零、部件组成，故其受力与变形之间的关系比较复杂，尤其是零部件接触面之间的接触刚度不是一个常数，即其变形量与外力之间不是线性关系，外力越大其接触刚度越大，很难用公式表达。

影响接触刚度的因素主要有：①相互接触的表面的几何误差和表面粗糙度。众所周知，机械加工后零件表面总是存在着宏观的表面几何误差和微观的表面粗糙度。所以零件间的实际接触面积只是名义接触面积的一小部分，且真正处于接触状态的，仅仅是这一小部分的个别凸峰。在外力作用下，这些接触点处将产生较大的接触应力，引起接触变形。接触变形中不仅有表面间的弹性变形，而且有局部的塑性变形，这是零部件接触刚度低的主要原因。②材料和硬度。实验表明，当表面粗糙度值一定时，接触刚度与材料有密切的关系，如铸铁与塑料的接触变形比铸铁与铸铁的接触变形大。材料硬度增加时，其屈服强度增加，因而减少了塑性变形，增加了接触刚度。

2. 机床部件的刚度

（1）机床部件刚度的特性　任何机床部件在外力作用下产生的变形，必然与组成该部件的有关零件本身变形和它们之间的接触状况有关。其中各接触变形的总量在整个部件变形中占很大的比例，因而对机床部件来说，外力与变形之间是一种非线性函数关系。

从图1-79a中所示机床部件受力变形过程看，首先是消除各有关配合零件之间的间隙，挤掉其间油膜层的变形，接着是部件中薄弱零件的变形，最后才是其他组成零件本身的弹性变形和相应接触面的弹性变形及其局部塑性变形。当去掉外力时，由于局部塑性变形和摩擦阻力，最后尚留有一定程度的残余变形。

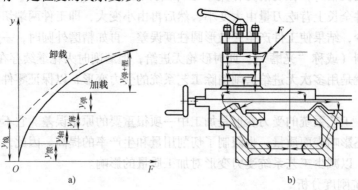

图 1-79　部件受力变形和各组成零件受力变形间的关系

如图 1-79b 所示的车床刀架部件，当切削力从刀刃传到方刀架时，经小滑板、中滑板和溜板箱等，最后在车床床身上完成了封闭。这时在力的作用下，刀刃相对于床身的总位移量 $y$ 是上述各有关部分之间位移量叠加的结果。

（2）影响机床部件刚度的主要因素

1）各接触面的接触变形。

2）各薄弱环节零件的变形。机床部件中薄弱零件的受力变形对部件刚度影响最大。如图 1-80 所示的机床导轨楔铁，由于其结构细长，刚性差，又不易加工平直，装配后常常与导轨接触不良，在外力作用下很容易变形，并紧贴导轨，变得平直，使机床工作时产生很大位移，大大降低了机床部件的刚度。

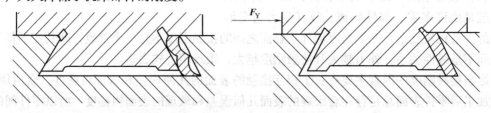

图 1-80　薄弱零件的变形对机床部件刚度的影响

3）间隙和摩擦的影响。零件接触面间的间隙对机床部件刚度的影响，主要表现在加工中载荷方向经常变化的镗床和铣床上。当载荷方向不断正反交替改变时，间隙引起的位移对机床部件刚度影响较大，会改变刀具和工件间的准确位置，从而使工件产生加工误差。

当载荷变动时，零件接触面间的摩擦力对机床部件刚度的影响较为显著。当加载时，摩擦力阻止变形增加；而卸载时，摩擦力又阻止变形恢复。

3. 夹具的刚度

夹具的刚度与机床部件刚度类似，主要受其中各有关配合零件之间的间隙、薄弱零件的变形和接触变形以及各组成零件本身的弹性变形和局部塑性变形的影响。

4. 工艺系统受力变形对加工精度的影响

（1）切削力对加工精度的影响　切削力对加工精度的影响有以下几方面：

1）切削力大小的变化对加工精度的影响：在切削加工中，往往由于被加工表面的几何形状误差或材料的硬度不均匀引起切削力大小的变化，从而造成工件加工误差。如果毛坯的圆度误差为 $\Delta_m$，车削时刀具的背吃刀量在 $a_{p1}$ 和 $a_{p2}$ 之间变化。因此，切削分力 $F_p$ 也随背吃刀量 $a_p$ 的变化，在最大 $F_{pmax}$ 与最小 $F_{pmin}$ 之间产生变化，从而使工艺系统产生相应的变形，即由 $y_1$ 变到 $y_2$（刀具相对被加工面产生 $y_1$ 和 $y_2$ 的位移）。这样就形成了加工后工件的圆度误差 $\Delta_w$。这种加工之后工件所具有的与加工之前相类似的误差的现象，称为"误差复映"现象。

假设加工之前工件（毛坯）所具有的误差为

$$\Delta_m = a_{p1} - a_{p2}$$

加工之后工件所具有的误差为

$$\Delta_w = y_1 - y_2$$

令

$$\varepsilon = \Delta_w / \Delta_m$$

则 $\varepsilon$ 表示出了加工误差与毛坯误差之间的比例关系，即"误差复映"的规律，故称 $\varepsilon$ 为"误差复映系数"。$\varepsilon$ 定量地反映了工件经加工后毛坯误差减小的程度。正常情况下，工艺系统刚度 $k_{xt}$ 越大，$\varepsilon$ 越小，加工后工件的误差 $\Delta_w$ 越小，即复映到工件上的误差越小。

当工件经一次进给不能满足加工精度要求时，需进行多次进给，逐步消除由 $\Delta_m$ 复映到工件上的误差。多次进给后总的 $\varepsilon$ 值为

$$\varepsilon = \varepsilon_1 \times \varepsilon_2 \times \varepsilon_3 \times \cdots \times \varepsilon_n$$

由于工艺系统总具有一定的刚度，因此工件加工后的误差 $\Delta_w$ 总小于毛坯误差 $\Delta_m$，复映系数总是小于1，经过几次进给后，$\varepsilon$ 就减到很小，误差也就降低到所允许的范围内，因此，在加工时，应采取措施减小误差复映，保证加工精度。

2）切削力作用点位置的变化对加工精度的影响：工件的加工精度不仅受切削力大小变化的影响，而且也受切削力作用点位置变化的影响。为了分析问题方便，可先假设在加工过程中切削力大小不变，即只考虑工艺系统刚度变化对加工精度的影响。下面分两种情况予以分析。

①在两顶尖间车削短而粗的光轴。此时工件和刀具的刚度相对很大，即认为工件和刀具的变形可忽略不计，工艺系统的总变形完全取决于机床主轴前端头架（包括顶尖）、尾座（包括顶尖）和刀架的变形。如图 1-81a 所示，当刀尖切到工件某一位置（距工件左端距离为 $x$）时，由于切削力 $F_p$ 的作用，机床主轴前端头架、尾座和刀架都有一定的变形，此时工件的轴心线由原来的 $AB$ 位置移到了 $A'B'$ 位置，刀尖由 $C$ 移到 $C'$，则工艺系统的总位移的最大和最小值之差就是工件的圆柱度误差。

工件在长度方向上工艺系统的总位移值与切削力作用点位置工件在长度方向上位置的变化关系见表 1-7，根据表中数据可作如图 1-81a 所示的变形曲线。

**表 1-7　沿工件长度的变化表**　　　　　　　　　　（单位：mm）

| $x$ | 0（主轴箱处） | $\dfrac{L}{6}$ | $\dfrac{L}{3}$ | $\dfrac{5L}{11}$ | $\dfrac{L}{2}$（中点） | $\dfrac{2L}{3}$ | $\dfrac{5L}{6}$ | $L$（尾座处） |
|---|---|---|---|---|---|---|---|---|
| $y_{xt}$ | 0.0125 | 0.0111 | 0.0104 | 0.0102 | 0.0103 | 0.0107 | 0.0118 | 0.0135 |

故工件的圆柱度误差为（0.0135 - 0.0102）mm = 0.0033mm。该圆柱度误差表现为马鞍形误差。

由上述实例可看出，工艺系统刚度是随着切削力作用点位置的变化而变化。当切削力作用点的位置靠近工件的两端时，工艺系统刚度相对较小，变形较大，刀具相对工件产生的让刀量较大，切去的金属层厚度较小；当切削力作用点位置处于工件的中间位置附近时，工艺系统刚度相对较大，变形较小，刀具相对工件产生的让刀量较小，切去的金属层厚度较大，因此，工件具有马鞍形圆柱度误差。

②在两顶尖间车削细而长的光轴。此时由于工件细长，刚度很小，机床主轴前端头架、尾座和刀架的刚度相对很大，即认为机床头架、尾座和刀架的变形可忽略不计，工艺系统的总变形完全取决于工件的变形，工件位移量的最大和最小值之差就是工件的圆柱度误差。

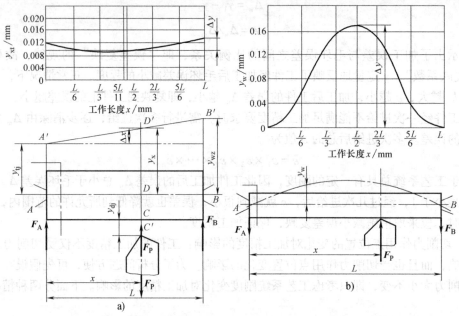

图 1-81　切削力作用点位置的变化对工艺系统变化的影响
a）车削短轴　b）车削长轴

细长工件在长度方向上工艺系统的总位移值与切削力作用点位置在工件长度方向上位置的变化关系见表 1-8，根据表中数据可做如图 1-80b 所示的变形曲线。

表 1-8　沿工件长度的变形　　　　　　　　　　（单位：mm）

| $x$ | 0（主轴箱处） | $\frac{L}{6}$ | $\frac{L}{3}$ | $\frac{L}{2}$（中点） | $\frac{2L}{3}$ | $\frac{5L}{6}$ | $L$（尾座处） |
|---|---|---|---|---|---|---|---|
| $y_w$ | 0 | 0.052 | 0.132 | 0.17 | 0.132 | 0.052 | 0 |

故工件的圆柱度误差为（0.17 - 0）mm = 0.17mm。该圆柱度误差表现为腰鼓形圆柱度误差。

由上式及实例可看出，工艺系统刚度也是随着切削力作用点位置的变化而变化。当切削力作用点的位置靠近工件的两端时，工艺系统刚度相对较大；当切削力作用点位置处于工件的中间位置附近时，工艺系统刚度相对较小，变形较大，刀具相对工件产生的让刀量较大，切去的金属层厚度较小，因此，工件具有腰鼓形圆柱度误差。

因为机床、夹具、工件等都不是绝对刚体，都会发生变形，故前述两种误差形式都会存在，既有形状误差，又有尺寸误差，故对加工精度的影响为前述几种误差形式的综合。

（2）惯性力、传动力和夹紧力对加工精度的影响

1）惯性力和传动力对加工精度的影响：切削加工中，高速旋转的零部件（包括夹具、工件及刀具等）的不平衡将产生离心力。离心力在每一转中不断地变更方向。因此，离心力有时和法向切削分力同向，有时反向，从而破坏了工艺系统各成形运动的位置精度。

在车床或磨床上加工轴类零件时，常用单爪拨盘带动工件旋转，传动力在加工表面法向方向的分力有时与切削分力同向，有时则反向。因此，它所产生的加工误差与惯性力造成工件的形状误差相似。为此，加工精密零件时改用双爪拨盘或柔性连接装置带动工件旋转较好。

2）夹紧力对加工精度的影响：工件在装夹时，由于工件刚度较低或夹紧力作用点或作用方向不当，都会引起工件的相应变形，造成加工误差。

（3）内应力对加工误差的影响 所谓内应力（残余应力）是指当外部的载荷除去以后，仍残存在工件内部的应力。内应力主要是由金属内部组织发生了不均匀的体积变化而产生的。其外界因素来自热加工和冷加工。

具有内应力的工件处于一种不稳定状态中，它内部的组织有强烈的倾向要恢复到一种没有应力的状态。即使在常温下，其内部组织也在不断地发生变化，直到内应力消失为止。在内应力变化的过程中，零件的形状逐渐地变化，原有的精度也会逐渐地丧失。用这些零件所装配成的机器，在机器使用中也会产生变形，甚至可能影响整台机器的质量，给生产带来严重的损失。

1）毛坯制造中产生的内应力：在铸、锻、焊及热处理等热加工过程中，由于各部分热胀冷缩不均匀以及金相组织转变时的体积变化，使毛坯内部产生了相当大的内应力。毛坯的结构越复杂，各部分的厚度越不均匀，散热的条件差别越大，则毛坯内部产生的内应力也越大。具有内应力的毛坯的变形在短时间内还显示不出来，内应力暂时处于相对平衡的状态。但当切去一层金属后，应打破了这种平衡，内应力重新分布，工件就明显地出现了变形。

如图1-82a所示为一个内外壁厚相差较大的铸件，在铸后的冷却过程中产生内应力的情况。当铸件冷却后，由于壁1和2较薄，散热较易；壁3较厚，所以冷却较慢。当壁1和2由塑性状态冷却到弹性状态时（约在620℃左右），壁3的温度还比较高，尚处于塑性状态。所以壁1和2收缩时壁3不起阻挡作用，铸件内部不产生内应力，但当壁3冷却到弹性状态时，壁1和2的温度已降低很多，收缩速度变得很慢，而这时壁3收缩较快，就受到壁1和2的阻碍。因此，壁3在冷却收缩的过程中，由于受到壁1和2的阻碍而产生了拉应力，壁1和2受到压应力，形成了相互平衡的状态。如果在该铸件壁2上开一个缺口，如图1-82b所示，壁2压应力消失。铸件在壁1和壁3的内应力作用下，壁3收缩，壁1伸长，发生弯曲变形，直到内应力重新分布达到新的内应力平衡为止。推广到一般情况，各铸件都难免产生冷却不均匀而形成内应力。铸件的外表面总比中心部分冷却得快。例如机床床身，为了提高导轨面的耐磨性，常采用局部激冷工艺，使它冷却更快一些，获得较高的硬度，这样在床身内部所产生的内应力就更大，当粗加工刨去一层金属后，就像图1-82b中的铸件壁2上开

口一样，引起了内应力的重新分布，产生弯曲变形，如图 1-83 所示。由于这个新的平衡过程需要一段较长的时间才能完成，因此尽管导轨经过精加工去除了大部分变形，但床身内部组织还在继续转变，合格的导轨面渐渐地就丧失了原有的精度。因此，有内应力的毛坯或工件，在加工之前或加工过程中，应进行时效处理等热处理，以消除内应力，保证加工精度。

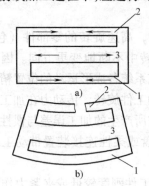

a)

b)

图 1-82　铸件因内应力引起的变形

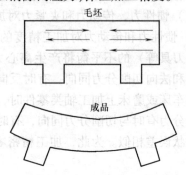

毛坯

成品

图 1-83　床身因内应力引起的变形

2）冷矫直带来的内应力：丝杠一类的细长轴车削以后，棒料在轧制中产生的内应力会重新分布，使轴产生弯曲变形。为了纠正这种弯曲变形，常采用冷矫直。矫直的方法是在弯曲的反方向加外力 $F$，如图 1-84a 所示，在外力 $F$ 的作用下，工件内部的应力分布如图 1-84b 所示，在轴心线以上产生压应力（用负号 "–" 表示），在轴心线以下产生拉应力（用正号 "+" 表示）。在轴线和两条双点画线之间是弹性变形区域，在双点画线以外是塑性变形区域。当外力 $F$ 去除以后，外层的塑性变形区域阻止内部弹性变形的恢复，使工件内部产生了内应力，其分布情况如图 1-84c 所示。因此，冷矫直虽然减少了弯曲，但工件仍处于不稳定状态，如再次加工，又将产生新的弯曲变形。因此，高精度丝杠的加工，不采用冷矫直，而是用热矫直或加大毛坯余量等措施，来避免冷矫直产生内应力对加工精度的影响。

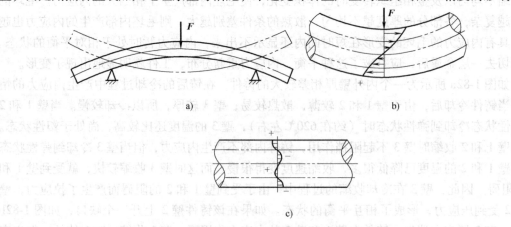

a)

b)

c)

图 1-84　冷矫直引起的内应力

**五、工艺系统的热变形**

在机械加工过程中，由于受到内部和外部热源的影响，工艺系统各部分的温度升高，因而产生热膨胀。由于各部分的受热情况、热容量、散热条件等均不相同，产生的温升和热膨胀也就不同，从而使工艺系统各部分产生变形，造成工件的加工误差。

1. 工艺系统的热源

引起工艺系统热变形的热源可归纳为：

1）切削热：切削过程中产生的热量大部分传给了切屑，少部分传给了刀具和工件。

2）摩擦热：工艺系统中凡有相对运动的地方均会产生摩擦热，如轴承、导轨、传动齿轮、摩擦离合器、液压系统以及电动机等。

3）外部热源：工艺系统外部环境的温度变化如气温的变化以及阳光、灯光、暖气散热片的影响等。

2. 工艺系统的热平衡

虽然各种热源产生的热量会向工艺系统内传递，但同时，系统内部产生的热量也在向外部环境散发。当单位时间内传入和散发的热量相等，系统的温度不再变化时，则称工艺系统处于热平衡状态。系统达到热平衡后，热变形量不再变化，引起的加工误差也比较固定。

3. 机床热变形的趋势及其引起的加工误差

机床的热变形主要是因主轴箱的发热使主轴产生位移、倾斜；床身、立柱等零件因其导轨面与其余部分的温度不同而使导轨产生弯曲变形。弯曲的方向是向高温面凸出。

机床变形后原有的几何精度丧失，从而引起工件的加工误差。

对于数控机床、加工中心等机床而言，除了机械系统的发热造成机床几何精度降低外，电气系统的发热还会造成数控系统不稳定等问题。因此这类设备常在恒温室里使用。

4. 工件热变形及其对加工精度的影响

工件受热后膨胀，其直接结果是造成刀具"多切"，即使 $a_{PS} > a_{PL}$，若各处的多切量相同，则造成工件尺寸误差；若各处的多切量不同，则造成工件形状误差。

在数控机床、加工中心等自动化程度很高的机床上加工时，由于工序高度集中，工件受热大且来不及散发、冷却，工件热变形的影响将会更大，必须引起高度重视。

5. 刀具的热变形及其对加工精度的影响

切削过程中传给刀具的热量虽然不多，但因刀具的体积小，热容量小，故刀具的温度很高。刀具受热后伸长，从而造成加工误差。但刀具热得快冷得也快，在装卸工件的间歇中，刀具的温度又会很快地降低。此外，刀具因体积小，很快就会达到热平衡。因此，在用调整法加工一批短小工件时，刀具的热伸长对工件的精度影响不大。但在加工较长的轴、较大的平面时，刀具热伸长的影响就不容忽视：它将会造成工件的形状误差。虽然刀具磨损可以部分弥补，但刀具的热伸长还是占主导地位。

# 任务10　砂轮主轴的检测与评估（二）
## ——轴类零件的表面质量

经机械加工的表面，虽然看起来很光亮，但实际上都存在着不同程度的凹凸不平和内部组织破坏缺陷层。这个缺陷层虽然很薄，但它对零件的使用性能的影响却很大。据统计，约有80％机器零件失效是由表面质量引起的。

**一、表面质量的含义**

1. 表面粗糙度和波度

表面粗糙度是衡量表面微观不平的指标，国家标准规定用"表面微观的算术平均偏差 $Ra$"或"微观不平度的平均高度 $Rz$"来衡量。

表面波度则是界于表面粗糙度和形状误差之间的一种几何误差，主要由机械振动引起，目前还没有国家标准。

2. 表面层物理力学性能

工件表面层内部组织遭到破坏的外在表现就是物理、力学性能的改变，具体表现在：

1）表面层冷作硬化——表层的显微硬度高于母体。

2）表面层残余应力——加工后，表层中残留的压应力或拉应力。

3）表面层金相组织变化——表层的金相组织与基体不同。

**二、表面质量对产品使用性能的影响**

1. 表面粗糙度

（1）对工作精度的影响　表面粗糙度的影响主要是使实际接触面积减小。对于配合表面来说，表面粗糙度将影响其实际配合性质。对于间隙配合，表面太粗将使零件的初期磨损太大太快，使实际配合间隙过大；对于过盈配合，太粗的表面在装配过程中其凸峰将被挤压倒塌，使实际过盈量不足，影响联接强度。对于相互接触的两零件，表面粗糙将使接触变形增大，接触刚度降低。

（2）对机器使用寿命的影响　机器的寿命与其耐磨性和抗疲劳性有关。

对于有相对运动的表面，表面粗糙度对摩擦面的磨损影响很大，但表面不是越细越好，也不是越粗越好。表面太粗，实际接触面积太小，容易磨损，但太细的表面储存润滑油的能力差，一旦润滑条件恶化，紧密接触的两表面会发生分子亲合现象而咬合起来，结果反而使磨损加剧。因此有一个耐磨的最佳粗糙度值，该值与机器零件的工作情况有关，一般最佳表面粗糙度值 $Ra$ 为 $0.4 \sim 0.8 \mu m$。

对于受交变载荷作用的零件，粗糙表面的尖峰、深谷很容易引起应力集中，使零件产生疲劳裂纹。因此，受交变载荷作用的零件，尤其是其上具有应力集中倾向的表面的粗糙度值应小些。

此外，在腐蚀环境中工作的零件，粗糙的表面也会因其易于储藏腐蚀液体而使零件的耐蚀性下降。

2. 表面冷作硬化

适当的冷作硬化使表面硬度提高，从而提高零件的耐磨性，但冷作硬化太严重将使表层组织过度疏松，受力后容易产生裂纹甚至是成片剥落。因此也有一个最佳冷硬值。

此外，冷作硬化还具有防止疲劳裂纹产生和阻止其扩大的作用，因而可提高零件的疲劳强度，但却会使零件的抗腐蚀能力降低。

3. 表面残余应力

残余应力有压应力和拉应力之分，其中拉应力会加速疲劳裂纹扩大，而压应力则相反。因此适当的压应力可提高零件的疲劳强度，拉应力则反之。

此外，残余应力会影响零件精度的稳定性，使零件在使用过程中逐步变形而丧失精度。

4. 表面金相组织的变化

表面金相组织的变化会使零件表面原有的力学性能改变，如强度、硬度降低，出现内应力等，从而影响零件的耐磨性和疲劳强度。

### 三、影响表面质量的因素及其控制措施

1. 影响表面粗糙度的因素及其控制措施

（1）切削加工　在切削加工过程中，由于受刀尖几何形状和进给运动的影响，刀具并没有把应切削的金属层全部切掉，而是在切过的表面上残留了一小部分金属，称为残留面积。若只考虑几何的因素，该残留面积的高度就是表面粗糙度。此外，切削过程中工件加工面受到了刀具刃口钝圆的挤压和后刀面、副后刀面的摩擦而产生塑性变形，将残留面积挤歪、或使沟纹加深；中速切削塑性金属时积屑瘤周期性地生成、长大、脱落；低速切削塑性金属时产生的鳞刺等因素均会在工件表面上留下深浅不一、凹凸不平的切痕，使工件表面粗糙。从以上分析中归纳出控制切削表面粗糙度的措施有：合理选择切削用量，合理选择刀具角度，改善工件材料的切削性能，正确选择切削液。

（2）磨削加工　磨削过程比切削复杂得多。磨削时起作用的是砂轮上的砂粒，而砂粒在砂轮表面上分布的高度不完全一致；与刀具相比，砂粒显得较钝，相当于负前角切削；且磨削时背吃刀量很小。因此磨削的过程是滑擦、刻划和切削共同作用的过程。控制磨削表面粗糙度的措施有：合理选择和修整砂轮，合理选择磨削用量。

此外，冷却润滑液的成分、洁净程度，工艺系统的抗振性等也是影响磨削表面粗糙度的不可忽视的因素。

2. 影响表面物理力学性能的因素及其控制

（1）表面冷作硬化　机械加工中，由于切削力的作用，使被加工表面产生强烈的塑性变形，晶格严重扭曲、晶格被拉长和纤维化，引起材料的强化，其强度和硬度均有所提高，这种现象就称为冷作硬化。冷作硬化的程度取决于使加工表面产生塑性变形的力、变形速度及变形时的温度。力越大，硬化程度越大；变形速度快，塑性变形不充分，硬化程度就小；温度升高则硬化程度减小。

（2）表面残余应力　机械加工中产生的残余应力主要集中在工件表面。引起表面残余应力的主要原因有：冷塑性变形的影响、热塑性变形的影响及金相组织变化的影响。

（3）表面层金相组织变化　造成金相组织变化的主要因素是温度。一般磨削时产生的热量有 60% ~80% 传给工件，造成工件表面温度较高，严重时引起金相组织变化。这种现象称为磨削烧伤。烧伤严重时，工件表面会出现黄、褐、紫、青等烧伤色。但表面没有烧伤色并不表明工件一定没有烧伤，也许烧伤色被后面的光磨磨掉了。工件表层烧伤后容易产生拉应力，若拉应力过大，就会产生裂纹。有些裂纹肉眼看不见，需要借助磁力探伤、超声波探伤等探伤仪器来检查。

### 四、机械加工中的振动

加工过程中若发生振动，将造成工件表面波度，影响表面质量；主轴轴承、刀具严重磨损甚至打刀；产生噪声，污染环境和影响生产率。因此必须设法避免、减小或消除振动。

机械加工中的振动主要有受迫振动和自激振动两类。振动的类型不同，其产生原因也不同，因而控制措施也不完全一样。

1. 受迫振动

（1）受迫振动产生的原因　外界周期性的干扰力是引起受迫振动的根源，而周期性的干扰力的来源有以下几方面：

1）回转件的不平衡：砂轮、齿轮、带轮、电动机的转子、偏心夹具、偏心工件等回转件若不平衡就会造成离心惯性力，该力的方向随回转件的旋转不断改变，作用在工艺系统上就是周期性的干扰力。

2）传动件的制造缺陷：如齿轮的制造和安装精度不高、传动时产生冲击、滚动轴承间隙过大、滚动体尺寸不均匀、平皮带的接头、三角带的厚度不均匀、往复运动换向时的冲击、液压系统的压力脉动等。

3）断续切削：被加工表面不连续（如花键轴）、铣削和刨削等加工时刀齿的切入切出、砂轮硬度不均和磨损不均等都会造成切削力周期性变化。

4）从地基传来的外部振源：机床附近有锻压设备、通道运输设备等，这些设备引起的振动通过地基传入本机床。

（2）减小或消除受迫振动的途径

1）排除振源。分析干扰力的来源，设法加以排除。如对高速回转件做好平衡，提高传动件的制造、安装精度，及时修整砂轮等。

2）隔振。隔振有三层含义，一是隔开外部振源，保护本机，如在机床周围挖防振沟、用厚橡皮将机床与地基隔离；二是将产生振动的设备隔离起来，防止振动传入地基；三是将本机的振源隔离出去，如将电动机、油泵等动力源移出机床外，用弹性联轴器、软管等与机床连接。

3）避开共振区。当振源无法消除和隔离时，可改变干扰力的频率（如断续切削时改变主轴转速、改变铣刀刀齿数）、改变系统固有频率（如增加系统质量）来避开共振区。

4）提高系统抗振性。可通过提高工艺系统刚度、增加阻尼（如适当减小某处间隙、加装阻尼器）等办法来提高系统的抗振性。

2. 自激振动

自激振动是在没有外界周期性干扰力作用的情况下自身产生的振动。一般情况下，偶然因素引起的振动若没有能量补充就会因阻尼的消耗而很快地衰减。但自激振动的过程本身却能引起切削力的周期变化，此周期变化的切削力能够从不具备交变特性的能源中周期性地获得能量补充，反过来使振动得到维持和加强。抑制自激振动的工艺措施有合理选择切削用量、合理选择刀具角度、改进刀具结构和方位、提高工艺系统的抗振性、加装减振器等。

# 任务 11　　任务实施与检查

**一、实施**

1）制订零件工艺过程并完成一套工艺文件（三种工艺卡片）。

2）学生根据自己编制的工艺规程，熟悉所选择的机床设备的操作手柄和按钮的功能。

3）学生根据自己编制的工艺规程，正确地安装工件，选择合理的切削用量，调整好机床。

4）教师首先进行正确地操作示范，学生完成正确地试切。学生根据教师的示范进行逐一地练习实践。最后由教师完成零件的最终加工。

**二、检查（验）**

1. 练习情况的检查

检查学生的练习情况，并对每个学生的练习情况作出记录。

2. 轴类零件的检验

精度检验应按一定顺序进行，先检验形状精度，然后检验尺寸精度，最后检验位置精度。这样可以判明和排除不同性质误差之间对测量精度的干扰。

（1）形状精度检验　圆度为轴的同一横截面内最大直径与最小直径之差。一般用千分尺按照测量直径的方法即可测量。精度高的轴需要比较仪检验。圆柱度是指同一轴向剖面内最大直径与最小直径之差，同样可以用千分尺检验。弯曲度可用千分表检验，把工件放在平板上工件转动一周，千分表读数的最大变化量就是弯曲误差值。

（2）尺寸精度检验　在单件小批生产中，轴的直径一般用外径千分尺检验。精度较高（公差值小于 0.01mm）时，可用杠杆卡规测量。台肩长度可用游标卡尺、深度游标卡尺和深度千分尺检验。大批量生产中，常采用界限卡规检验轴的直径。长度不大而精度又高的工件，也可用比较仪检验。

（3）位置精度检验　为提高检验精度和缩短检验时间，位置精度检验多采用专用检具，如图 1-85 所示。检验时，将主轴的两支承轴颈放在同一平板上的两个 V 形架上，并在轴的一端用挡铁、钢球和工艺锥堵挡住，限制主轴沿轴向移动。两个 V 形架中有一个高度是可调的。测量时先用千分表调整轴的中心线，使它与测量平面平行。平板的倾斜角一般是 15°，使工件轴端靠自重压向钢球。

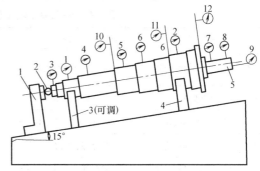

图 1-85　位置精度检验专用检具

1—挡铁　2—钢球　3、4—V 形架
5—检验心棒

在主轴前锥孔中插入检验心棒，按测量要求放置千分表，用手轻轻转动主轴，从千分表读数的变化即可测量各项误差，包括锥孔及有关表面相对支承轴颈的径向圆跳动和端面圆跳动。

锥孔的接触精度用专用锥度量规涂色检验，要求接触面积在 70% 以上，分布均匀而大端接触较硬，即锥度只允许偏小，这项检验应在检验锥孔跳动之前进行。

图 1-85 中各量表的功用如下：量表 7 检验锥孔对支承轴颈的同轴度误差；距轴端 300mm 处的量表 8 检查锥孔轴心线对支承轴颈轴心线的同轴度误差；量表 3、4、5、6 检查各轴颈相对支承轴颈的径向圆跳动；量表 10、11、12 检验端面圆跳动；量表 9 测量主轴的轴向窜动。

根据相关知识介绍，全面检查齿轮零件的加工精度和表面质量，并分析已加工的零件是否合格。

## 3. 砂轮主轴的检验

砂轮主轴可按照上述方式全面检验零件的加工精度和表面质量，并分析已加工的零件是否合格。

此外，检查（验）内容还包括：对加工过程中出现的问题进行分析、总结，并提出合理的解决方案；针对出现的问题，再修改工艺文件，根据修改后的工艺文件，重新加工工件；检查学生练习情况，并对每个同学的练习情况进行记录。

# 任务 12　评　价

## 一、评价方式

1）学生自评。

2）小组内学生互评。

3）教师评价。

4）各小组组长总结、归纳本小组的零件加工情况。

5）教师总体评价并总结。

## 二、评价表

砂轮架主轴工艺设计的考核评价标准见表 1-9。

表 1-9　砂轮架主轴工艺设计的考核评价标准

| 项目编号 | | 学生完成时间 | | | 学生姓名 | | 总分 | |
|---|---|---|---|---|---|---|---|---|
| 序号 | 评价内容 | 评价标准 | | 配分 | 学生自评 15% | 学生互评 25% | 教师评价 60% | 得分 |
| 1 | 毛坯的选择 | 不合理，扣 5 分 | | 5 | | | | |
| 2 | 定位方案的确定 | 不合理，扣 5～10 分 | | 10 | | | | |
| 3 | 装夹方式的确定 | 不合理，扣 1～5 分 | | 5 | | | | |
| 4 | 加工工艺过程的拟订 | 不合理，扣 5～20 分 | | 20 | | | | |
| 5 | 加工余量的确定 | 不合理，扣 1～5 分 | | 5 | | | | |
| 6 | 工序尺寸的确定 | 不合理，扣 5～14 分 | | 14 | | | | |
| 7 | 切削用量的确定 | 不合理，扣 1～10 分 | | 10 | | | | |
| 8 | 工时定额的确定 | 不合理，扣 1～5 分 | | 5 | | | | |
| 9 | 各工序设备的确定 | 不合理，扣 1～2 分 | | 2 | | | | |
| 10 | 刀具的确定 | 不合理，扣 1～2 分 | | 2 | | | | |
| 11 | 量具的确定 | 不合理，扣 1～2 分 | | 2 | | | | |
| 12 | 工序图的绘制 | 不规范，扣 1～5 分 | | 5 | | | | |
| 13 | 工艺文件中各项内容 | 不合标准，扣 5～10 分 | | 10 | | | | |
| 14 | 完成时间 | 超 1 学时，扣 5 分 | | 5 | | | | |
| 15 | 合　　计 | | | | | | | |

注：工艺设计思路创新、方案创新的酌情加分。

注意：检查评价时应注意对方案设计的依据、方法，特别是有关参数的确定过程进行全面考核，考核学生应用所学知识进行盘类零件加工工艺设计的分析、应用等综合能力。

**三、对本项目所有的资料进行归纳、整理，对加工出的零件进行存放**

# 本情境小结

本情境以多品种小批量生产的工具磨床砂轮架主轴为例，重点分析了砂轮架主轴的使用性能、技术要求、结构特点，具体介绍了金属切削过程的基本概念、机械的生产过程和工艺过程的基本概念、机械加工工艺过程的组成、生产纲领、生产类型及其工艺特征、机械零件图分析的方法、机械加工中常用毛坯的种类及性能、机床夹具的基本知识。着重介绍了金属切削刀具几何参数与金属切削用量的选择方法、零件加工工艺路线的拟订方法、工序尺寸及公差的确定方法、机床、刀具、量具、夹具和辅具选择原则、定位误差的分析与计算方法、夹具的设计方法等。

# 习　题

1-1　什么是生产过程、工艺过程、工序、安装、工步、工位？

1-2　什么是生产纲领？生产类型有几种？各有什么特点？

1-3　工艺规程的作用和制订原则各有哪些？

1-4　综合工艺过程卡、工艺卡和工序卡的主要区别是什么？各应用于什么场合？

1-5　如何衡量零件的结构工艺性的好坏？试举例说明。

1-6　什么是基准、设计基准、工艺基准、测量基准和装配基准？试举例说明。

1-7　试分析下列加工过程中的定位基准：

（1）拉孔；（2）浮动铰刀铰孔；（3）浮动镗刀镗孔；（4）无心磨削轴外圆；（5）磨削床身导轨面；（6）攻螺纹。

1-8　粗基准、精基准的选择原则是什么？

1-9　机械加工工艺过程划分加工阶段的原因是什么？

1-10　什么是工序集中？什么是工序分散？各有何特点？

1-11　机械加工工序的安排原则是什么？

1-12　什么是加工经济精度？选择加工方法时应考虑的主要问题有哪些？

1-13　什么是毛坯余量？什么是工序余量和总余量？影响加工余量的因素有哪些？

1-14　欲在某工件上加工 $\phi72.5^{+0.03}_{0}$ mm 孔，其材料为 45 钢，加工工序为：扩孔、粗镗孔、半精镗、精镗孔、精磨孔。已知各工序尺寸及公差如下：

精磨—$\phi72.5^{+0.03}_{0}$ mm；　　粗镗—$\phi68^{+0.3}_{0}$ mm；

精镗—$\phi71.8^{+0.046}_{0}$ mm；　　扩孔—$\phi64^{+0.46}_{0}$ mm；

半精镗—$\phi70.5^{+0.19}_{0}$ mm；　　模锻孔—$\phi59^{+1}_{-2}$ mm。

试计算各工序加工余量及余量公差。

1-15　在大批量生产条件下，加工一批直径为 $\phi45^{0}_{-0.005}$ mm、长度为 68mm 的轴，$Ra<0.16\mu m$，材料为 45 钢，试安排其加工路线。

1-16　图 1-86 所示工件成批生产时用端面 B 定位加工表面 A（调整法），以保证尺寸 $10^{0}_{-0.20}$ mm，试标注铣削表面 A 时的工序尺寸及上、下偏差。

1-17　图 1-87 所示零件镗孔工序在 A、B、C 面加工后进行，并以 A 面定位。设计尺寸为 $(100\pm0.15)$ mm，但加工时刀具按定位基准 A 调整。试计算工序尺寸 L 及上、下偏差。

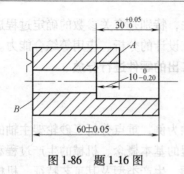

图 1-86　题 1-16 图

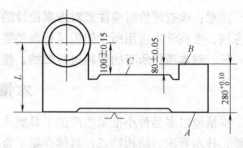

图 1-87　题 1-17 图

1-18　图 1-88 所示零件在车床上加工阶梯孔时，尺寸 $10_{-0.4}^{\ 0}$mm 不便测量，而需要测量尺寸 $x$ 来保证设计要求。试换算该测量尺寸。

1-19　衬套孔要求渗氮，其加工工艺过程为：

①先磨孔至 $\phi142.78_{\ 0}^{+0.04}$mm；②渗氮层深度为 $L_1$；③再终磨孔至 $\phi143_{\ 0}^{+0.04}$mm，并保证留有渗氮层深度为（$0.4\pm0.1$）mm，求渗氮层深度 $L_1$ 公差应为多大。

1-20　某零件的加工路线如图 1-89 所示：工序 I，粗车小端外圆、肩面及端面；工序 II，车大端外圆及端面；工序 III，精车小端外圆、肩面及端面。试校核工序 III 精车小端端面的余量是否合适。若余量不够，应采取什么工艺措施？

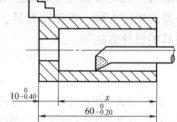

图 1-88　题 1-18 图

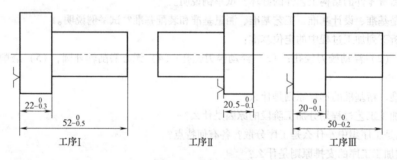

工序 I　　　　工序 II　　　　工序 III

图 1-89　题 1-20 图

1-21　对轴类零件的技术要求有哪些？在编制轴类零件的工艺过程时要考虑哪些因素？

1-22　何谓切削用量三要素？

1-23　确定刀具前面和后面空间位置的角度有哪些？试分别叙述车刀前角 $\gamma_o$ 和后角 $\alpha_o$ 的定义和作用。

1-24　外圆表面常用的加工方法有哪些？如何选用？

1-25　提高外圆表面车削生产率的主要措施有哪些？

1-26　粗车和精车的目的有什么不同？刀具角度的选用有何不同？切削用量的选择又有何不同？

1-27　粗、精车时限制进给量的因素各是什么？为什么？限制切削速度的因素各是什么？为什么？

1-28　切削用量为什么要按一定顺序选取？提高切削用量可采取哪些措施？

1-29　磨削与其他切削加工相比，有什么特点？为什么磨削能获得高的尺寸精度和较小的表面粗糙度值？

1-30　主轴加工时，采用哪些表面为粗基准和精基准？为什么？安排主轴加工顺序时，应注意哪些问题？

1-31　无心磨削有何特点？无心磨削时如何提高工件的圆度？

1-32　编制如图 1-90 所示小轴零件的机械加工工艺过程，其生产类型为大批量生产，零件材料为 45钢。

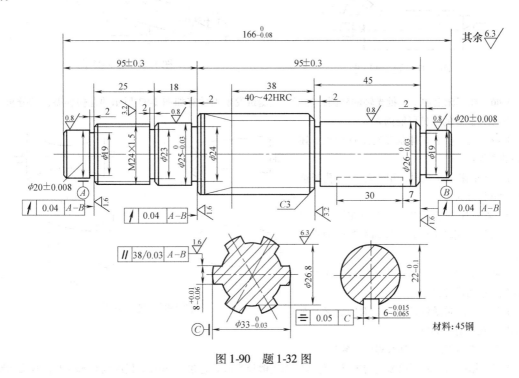

图 1-90　题 1-32 图

1-33　获得加工精度的方法都有哪些？

1-34　何谓加工误差的敏感方向？说明下列加工方法的误差敏感方向：磨外圆；铣平面；车螺纹；在镗床上镗孔。

1-35　机床的几何误差指的是什么？试以车床为例说明机床几何误差对零件的加工精度有何影响？

1-36　何谓调整误差？在单件小批量生产和大批量生产中各会产生哪些方面的调整误差？调整误差对零件的加工精度会产生怎样的影响？

1-37　部件的刚度与零件的刚度有何不同？为什么？

1-38　工艺系统受力变形对加工精度有何影响？

1-39　试举例说明在加工过程中，工艺系统受力变形、热变形、磨损和残余应力怎样影响零件的加工精度？各应采取什么措施来克服这些影响？

1-40　车削细长轴时，经常车削一刀后，将后顶尖松一下再车下一刀。试分析其原因。

1-41　试说明车削前工人经常在刀架上装上镗刀修正三爪自定心卡盘的工作面或花盘的端面的目的。试分析能否提高机床主轴的回转精度。

1-42　在卧式铣床上铣削键槽，如图 1-91 所示，经测量发现靠工件两端的深度比中间的深度尺寸大，且都比调整的深度尺寸小。分析产生这一现象的原因。

1-43　在卧式铣镗床镗孔时，若采用主轴进给方式，造成工件孔母线不直的主要原因是什么？若采用工作台进给方式，造成工件孔母线不直的主要原因又是什么？

1-44　在导轨磨床上磨削某车床床身导轨面，磨后发现导轨呈中间凹下的直线度误差，请分析原因。

1-45　分析磨削外圆时（见图 1-92），若磨床前后顶尖不等高，工件将产生什么样的几何形状误差？

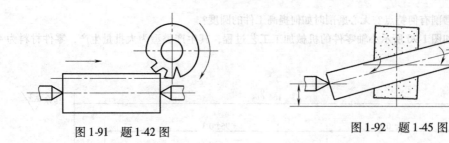

图 1-91　题 1-42 图　　　　　　　图 1-92　题 1-45 图

1-46　在车床上加工一批光轴的外圆，加工后经测量发现工件有如图 1-93 所示的几何误差，试分析说明产生上述误差的各种可能因素。

1-47　试分析在车床加工时工件产生下述误差的原因：

1）在车床上车孔时，引起被加工孔圆度误差和圆柱度误差。

2）在车床三爪自定心卡盘上车孔时，引起孔和外圆的同轴度误差、端面和外圆的垂直度误差。

1-48　试述加工表面产生压缩残余应力和拉伸残余应力的原因。

1-49　表面质量包括哪几方面的含义？对产品使用性能有何影响？

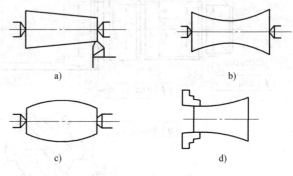

a)

b)

c)

d)

图 1-93　题 1-46 图

1-50　控制表面质量都有哪些措施？

1-51　影响磨削表面粗糙度的因素是什么？如何解释当砂轮速度从 30m/s 提高到 60m/s 时，表面粗糙度值 $Ra$ 从 1μm 减小到 $Ra$0.2μm 的试验结果。

1-52　用粒度分组代号为 30 号的砂轮磨削钢件外圆，其表面粗糙度值 $Ra$ 为 1.6μm；在相同条件下，采用粒度分组代号为 6 号的砂轮可使 $Ra$ 减小到 0.2μm，这是为什么？

1-53　为什么同时提高砂轮速度和工件速度可以避免产生磨削烧伤、减小表面粗糙度值并能提高生产率？

1-54　受迫振动和自激振动各有何特点？有何控制措施？

1-55　在卧式镗床上用悬臂镗杆镗一光滑圆柱孔时产生振动，振动时发出刺耳的尖叫声且只要刀具与工件一脱离接触，振动立即停止。请判断此振动是哪种振动？可采取哪些抑制措施？

# 学习情境二　工具磨床支承盘零件工艺设计与实施

## 知识目标：

1）识读支承盘零件图纸，观察实物，熟悉典型盘类零件基本结构。

2）熟悉孔表面的加工方法，掌握孔钻、扩、铰、锪、攻螺纹、镗、拉、磨等加工方法和高速精细镗、珩磨、研磨等精密加工原理。

3）熟悉车削、钻削机床夹具的类型、典型结构、应用特点，掌握车床、钻床专用夹具设计要点。

4）熟悉支承盘零件加工工艺的设计过程，掌握盘类零件工艺设计方法、工艺参数确定原则。

5）熟悉支承盘零件的工艺实施过程，熟悉车削、铣削、钻削加工安全操作知识，掌握盘类零件工艺实施的要求、方法。

6）熟悉支承盘零件检测指标、测量方法，掌握盘类零件工艺实施效果评价的基本要求。

## 能力目标：

1）能正确理解、分析盘类零件加工的技术要求。
2）能正确选择孔表面加工方法、机床、刀具及有关工艺参数。
3）具有选择、设计、应用车床、钻床夹具的能力。
4）具有正确设计、填写工艺文件卡的能力。
5）能根据盘类零件加工要求完成工艺实施。
6）能根据盘类零件加工要求评价工艺实施的效果。

# 任务1　支承盘零件的概述

**一、布置工作任务，明确要求**

编制如图 2-1 所示磨床砂轮架箱体的工艺规程，在教师的指导下进行工艺实施练习，检测零件，针对出现的质量问题提出行之有效的工艺措施。

**二、读图并分析**

1. 观察盘类零件——支承盘样品，了解盘类零件基本结构

2. 阅读支承盘零件图

盘类零件——磨床支承盘，如图 2-1 所示。

3. 提取零件信息

（1）磨床支承盘零件的结构特点、使用性能、功能　如图 2-1 所示，磨床砂轮架部件中的盘类零件——支承盘以 φ140H7/g6 配合要求安装于砂轮架部件的组件——主轴外套的端

面圆孔内，通过 4 个 M10 内六角螺栓联接紧固。该件 φ52J7 孔中安装一个 205 深沟球轴承，通过轴承孔支承该部件的核心零件——主轴（利用主轴调节砂轮上下位置满足不同的磨削要求）。

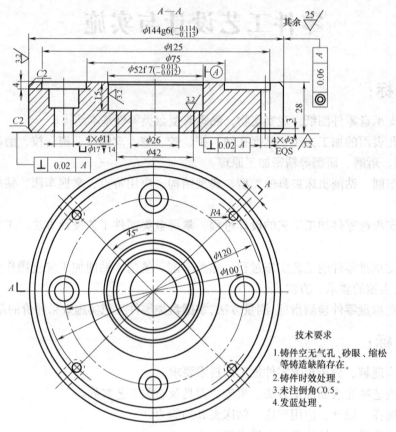

图 2-1　工具磨床支承盘

砂轮架在工作状态下要求主轴能灵活转动，作为支承和连接的关键零件，该件上表面接砂轮架组件，下表面衔接主轴组件，为保持润滑油路畅通，在结构上设计了 4 个油孔并附带油槽，以满足润滑要求。

盘类零件在机器中主要起支承和连接作用，应用非常广泛，支承回转轴的各种形式的支承盘、法兰盘、液压缸端盖及带轮等都属于盘类零件。其结构因用途不同而异，但一般都具有以下特点：

1）零件结构简单，主要由端面、外圆、孔等组成。

2）一般零件直径大于零件的轴向尺寸。

3）零件内、外圆表面同轴度及内、外圆表面与端面垂直度要求较高。

（2）支承盘零件的技术要求　盘类零件由于所起作用不同，技术要求差别较大，具体归纳如下：

1）孔的技术要求：盘孔主要起支承或连接作用，通常与轴承、轴或轴套配合。

①尺寸精度：孔的直径尺寸公差等级一般为 IT7 ~ IT8，工具磨床支承盘为 IT6。②形状

精度：孔的形状精度公差应控制在孔径公差以内，一些精密盘类零件控制在孔径公差 1/2 ~ 1/3，甚至更严。磨床支承盘零件孔除与外圆表面有同轴度要求外，与盘端面还有垂直度的要求。③表面质量：为了保证零件的功用，孔的表面粗糙度值 $Ra$ 要求为 2.5 ~ 0.16μm。磨床支承盘零件孔表面粗糙度值 $Ra$ 为 0.32μm。

2）外圆的技术要求：磨床支承盘零件的外圆表面以过渡配合 H7/g6 与砂轮架机架的孔相配合，起连接作用。盘类零件多以过盈或过渡配合与机架或箱体的孔相配合，起连接作用。

①外径尺寸公差等级通常为 IT6 ~ IT8。②形状精度控制在外径公差以内。③表面粗糙度值 $Ra$ 为 3.2 ~ 0.63μm。

3）端面的技术要求：支承盘零件的下端面与砂轮架机架的上端平面相配合，起支承作用。盘类零件起支承作用时一般通过端面与机架、缸体或箱体等的表面相接触，保证安装在盘孔中零件的轴向位置、垂直度要求等。①盘类零件有较高的轴向尺寸精度要求，公差等级通常为 IT7 ~ IT8。②盘类零件的端面有较高的平面度要求，形状精度控制在轴向尺寸精度以内。③盘类零件的端面表面粗糙度值 $Ra$ 为 3.2 ~ 0.63μm，非支承端面的表面粗糙度值 $Ra$ 一般为 6.3 ~ 25μm。

4）各主要表面间的位置精度要求：由于支承盘零件在磨床砂轮架组件中起支承作用，其各主要表面间的位置精度要求较高：①两端面有较高的平行度要求。$\phi52j7$ 孔下端面、支承盘下端面对孔同时要求垂直度 0.02mm。②孔作为定位基准和装配基准，孔的轴线与端面有较高的垂直度要求，一般为 0.02 ~ 0.05mm，该支承盘零件要求 0.02mm。③孔与外圆有较高的同轴度要求，同轴度的大小一般根据加工与装配要求确定，该支承盘零件要求同轴度为 0.06mm。对一般盘类零件：

若盘的孔是装配之后再进行最终加工，则对盘内、外圆间的同轴度要求较低；

若盘的孔是在装配前进行最终加工，则同轴度要求较高，一般公差等级为 IT6 ~ IT8。

如图 2-1 所示的磨床支承盘零件主要技术要求如下：

1）铸件组织应紧密，不得有砂眼、针孔及疏松，必要时用泵验漏。

2）铸件应时效处理。

3）轴承孔光洁无纵向刻痕。

4）零件下端面及轴承孔下端面对轴承孔轴线的垂直度公差 0.02mm。

5）外圆与轴承孔的同轴度公差 0.06mm。

6）未标注倒角为 $C0.5$。

7）表面发蓝处理。

（3）支承盘零件的材料　如图 2-1 所示的磨床支承盘零件属主导产品的定型零件，生产批量较大，结合其重要的支承连接作用和结构特点，选择 HT150 材料铸造成形提供毛坯。

盘类零件一般用铸铁、钢、青铜或黄铜等材料制成。其毛坯选择与其材料、结构尺寸有关。孔径小的盘类零件一般选择热轧、冷拉棒料或板材，根据不同的结构亦可以选择实心铸件。孔径较大时，可预制孔，一般选用带孔的铸件、锻件。生产批量较大时，可采用冷挤压等先进的毛坯制造工艺，既提高了生产率，又节约了材料。

**三、支承盘零件的加工方法**

大多数盘类零件切削加工主要是围绕如何保证孔轴线与端面的垂直度及与外圆表面的同

轴度、相应的尺寸精度和形状精度的工艺特点来进行的。

磨床支承盘零件经过长期的生产实践已总结出成熟的工艺加工路线：

铸造备坯→时效处理→粗车端面、内外圆表面→半、精车端面、外圆面及其他回转面→精加工孔表面→中间检验→加工安装孔、油孔、油槽等非回转面→去毛刺→中间检验→表面发蓝处理→最终检验。

平面是支承盘零件的重要表面之一（端面、台肩面等），也是一般盘类零件的主要表面或辅助表面，在零件的切削加工中占有很大的比例。盘类零件端面、外圆表面的加工一般采用车削、磨削，而非回转平面一般采用铣削、插削等。

孔（即内圆表面）也是支承盘零件的重要基本表面之一。一般盘类零件上有多种多样的孔：绕中心轴线的回转孔；螺钉、螺栓的紧固孔；常用于保证零件间配合准确性的圆锥孔等。与外圆表面的加工相比，内圆表面的加工条件差，精度和表面粗糙度都不容易控制。盘类零件孔的加工方法主要有钻孔、扩孔、铰孔、镗孔、拉孔、磨孔等。

# 任务 2　支承盘的加工计划（一）
## ——孔表面的加工

### 一、孔表面的普通加工方法

孔表面是盘类零件的重要表面之一。盘类零件上有多种多样的孔表面：绕中心轴线的回转孔；螺钉、螺栓的紧固孔；常用于保证零件间配合准确性的圆锥孔等。

一般盘类零件孔表面的加工方法主要有钻孔、扩孔、铰孔、镗孔、拉孔、磨孔，加工设备以车床、钻床、磨床、拉床为主。车床可以进行钻孔、扩孔、铰孔、镗孔加工，钻床能进行钻孔、扩孔、铰孔加工，拉床用以孔的拉削加工，对高精度的孔表面应用内圆磨床进行磨削加工。

选择孔表面加工方法时，应考虑孔径大小、孔的深度和精度，工件形状、尺寸、质量、材料、表面粗糙度、热处理要求、生产批量及设备等具体条件，另外还应根据孔径大小和长径比来选择孔的加工方案。对于精度要求较高的孔，最后还须经珩磨或研磨及滚压等精密加工。孔表面的加工方案见表 2-1。

**表 2-1　常用的孔表面加工方案**

| 孔加工方法 | 加 工 方 案 | 尺寸公差等级 | 表面粗糙度值 $Ra/\mu m$ | 适 应 范 围 | |
| --- | --- | --- | --- | --- | --- |
| 钻削类 | 钻 | IT11 ~ IT13 | 12.5 ~ 25 | 任何批量生产小工件，实体部位的孔加工 | |
| 铰削类 | 钻—铰 | IT7 ~ IT8 | 1.6 ~ 3.2 | $\phi 10mm$ 以下 | 成批生产以及单件小批生产中的小孔和细长孔。可加工不淬火的钢件、铸铁件和有色金属件 |
| | 钻—扩—铰 | IT7 ~ IT8 | 0.8 ~ 1.6 | $\phi 10 \sim 100mm$ | |
| | 钻—扩—粗铰—精铰 | IT6 ~ IT7 | 0.4 ~ 0.8 | | |
| | 钻—扩—机铰—手铰 | IT6 ~ IT7 | 0.1 ~ 0.4 | | |
| | 粗镗—半精镗—铰 | IT7 ~ IT8 | 0.8 ~ 1.6 | 中批生产，$\phi 30 \sim 100mm$ 铸、锻孔的加工 | |
| 拉削类 | 钻—拉或粗镗—拉 | IT7 ~ IT8 | 0.4 ~ 1.6 | 大批大量生产，工件材料同铰削类 | |

（续）

| 孔加工方法 | 加 工 方 案 | 尺寸公差等级 | 表面粗糙度值 $Ra/\mu m$ | 适应范围 |
|---|---|---|---|---|
| 镗类 | （钻）—粗镗—半精镗 | IT8～IT9 | 3.2～6.3 | 单件小批生产中加工除淬火钢外的各种钢件 |
| | （钻）—粗镗—半精镗—精镗 | IT7～IT8 | 0.8～1.6 | 铸铁件和有色金属件。大批量生产，需利用镗模 |
| | 粗镗—半精镗—浮动镗 | IT7～IT8 | 0.8～1.6 | 中批、大批生产 |
| | 粗镗—半精镗—精镗—金刚镗 | IT6～IT7 | 0.05～0.4 | 精度要求高的有色金属加工 |
| 磨削类 | （钻）—粗镗—半精镗—磨 | IT7～IT8 | 0.8～1.6 | 淬火钢、不淬火钢及铸铁件的孔加工，但不宜加工韧性材料 |
| | （钻）—粗镗—半精镗—粗磨—精磨 | IT6～IT7 | 0.4～0.8 | 尺寸大、硬度低的有色金属件 |
| 珩磨类 | 钻—（扩）—粗铰—精铰—珩磨 | IT6～IT7 | 0.025～0.2 | 精度要求很高的孔 |
| | 钻—（扩）—拉—珩磨 | | | |
| | 粗镗—半精镗—精镗—珩磨 | | | |
| 研磨类 | 以研磨代替上述方案中珩磨 | IT6 以上 | | |

　　钢件如需调质处理，钻、铰孔方案应安排在调质之后；镗削或镗、磨方案应安排在钻削或粗镗之后。淬火只能安排在磨削之前。

　　与外圆表面的加工相比，孔表面的加工条件差，因为孔加工刀具或磨具的尺寸（直径、长度）受被加工孔本身尺寸的限制，刀具的刚性差，容易产生弯曲变形及振动；切削过程中，孔内排屑、散热、冷却、润滑条件差，所以孔表面的加工精度和粗糙度都不容易控制。此外，大部分孔加工刀具为定尺寸刀具，刀具直径的制造误差和磨损，将直接影响孔表面的加工精度。故在一般情况下，加工孔表面比加工同样尺寸、精度的外圆表面要困难。当一个零件要求孔表面与外圆表面必须保持某种确定关系时，一般总是先加工内圆表面，然后再以内圆表面定位加工外圆表面。

　　1. 钻孔

　　盘类零件上的孔可利用钻床钻削加工成形，即钻孔、扩孔、铰孔和攻螺纹。钻孔主要用于在实心材料上加工孔，也可以进行扩孔、铰孔、攻螺纹、倒角、锪孔、锪平面等。

　　钻孔是用钻头在实体材料上加工孔的方法，通常采用麻花钻在钻床或车床上进行钻孔，但由于钻头强度和刚性比较差，排屑较困难，切削液不易注入，因此，加工出的孔的精度和表面质量比较低，一般公差等级为IT11～IT13，表面粗糙度值 $Ra$ 为 12.5～50 $\mu m$。

　　（1）钻头　常用的刀具是标准麻花钻，它用于在实体材料上加工低精度的孔，有时也用于扩孔。如图 2-2a 所示麻花钻的结构各组成部分名称及功能如下：

　　1）装夹部分：装夹部分用于与机床的连接并传递动力，包括钻柄与颈部。

　　2）工作部分：工作部分用于导向、排屑，也是切削部分的后备部分。

　　3）切削部分：切削部分是指钻头前端有切削刃的部分。切削部分有两个前刀面、两个后刀面、两个副后刀面、两个主切削刃、两个副切削刃和一个横刃，如图 2-2b 所示。

　　（2）麻花钻的结构参数　麻花钻在制造中控制的尺寸与角度叫做麻花钻的结构参数，

它们都是确定麻花钻几何形状的独立参数。如图 2-3 所示，包括以下几项：

1）螺旋角 $\beta$。螺旋槽上最外缘的螺旋线展开成直线后与麻花钻轴线之间的夹角。麻花钻不同直径处的螺旋角不同，越接近中心螺旋角越小。标准麻花钻的螺旋角 $\beta = 18° \sim 30°$，方向一般为右旋。

2）顶角（锋角）$2\phi$。两主切削刃在与它们平行的面上投影的夹角称为顶角。顶角越小，麻花钻强度越小，变形增大，扭矩增大，容易折断。加工钢和铸铁的标准麻花钻取 $2\phi = 118°$。

3）主偏角 $\kappa_{rm}$。主切削刃选定点 $m$ 的切线在基面上的投影与进给方向的夹角称为主偏角。当顶角磨出后，各点主偏角也就确定了。

4）前角 $\gamma_{om}$。它是主剖面 $O$—$O$ 内前刀面和基面间的夹角。主切削刃上各点前角是变化的，外圆处前角最大，约为 $30°$，接近麻花钻中心靠近横刃处约为 $-30°$。

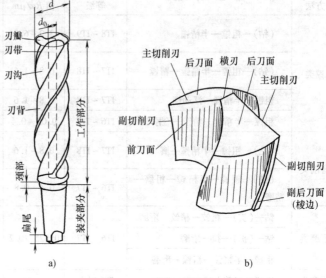

图 2-2　麻花钻的结构

a）麻花钻的结构　b）麻花钻的切削刃

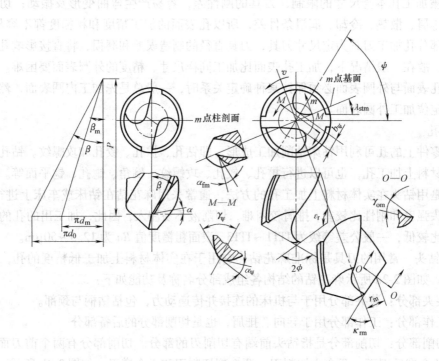

图 2-3　麻花钻的几何角度

5）后角 $\alpha_{fm}$。主切削刃上选定点的后角，通过该点柱剖面中的进给后角 $\alpha_{fm}$ 表示。柱剖面是通过在主切削刃上选定点 $m$，作与麻花钻轴线平行的直线，该直线绕麻花钻轴线旋转所形成的圆柱面。$\alpha_{fm}$ 沿主切削刃是变化的。名义后角指麻花钻外圆处后角 $\alpha$，通常取 8° ~ 10°，横刃处后角取 20° ~ 25°。

6）横刃角 $\psi$。横刃角是在端面投影中和主切削刃间的夹角。麻花钻后刀面磨成后，自然形成 $\psi$。一般 $\psi = 50° ~ 55°$。

横刃前角 $\gamma_\psi$。横刃剖面中前刀面与基面间的夹角，标准顶角时，$\gamma_\psi = -(54° ~ 60°)$。

横刃后角 $\alpha_\psi$。横刃剖面中后刀面与切削平面间夹角 $\alpha_\psi \approx 90° - |\gamma_\psi|$。

（3）麻花钻的修磨　麻花钻的结构，使它存在着许多缺点，如前角变化太大，副后角为零，加剧了钻头和孔壁的摩擦；主切削刃太长，切屑太宽，排屑困难；横刃太长，定心困难，轴向力大等。为改善其切削性能，需对麻花钻进行修磨。主要修磨方法有：

1）修磨横刃。常用修磨方法有横刃磨短法、前角修磨法和综合修磨法。

横刃磨短法：麻花钻横刃是影响钻削条件的主要因素，横刃太长，增大钻削轴向力，尤其对大直径钻头和加大钻芯直径的大钻头更为有效。这种修磨方法简便，效果较好，直径在 12 mm 以上的钻头都采用这种横刃磨短法。

前角修磨法：将钻芯处的前刀面磨去一些后，其横刃前角可以增加一些，从而改善切削条件。

横刃磨短法和前角修磨法同时使用称为综合修磨法。

2）修磨双重顶角。钻头外圆处切削速度大，又是主、副切削刃的交点，刀尖角较小，散热差，故容易磨损。为了提高钻头耐用度，将该转角处修磨出 $2\phi = 70° ~ 75°$ 的双重顶角（见图 2-4），可提高钻头的耐用度和加工表面质量。但钻削很软的材料时，为避免切屑太薄和扭矩增大，一般不宜采用这种方法。

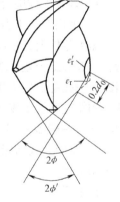

3）修磨前刀面。主要是改变前角的大小和前刀面的形状，以适应加工材料的要求。加工脆性材料（如青铜、黄铜、铸铁、夹布胶木等）时为了增加切削刃强度，避免崩刃现象，可将靠近外圆处的前刀面磨平一些以减小前角。

图 2-4　修磨双重顶角

4）开分屑槽。钻削韧性材料或尺寸较大的工件时，切屑宽而长，排屑困难，为便于排屑和减轻钻头负荷，可在两个主切削刃的后刀面上交错磨出分屑槽（见图 2-5），将宽的切屑分割成窄的切屑。

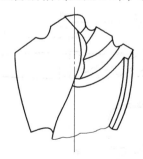

图 2-5　磨出分屑槽

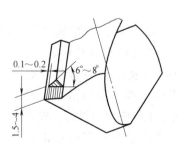

图 2-6　修磨刃带

5）修磨刃带。钻头的侧后角为 0°，钻削孔径超过 12 mm 无硬皮的韧性材料时，可在刃带上磨出 6° ~ 8° 的副后角，如图 2-6 所示，可减少磨损和提高耐用度。

从上面的修磨方法可以看出，改善麻花钻的结构，既可以根据具体工作条件对麻花钻进行修磨，也可以在设计和制造钻头时即考虑如何改进钻头的切削部分形状，以提高其切削性能。

（4）钻孔的工艺问题　钻削时，钻头工作部分处在已加工表面的包围中，容易产生如钻头的刚度和强度、容屑和排屑、导向和冷却润滑等方面的问题。主要工艺问题为容易产生引偏、排屑困难和切削热不易传散。

钻孔时钻头产生偏移，其主要原因是：切削刃的刃磨角度不对称，钻削时工件端面相对钻头没有定位好，工件端面与机床主轴轴线不垂直等。为了防止和减少钻孔时钻头偏移，工艺上常用下列措施：

1）钻孔前先加工工件端面，保证端面与钻头中心线垂直。

2）先用钻头或中心钻在端面上预钻一个凹坑，以引导钻头钻削。

3）刃磨钻头时，使两个主切削刃对称。

4）钻小孔或深孔时选用较小的进给量，可减小钻削轴向力，钻头不易产生弯曲而引起偏移。

5）采用工件旋转的钻削方式。

6）采用钻套来引导钻头。

盘类零件上经常需要进行钻孔，因此钻削的应用很广泛。但钻削的精度较低，表面较粗糙，一般加工公差等级在 IT10 以下，表面粗糙度值 $Ra$ 大于 12.5μm，生产效率也比较低。因此，钻孔主要用于粗加工，例如精度和粗糙度要求不高的螺钉孔、油孔和螺纹底孔等。对精度和粗糙度要求较高的孔，也以钻孔作为预加工工序。单件、小批生产中，中小型工件上的小孔（一般 $D < 13mm$）常用台式钻床加工，中小型工件上直径较大的孔（一般 $D < 50mm$）常用立式钻床加工；大中型工件上的孔应采用摇臂钻床加工；回转体工件上的孔多在车床上加工。

2. 扩孔

为了提高孔的尺寸精度、形位精度、降低表面粗糙度值以及加工大尺寸孔时，为减少切削变形和机床负荷；或者为孔进一步精加工做准备，往往采用扩孔加工。扩孔是用扩孔刀具对已钻的孔作进一步加工，以扩大孔径并提高精度和降低粗糙度值、提高孔质量的一种孔加工方法。

如图 2-7 所示，通常采用扩孔钻扩孔，扩孔钻与麻花钻相比，齿数较多，一般有 3 ~ 4 齿且没有横刃，工作平稳，容屑槽小，刀体刚性好，工作中导向性好，故对于孔的位置误差有一定的校正能力。因此，扩孔时切削较平稳，加工余量较小，加工质量较高。其特点是：①因中心不切削，没

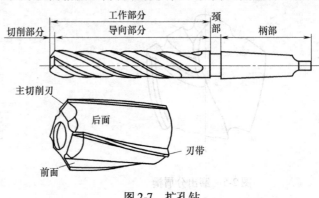

图 2-7　扩孔钻

有横刃，切削刃不必自外缘到中心，只需做成一段即可。②因切屑体积小，不需大容屑槽，容屑槽可以做得较小、较浅，从而扩孔钻可加粗钻芯，提高扩孔钻的刚度，切削稳定，可增大切削用量，又能保证加工质量。③由于容屑槽较小，故扩孔钻可作出较多的刀齿，如整体式扩孔钻有 3～4 个齿，刀齿棱边增多，导向作用加强。④切削深度较小，切削角度可取较大值，切削省力。在实际生产中，一般用麻花钻代替扩孔钻使用。扩孔钻多用于大批量生产。

扩孔通常作为铰孔、磨孔前的预加工，也可作为孔的最终加工。扩孔的加工精度公差等级为 IT10 或 IT9，表面粗糙度值 $Ra$ 为 3.2～6.3μm。

扩孔的方法和所使用的机床与钻孔基本相似，扩孔余量（$D-d$）一般为 $D/8$。扩孔钻的形式随直径不同而不同。锥柄扩孔钻的直径为 10～32mm，套式扩孔钻的直径为 25～80mm。用于铰孔前的扩孔钻，其直径偏差为负值；用于终加工的扩孔钻，其直径偏差为正值。使用高速钢扩孔钻加工钢料时，切削速度可选为 15～40m/min，进给量可选为 0.4～2mm/r，故扩孔生产率比较高。当孔径大于 100mm 时，切削力矩很大，故很少应用扩孔，而应采用镗孔。

3. 铰孔

铰孔用于对未淬火中小直径孔的半精加工和精加工。铰刀加工时因切削速度低、加工余量小、刀具齿数多、结构特殊（有切削和校正部分）、刚性和导向性好、精度高等因素，铰孔后的质量比较高，孔径尺寸精度公差等级一般为 IT7～IT10 级，甚至可达 IT6 级及 IT5 级，表面粗糙度值 $Ra$ 可达 0.4～1.6μm。

铰刀的结构如图 2-8 所示，铰刀是一种精度较高的多刃刀具，有 6～12 条刀齿。铰刀主要由工作部分，颈部和柄部组成；工作部分有引导锥、切削部分和校准部分；引导锥是铰刀开始进入孔内时的导向部分；校准部分对孔壁起修光作用，校准部分有圆柱部分和倒锥部分；切削部分担任主要的切削工作，其切削锥角一般为 3°～15°。铰刀的主要结构参数有直径 $d$、齿数 $z$、主偏角 $\kappa_r$、背前角 $\gamma_p$、后角 $\alpha_o$ 和槽形角 $\theta$，铰刀的前角一般为 0°，粗铰钢料可取 5°～10°。常用铰刀如图 2-9 所示。

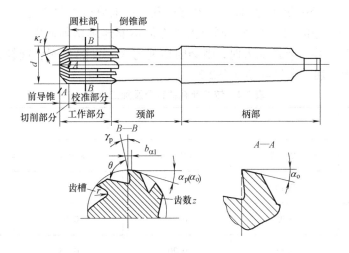

图 2-8　铰刀的结构

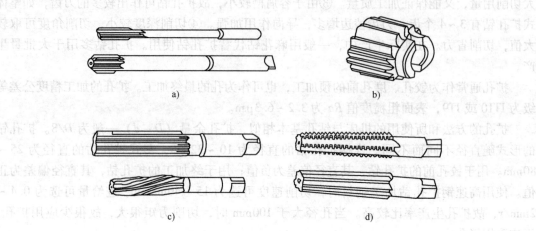

图 2-9　铰刀

a）机用直柄和锥柄铰刀　b）机用套式铰刀　c）手用

直槽与螺旋槽铰刀　d）锥孔用粗铰刀与精铰刀

铰孔分手铰和机铰，手铰尺寸精度公差等级可达 IT6 级，表面粗糙度值 $Ra$ 为 0.2 ~ 0.4μm。机铰生产率高，劳动强度小，适宜于大批量生产。

铰孔主要用于加工中小尺寸的孔，孔径一般在 3 ~ 150mm，所以应用广泛。

铰孔时以本身孔作导向，不能纠正位置误差，因此，孔的有关位置精度应由铰孔前的预加工工序保证。为了保证铰孔时的加工质量，应注意如下几点：

（1）合理选择铰削余量和切削规范　铰孔的余量视孔径和工件材料及精度要求等而异。对孔径为 5 ~ 80mm，公差等级为 IT7 ~ IT10 级的孔，一般分粗铰和精铰。余量太小时，往往不能全部切去上一工序的加工痕迹，同时由于刀齿不能连续切削而以很大的压力沿孔壁打滑，使孔壁的质量下降。余量太大时，则会因切削力大、发热多而引起铰刀直径增大及振动，致使孔径扩大。加工余量可参见表 2-2。

表 2-2　铰孔前孔的直径及加工余量　　　　　　　　　　（单位：mm）

| 加工余量 | 孔 径 | | | |
|---|---|---|---|---|
| | 12 ~ 18 | >18 ~ 30 | >30 ~ 50 | >50 ~ 75 |
| 粗　铰 | 0.10 | 0.14 | 0.18 | 0.20 |
| 精　铰 | 0.05 | 0.06 | 0.07 | 0.10 |
| 总余量 | 0.15 | 0.20 | 0.25 | 0.30 |

合理选用切削速度可以减少积屑瘤的产生，防止表面质量下降，铰削铸铁时可选为 8 ~ 10m/min；铰削钢时的切削速度要比铸铁时低，粗铰为 4 ~ 10m/min，精铰为 1.5 ~ 5m/min。铰孔的进给量也不能太小，进给量过小会使切屑太薄，致使刀刃不易切入金属层面而打滑，甚至产生啃刮现象，破坏表面质量，还会引起铰刀振动，使孔径扩大。

（2）合理选择底孔　底孔（即前道工序加工的孔）的好坏，对铰孔质量影响很大。底孔精度低，就不容易得到较高的铰孔精度。例如，上一道工序造成轴线歪斜，因为铰削量小，且铰刀与机床主轴常采用浮动连接，故铰孔时就难以纠正。对于精度要求高的孔，在精铰前应先经过扩孔、镗孔或粗铰等工序，使底孔误差减小，才能保证精铰质量。

（3）合理使用铰刀　铰刀是定尺寸精加工刀具，使用得合理与否，将直接影响铰孔的质量。铰刀的磨损主要发生在切削部分和校准部分交接处的后刀面上。随着磨损量的增加，切削刃钝圆半径也逐渐加大，致使铰刀切削能力降低，挤压作用明显，铰孔质量下降。实践经验证明，使用过程中若经常用油石研磨该交接处，可提高铰刀的耐用度。铰削后孔径扩大的程度与具体加工情况有关，在批量生产时，应根据现场经验或通过试验来确定，然后才能确定铰刀外径，并进行研磨。为了避免铰刀轴线或进给方向与机床回转轴线不一致而出现孔径扩大或"喇叭口"现象，铰刀和机床一般不采用刚性连接，而采用浮动夹头来装夹刀具。

（4）正确选择切削液　铰削时切削液对表面质量有很大影响，铰孔时正确选用切削液，对降低摩擦系数，改善散热条件及冲走切屑均有很大作用，因而选用合适的切削液除了能提高铰孔质量和铰刀耐用度外，还能消除积屑瘤、减少振动、降低孔径扩张量。浓度较高的乳化油对降低粗糙度的效果较好，硫化油对提高加工精度效果较明显。铰削一般钢材时，通常选用乳化油和硫化油。铰削铸铁时，一般不加切削液，如要进一步提高表面质量，也可选用润湿性较好、粘性较小的煤油作切削液。

**4. 锪孔**

锪孔即用锪钻（或改制的钻头）进行孔口形面的加工操作，锪孔的目的是保证孔口与孔中心线的垂直度，以便与孔连接的零件位置正确，连接可靠。在工件的连接孔端锪出柱形或锥形沉头孔，用沉头螺钉埋入孔内把有关零件连接起来，使外观整齐，装配位置紧凑。将孔口端面锪平，并与孔中心线垂直，能使连接螺栓（或螺母）的端面与连接件保持良好接触。

（1）锪钻的种类　锪钻分柱形锪钻、锥形锪钻、端面锪钻三种，如图 2-10 所示。锪钻是标准工具，由专业厂生产，可根据锪孔的种类选用，也可以用麻花钻改磨成锪钻。

1）柱形锪钻用于锪圆柱形沉头孔。柱形锪钻起主要切削作用的是端面刀刃，螺旋槽的斜角就是它的前角。锪钻前端有导柱，导柱直径与工件已有孔为紧密的间隙配合，以保证良好

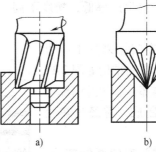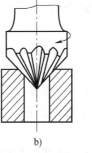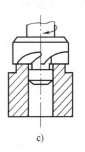

a)　　　　　　　　b)　　　　　　　c)

图 2-10　锪钻
a）柱形锪钻　b）锥形锪钻　c）端面锪钻

的定心和导向。这种导柱是可拆的，也可以把导柱和锪钻做成一体。

2）锥形锪钻用于锪锥形孔。锥形锪钻的锥角按工件锥形沉头孔的要求不同，有60°、75°、90°、120°四种。其中90°的用得最多。

3）端面锪钻专门用来锪平孔口端面。端面锪钻可以保证孔的端面与孔中心线的垂直度。当已加工的孔径较小时，为了使刀杆保持一定强度，可将刀杆头部的一段直径与已加工孔设计为间隙配合，以保证良好的导向作用。

（2）锪孔注意事项　锪孔方法和钻孔方法基本相同。锪孔时存在的主要问题是由于刀具振动而使所锪孔口的端面或锥面产生振痕，使用麻花钻改制的锪钻，振痕尤为严重。为了避免这种现象，在锪孔时应注意以下几点：

1）锪孔时的切削速度应比钻孔低，一般为钻孔切削速度的1/3～1/2。由于锪孔的轴向抗力较小，所以手进给压力不宜过大，并要均匀。精锪时，往往采用钻床停车后主轴惯性锪孔，以减少振动获得光滑表面。

2）锪孔时，切削面积小，标准锪钻切削刃数目多，切削较平稳，进给量为钻孔的2～3倍。

3）尽量选用较短的钻头改磨锪钻，并注意修磨前面，减小前角，防止扎刀和振动。用麻花钻改磨锪钻，刃磨时，要保证两切削刃高低一致、角度对称，保持切削平稳。后角和外缘处前角要适当减小，选用较小后角，防止多角形，以减少振动，防扎刀。同时，在砂轮上修磨后再用油石修光，使切削均匀平稳，减少加工时的振动。

4）锪钻的刀杆和刀片，配合要合适，装夹要牢固，导向要可靠，工件要压紧，锪孔时不应振动。

5）要先调整好工件的螺栓通孔与锪钻的同轴度，再夹紧工件。调整时，可旋转主轴试钻，使工件自然定位。工件夹紧要稳固，以减少振动。

6）为控制锪孔深度，在锪孔前可对钻床主轴（锪钻）的进给深度，用钻床上的深度标尺和定位螺母，做好调整定位工作。

7）锪孔表面出现多角形振纹等情况，应立即停止加工，找出钻头刃磨等问题，及时修正。

8）锪钢件时，切削热量大，要在导柱和切削表面加润滑油。

5. 攻螺纹

攻螺纹是用丝锥在圆柱孔内或圆锥孔内切削内螺纹，一般用于加工普通螺纹。攻螺纹所用工具简单，操作方便，但生产率低，精度不高，主要用于单件或小批量、小直径螺纹加工。

（1）丝锥　丝锥是专门用来加工小直径内螺纹的成形刀具。丝锥的结构如图2-11所示，由切削部分、校准部分、丝锥柄部组成。丝锥一般由工具钢制成，并经过热处理。

1）切削部分：丝锥前部的圆锥部分，有锋利的切削刃，起主要切削作用。其牙形由浅入深，并逐渐变得完整，以保证丝锥容易攻入孔内，并使各牙切削的金属量大致相

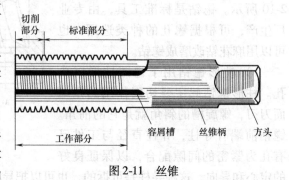

图2-11　丝锥

同。常用丝锥轴向开 3~4 条容屑槽，以形成切削部分锋利的切削刃和前角，同时能容纳切屑。端部磨出切削锥角，使切削负荷分布在几个刀齿上，逐渐切到齿深，而使切削省力、刀齿受力均匀，不易崩刃或折断，也便于正确切入。为了制造和刃磨方便，丝锥上的容屑槽一般做成直槽。有些专用丝锥为了控制排屑方向，做成螺旋槽。加工不通孔螺纹，为使切屑向上排出，容屑槽做成右旋槽。加工通孔螺纹，为使切屑向下排出，容屑槽做成左旋槽。

2）校准部分：确定螺纹孔直径、修光螺纹和引导丝锥。

3）柄部：与铰杠配合并传递扭矩。

丝锥分机用丝锥和手用丝锥两种，攻螺纹时，为了减少切削力，提高丝锥的耐用度及使用寿命，将攻螺纹的整个切削量分配给几支丝锥来担负。这种配合完成攻螺纹工作的几支丝锥为一套，先用来攻螺纹的丝锥称头锥，其次为二锥，再次为三锥（俗称一进攻、二进攻、三进攻）。一般攻 M6~M24 螺纹的丝锥每套有 2 支；攻 M6 以下或 M24 以上的螺纹，每套丝锥为 3 支，攻细牙螺纹的每套为 2 支。

（2）攻螺纹底径计算　攻螺纹时，丝锥主要作用是切削金属，但也有挤压金属的作用，被挤出的金属嵌到丝锥的牙间，甚至会将丝锥卡住而折断，这种现象对于韧性材料尤为显著，因此，攻螺纹前，欲攻出螺纹的孔必须先钻出，此孔称为螺纹底孔。螺纹底孔直径应比螺纹内径稍大些，具体数值要根据材料的塑性、螺纹直径的大小，通过查表或用经验公式计算得出。攻螺纹底孔也可用下列经验公式计算：

韧性材料　　　　　　　　　　　$D_1 = D - P$

脆性材料　　　　　　　　　　$D_1 = D - (1.05 ~ 1.1)P$

式中　$D_1$——底孔直径；

　　　$D$——螺纹公称直径；

　　　$P$——螺距。

不通孔攻螺纹时，由于丝锥切削部分不能切出完整螺纹，所以光孔深度 $h$ 至少要等于螺纹长度 $L$ 与（附加的）丝锥切削部分长度之和，这段附加长度大致等于内螺纹大径 $D$ 的 0.7 倍左右，即 $h = L + 0.7D$。

（3）丝锥的修磨　当丝锥的切削部分磨损时，可以修磨其后刀面。修磨时要注意保持各刃瓣的半锥角及切削部分长度的准确性和一致性。转动丝锥时要留心，不要使另一刃瓣的刀齿碰擦而磨坏。当丝锥的校正部分有显著磨损时，可用棱角修圆的片状砂轮修磨其前刀面，并控制好一定的前角。

（4）攻螺纹注意事项

1）攻螺纹时端面孔口要倒角，丝锥要与工件的孔同轴，攻螺纹开始时应施加轴向压力，使丝锥切入，切入几圈之后就不再需要施加轴向力。

2）当丝锥校准部分进入螺孔后，每正转半圈到一圈就要退回 1/4 到 1/2 圈，使切屑碎断后再往下攻。

3）攻不通孔时，可在丝锥上做好深度标记，并要经常退出丝锥，清除留在孔内的切屑，否则会因切屑堵塞而使丝锥折断或攻螺纹达不到深度要求。当工件不便倒向进行清屑时，可用弯曲的小管子吹出切屑或用磁性针棒吸出。

4）攻螺纹时加切削液是为了减少摩擦，减小切削阻力，减小加工螺孔的表面粗糙度值，保持丝锥的良好切削性能，延长丝锥寿命，得到光洁的螺纹表面。应根据工件材料，选用适当的切削液。对钢件攻螺纹时用机油，螺纹质量要求高时可用工业植物油。对铸铁件攻螺纹时可加煤油。

5）对于成组丝锥必须按头锥，二锥，三锥顺序攻削至标准尺寸。用头锥攻螺纹时，应保持丝锥中心与螺孔端面在两个相互垂直方向上的垂直度。头锥攻过后，必须先用手将二锥旋入螺孔，再装上铰杠攻螺纹。以同样办法攻三锥。对于在较硬的材料上攻螺纹时，可轮换各丝锥交替攻螺纹，以减小切削部分负荷，防止丝锥折断。

### 6. 镗孔

镗孔是最常用的孔表面加工方法，是使用镗刀对已经钻出、铸出或锻出的盘类零件上不同尺寸的回转孔做进一步的加工。对于直径很大和大型盘类零件的孔表面，镗孔是唯一的加工方法。

镗孔可以作为粗加工，也可以作为精加工，加工范围很广。镗孔一般在镗床上进行，也可以在车床、铣床、数控机床和加工中心上进行。

镗孔的加工精度公差等级为 IT8 ~ IT10，表面粗糙度值 $Ra$ 为 0.8 ~ 6.3 μm。与扩孔和铰孔相比，镗孔生产率比较低，但在单件小批生产中采用镗孔较经济，因刀具成本较低，而且镗孔能保证孔中心线的准确位置，能修正毛坯或上道工序加工后所造成的孔的轴心线歪曲和偏斜。

用于镗孔的刀具（镗杆和镗刀），其尺寸受到被加工孔径的限制，一般刚性较差。

镗刀是由镗刀头和镗刀杆及相应的夹紧装置组成的，镗刀头是镗刀的切削部分，其结构和几何参数与车刀相似。在镗床上镗孔时，工件固定在工作台上作进给运动，镗刀夹固在镗刀杆上与机床主轴一起作回转运动。在车床上镗孔时，镗刀固定在机床刀架上作进给运动，工件作回转运动。由于镗刀的尺寸以及镗刀杆的粗细和长短在很大程度上取决于被加工孔的直径、深度和该孔所处的位置，因此不论镗刀用于何种机床，一般说来其刚度和工作条件都比外圆车刀差，会影响孔的精度，并容易引起弯曲和扭转振动，特别是小直径且离刀具支承较远的孔，振动情况突出。

镗刀一般可分为单刃镗刀和双刃镗刀。

（1）单刃镗刀　只有一个切削刃，结构简单，制造方便，通用性好，一般都有调节装置。如图 2-12 所示为微调镗刀的结构，在镗刀杆 2 中装有刀块 6，刀块上装有刀片 1，在刀块的外螺纹上装有锥形精调螺母 5、紧固螺钉 4，将带有精调螺母的刀块拉紧在镗杆的锥孔内，导向键 3 防止刀头转动，旋转有刻度的精调螺母，可将镗刀片调到所需直径。

加工小直径孔的镗刀通常做成整体式，加工大直径孔的镗刀通常做成机夹式。如图 2-13 所示为机夹式单刃镗刀，它的镗杆可长期使用，节省制造镗杆的工时和材料；镗刀头通常做成正方形或圆形。

镗杆、镗刀头尺寸与镗孔直径的关系见表 2-3。

（2）双刃镗刀　双刃镗刀常用的有固定式镗刀和浮动镗刀。它的两端具有对称的切削刃，工作时可

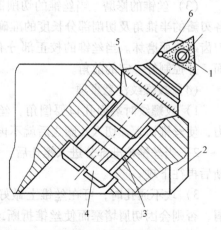

图 2-12　微调镗刀

1—刀片　2—镗刀杆　3—导向键
4—紧固螺钉　5—精调螺母　6—刀块

消除径向力对镗杆的影响，工件孔径尺寸由镗刀尺寸保证。

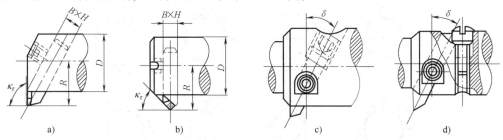

图 2-13　机夹式单刃镗刀

a）不通孔镗刀　b）通孔镗刀　c）阶梯孔镗刀　d）阶梯孔镗刀

**表 2-3　镗杆与镗刀头尺寸**　　　　　　（单位：mm）

| 工件孔径 | 28 ~ 40 | 41 ~ 50 | 51 ~ 70 | 71 ~ 85 | 86 ~ 100 | 101 ~ 140 | 141 ~ 200 |
|---|---|---|---|---|---|---|---|
| 镗杆直径 | 24 | 32 | 40 | 50 | 60 | 80 | 100 |
| 镗刀头直径或边长 | 8 | 10 | 12 | 16 | 18 | 20 | 24 |

### 7. 拉孔

拉孔大多是在拉床上用拉刀通过已有的孔来完成孔的半精加工或精加工。拉刀是一种多齿的切削刀具，一般内拉刀刀齿的形状都做成被加工孔的形状，外拉刀用于加工外成形表面。

拉削过程如图 2-14 所示，只有主运动，没有进给运动。在拉削时由于切削刀齿的齿高逐渐增大，因此每个刀齿只切下一层较薄的切屑，最后由几个刀齿用来对孔进行校准。拉刀切削时，参加切削的刀刃长度长，同时参加切削的刀齿多，孔径能在一次拉削中完成，因此，拉孔是一种高效率的孔加工方法。一般拉削孔径为 10 ~ 100mm，拉削孔的深度一般不宜超过孔径的 3 ~ 4 倍。如图 2-15 所示，拉刀能拉削各种形状的孔，如圆孔、多边孔等。

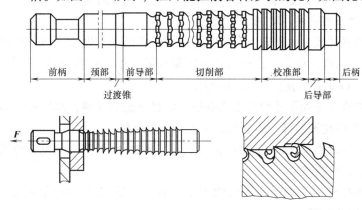

图 2-14　拉刀及拉刀拉孔过程

由于拉削速度较低，一般为 2 ~ 5 m/min，因此不易产生积屑瘤，拉削过程平稳，切削层的厚度很薄，故一般能达到公差等级 IT7 ~ IT8 和表面粗糙度值 $Ra0.4 ~ 1.6\mu m$。

拉削过程和铰孔相似，都是以被加工孔本身作为定位基准，因此不能纠正孔的位置误差。

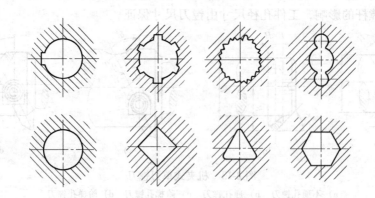

图 2-15　适于拉削的典型盘类零件孔表面

#### 8. 磨孔

对于淬硬盘类零件中高精度的孔表面加工,磨孔是主要的加工方法。孔为断续圆周表面(如有键槽或花键的孔)、阶梯孔及不通孔时,常采用磨孔作为精加工。

磨孔时砂轮的尺寸受被加工孔径尺寸的限制,一般砂轮直径为工件孔径的 0.5~0.9 倍,磨头轴的直径和长度也取决于被加工孔的直径和深度,故磨削速度低,磨头的刚度差,磨削质量和生产率均受到影响。

磨孔的方式有中心内圆磨削和无心内圆磨削两种。中心内圆磨削是在普通内圆磨床或万能磨床上进行的。无心内圆磨削是在无心内圆磨床上进行的,被加工工件多为薄壁件,不宜用夹盘夹紧,工件的内、外圆同轴度要求较高。

磨削工艺特点是精度高,要求机床具有高的精度、高的自动化程度和高的生产率,以适应大批量生产。由于孔表面磨削的工作条件比外圆表面差,故孔表面磨削有如下特点:

1)磨孔用的砂轮直径受到工件孔径的限制,约为孔径的 0.5~0.9 倍。砂轮直径小则磨耗快,经常需要修整和更换,增加了辅助时间。

2)由于选择直径较小的砂轮,磨削时要达到砂轮圆周速度 25~30m/s 很困难,因此磨削速度比外圆磨削速度低得多,故孔的表面质量较低,生产效率不高。近年来已制成 $10^5$ r/min 的风动磨头,以便磨削直径 1~2mm 的孔。

3)砂轮轴的直径受到孔径和长度的限制,而且是悬臂安装,刚性差,容易产生弯曲变形,使孔表面磨削砂轮轴偏移,影响加工精度和表面质量。

4)砂轮与孔接触面积大,单位面积压力小,砂粒不易脱落,砂轮显得硬,工件易发生烧伤,故一般选用较软砂轮。

5)切削液不易进入磨削区,排屑较困难,磨屑容易在磨粒间的空隙中聚集,堵塞砂轮,影响砂轮的切削性能。

6)磨削时,砂轮与孔的接触长度经常改变。特别对盘类零件孔磨削,当砂轮有一部分超出孔外时,二者接触长度较短,切削力较小,砂轮主轴所产生的位移量比磨削孔的中部时小,这时被磨去的金属层较多,易形成"喇叭口"。为了减小或消除其误差,加工时应控制砂轮超出孔外的长度不大于 1/3~1/2 砂轮宽度。孔表面磨削精度公差等级可达 IT7,表面粗糙度值 $Ra$ 可达 0.2~0.4μm。

### 二、孔表面的精密加工方法

#### 1. 高速精细镗

高速精细镗也称金刚镗，广泛应用于不宜用磨削方法来加工的盘类零件的精密孔表面。由于高速精细镗切削速度高、切屑截面小，因而切削力非常小，保证了加工过程中工艺系统弹性变形小，可获得较高的加工精度和表面质量，孔直径精度公差等级可达 IT6 ~ IT7，表面粗糙度值 $Ra$ 可达 0.1 ~ 0.8μm。孔径在 15 ~ 100mm 时，尺寸误差可保持在 5 ~ 8μm 以内，而且孔轴心线的位置精度较高。为保证加工质量，高速精细镗常分预、终两次进给。

高速精细镗要求机床精度高、刚性好、传动平稳、能实现微量进给，一般采用硬质合金刀具，刀具主偏角较大（45° ~ 90°），刀尖圆弧半径较小，故径向切削力小，有利于减小变形和振动。

#### 2. 珩磨

珩磨是孔表面磨削加工的一种特殊形式，属于光整加工，需要在磨削或精镗的基础上进行。珩磨加工范围比较广，特别是大批量生产中采用专用珩磨机珩磨经济合理。

（1）原理　在一定压力下，珩磨头上的砂条（油石）与工件孔表面之间产生复杂的相对运动，珩磨头上的磨粒起切削、刮擦和挤压作用，从加工表面上切下极薄的金属层。

（2）方法　珩磨头由若干砂条（油石）组成，四周砂条能发生径向张缩，并以一定的压力与孔表面接触。珩磨头上的砂条有三种运动（见图 2-16a），即旋转运动、往复运动和加压力的径向运动。珩磨头与工件孔表面之间的旋转和往复运动，使砂条的磨粒在孔表面上的切削轨迹形成交叉而又不相重复的网纹，同时砂条从工件上切去极薄的一层材料（见图 2-16b），这种交叉而不重复的网纹切痕有利于储存润滑油，使零件表面之间易形成一层油膜，从而减少零件间的表面磨损。

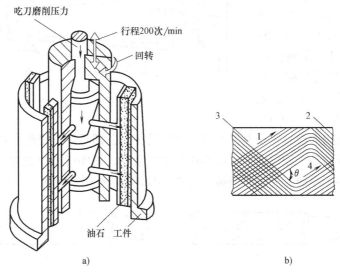

图 2-16　珩磨的成形运动及其切削轨迹
a）成形运动　b）一根砂条在双行程中切削轨迹展开图
1、2、3、4—纹痕形成的顺序　$\theta$—网纹交角

（3）特点　珩磨孔有以下特点：

1）加工精度高：中小型的光通孔，圆柱度可达 0.001mm。壁厚不均匀的零件，圆度能

达 0.002mm。大孔（孔径在 200mm 以内）圆度也可达 0.005mm。珩磨一般只能提高被加工件的形状精度。

2）表面质量好：表面为交叉网纹，有利于润滑油的存储及油膜的保持。珩磨速度低（是磨削速度的几十分之一），且油石与孔是面接触，每一个磨粒的平均磨削压力小，工件的发热量很小，工件表面几乎无热损伤和变质层，变形小。珩磨加工面几乎无嵌砂和挤压硬质层。

3）加工范围广：主要加工各种圆柱形孔、光通孔，包括轴向和径向有间断的孔、径向孔或键槽孔、花键孔、不通孔、多台阶孔等。

4）切削余量少：珩磨是所有孔表面加工方法中去除余量最少的一种加工方法。珩磨工具以工件为导向切除工件多余的余量达到工件所需的精度，珩磨时先加工工件中需去余量最大的地方，然后加工需去除余量少的地方。

5）纠孔能力强：除珩磨外其余各种加工工艺在加工过程中均会出现一些缺陷：如失圆、喇叭口、波纹孔、尺寸小、腰鼓形、锥度、镗刀纹、铰刀纹、彩虹状、孔偏及表面粗糙度等。珩磨工艺加工可以通过去除最少加工余量而极大地改善孔和外圆的尺寸精度、圆度、直线度、圆柱度和表面粗糙度。

3. 研磨

研磨也是常用的一种孔表面光整加工方法，在精镗、精铰或精磨后进行。研磨孔所用的研具材料、研磨剂、研磨余量等均与研磨外圆表面类似。

孔表面的研磨方法如图 2-17 所示。图中的研具为可调式研磨棒，由锥形心棒和研套组成。拧动两端的螺母，即可在一定范围内调整直径的大小。研套上有槽和缺口，在调整时研套能均匀地张开或收缩，并可存储研磨剂。研磨前，套上工件，将研磨棒安装在车床上，

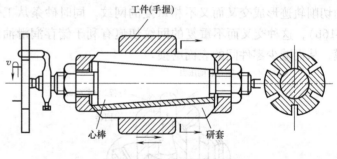

图 2-17　孔表面研磨方法

涂上研磨剂，调整研磨棒直径使其对工件有适当的压力，即可进行研磨。研磨时，研磨棒旋转，手握工件往复移动。固定式研磨棒多用于单件生产，其中带槽研磨棒（见图 2-18a）便于存储研磨剂，用于粗研；光滑研磨棒（见图 2-18b）一般用于精研。

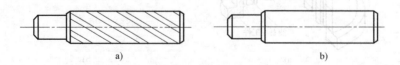

a)　　　　　　　　　　　　　　　b)

图 2-18　固定式研磨棒
a）带槽研磨棒　b）光滑研磨棒

研磨具有如下特点：

1）所有研具采用比工件软的材料制成，这些材料为铸铁、铜、青铜、巴氏合金及硬木

等，有时也可用钢做研具。研磨时，部分磨粒悬浮于工件孔表面与研具之间，部分磨粒则嵌入研具的表面层，工件与研具作相对运动，磨料就在工件表面上切除很薄的一层金属（主要是上工序在工件表面上留下的凸峰）。

2）研磨不仅是用磨粒加工金属的机械加工过程，同时还有化学作用。磨料混合液（或研磨膏）使工件表面形成氧化层，易于被磨料所切除，大大加速了研磨进程。

3）研磨时研具和工件的相对运动是较复杂的，因此每一磨粒不会在工件表面上重复自己的运动轨迹，这就可能均匀地切除工件表面的凸峰。

4）研磨是在低速低压下进行的，所以工件表面的形状精度和尺寸精度高（公差等级IT6级以上），表面粗糙度值 $Ra$ 小于 $0.16\mu m$，孔表面的圆度和圆柱度相应提高，且具有残余压应力及轻微的加工硬化，但不能提高工件表面间的位置精度。

5）手工研磨工作量大，生产率低，对机床设备的精度条件要求不高，金属材料（钢、铸铁、铜、铝、硬质合金等）和非金属材料（半导体、陶瓷、光学玻璃等）都可加工。

6）盘类零件或壳体的大孔，需要研磨时可在钻床或改装的简易设备上进行，由研磨棒同时作旋转运动和轴向移动，但研磨棒与机床主轴需成浮动连接，否则研磨棒轴线与孔轴线发生偏斜时，将造成孔的形状误差。

# 任务3　支承盘的加工计划（二）
## ——孔表面加工常用车床、钻床夹具

### 一、车床夹具

车床可以车削加工盘类零件的内外圆柱面、圆锥面、内外螺纹表面等，而这些表面都是围绕机床主轴的旋转轴线成形的，因此车床夹具一般都安装在车床主轴上，加工时工件、夹具随机床主轴一起旋转，切削刀具作进给运动。

1. 车床夹具的类型及选择

车床夹具类型大致可分为心轴式、花盘式和角铁式等。

（1）心轴式车床夹具　心轴式车床夹具多用于盘类零件以孔作为定位基准，加工外圆柱面、端面的情况，常见的车床心轴有圆柱心轴、弹簧心轴、顶尖式心轴等。

这种夹具一般利用车床或外圆磨床的主轴锥孔或顶尖安装在机床主轴上。按照工件的定位面具体情况，夹具定位工作面可做成圆柱面、小锥度面、花键以及可胀圆柱面等形状。

如图 2-19 所示为几种常见弹簧心轴的结构形式。图 2-19a 为前推式弹簧心轴，转动螺母1，弹簧筒夹 2 前移，使工件定心夹紧，这种结构不能进行轴向定位。图 2-19b 为带强制退出的不动式弹簧心轴，转动螺母 3，推动滑条 4 后移，使锥形拉杆 5 移动而将工件定心夹紧，反转螺母，滑条前移而使筒夹 6 松开，此处筒夹元件不动，依靠其台阶端面对工件实现轴向定位。该结构形式常用于以不通孔作为定位基准的工件。图 2-19c 为加工长薄壁工件用的分开式弹簧心轴。心轴体 12 和 7 分别置于车床主轴和尾座中，用尾座顶尖套顶紧时，锥套 8 撑开筒夹 9，使工件右端定心夹紧。转动螺母 11，使筒夹 10 移动，依靠心轴体 12 的30°锥角将工件另一端定心夹紧。

图 2-20 所示为顶尖式心轴，工件以孔口 60°角定位车削外圆表面。旋转螺母 6，活动顶尖套 4 左移，从而使工件定心夹紧。顶尖式心轴的结构简单、夹紧可靠、操作方便，适用于

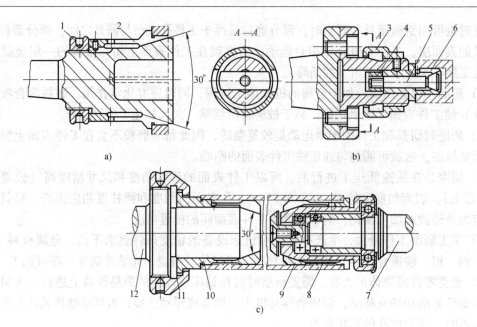

图 2-19　弹簧心轴

a）前推式弹簧心轴　b）不动式弹簧心轴　c）分开式弹簧心轴

1、3、11—螺母　2、6、9、10—筒夹　4—滑条　5—拉杆　7、12—心轴体　8—锥套

加工内、外圆无同轴度要求，或只需加工外圆的套筒类零件。被加工工件的内径 $d_s$ 一般为 $32 \sim 110mm$，长度 $L_s$ 为 $120 \sim 780mm$。

顶尖式心轴一般利用车床或外圆磨床的主轴锥孔或顶尖安装在机床主轴上。按照工件的定位面具体情况，夹具定位工作面可做成圆柱面、小锥度面、花键以及可胀圆柱面等形状。

（2）花盘式车床夹具　花盘式车床夹具装夹工件时定位原理与车床附件花盘的应用一致，把工件被加工表面的回转中心，用定位元件固定下来，并设置专用夹紧机构，迅速、方便地装夹工件。

花盘式车床夹具的夹具体为圆盘形。在花盘式夹具上加工的工件一般形状都较复杂，多数情况是工件的定位基准为与加工圆柱面垂直的端面。夹具上的平面定位件与车床主轴的轴线相垂直。

（3）角铁式车床夹具　角铁式车床夹具的结构特点是具有类似角铁的夹具体。

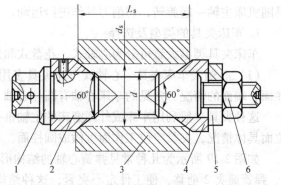

图 2-20　顶尖式心轴

1—心轴　2—固定顶尖套　3—工件
4—活动顶尖套　5—快换垫圈　6—螺母

在角铁式车床夹具上加工的工件形状较复杂。它常用于加工壳体、支座、接头等类零件上的圆柱面及端面。当被加工工件的主要定位基准是平面，被加工面的轴线对主要定位基准平面保持一定的位置关系（平行或成一定的角度）时，相应地夹具上的平面定位件设置在与车床主轴轴线相平行或成一定角度的位置上。

如图 2-21 所示为一种典型的角铁式车床夹具，工件 7 以两孔在圆柱定位销 2 和削边定位销1上定位；底面直接在支承板4上定位。二螺旋压板分别在两定位销孔旁把工件夹紧。导向套8用来引导加工轴孔的刀杆。平衡块9用以消除夹具在回转时的不平衡现象。夹具上还设置有轴向定位基面3，它与圆柱定位销保持确定的轴向距离，可以利用它来控制刀具的轴向行程。

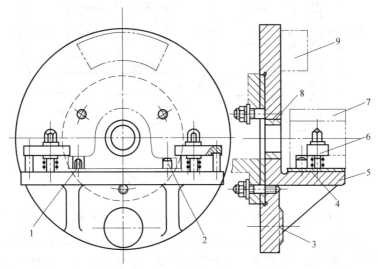

图 2-21  角铁式车床夹具

1—削边定位销  2—圆柱定位销  3—定位基面  4—支承板  5—夹具体
6—压板  7—工件  8—导向套  9—平衡块

### 2. 车床夹具设计与应用

设计车床夹具时，应注意下列几个问题：

（1）定位元件的设计  在车床上加工回转面时，要求工件被加工面的轴线与车床主轴的旋转轴线重合，夹具上定位元件的结构和布置，必须保证这一点。因此，对于同轴的轴套类和盘类工件，要求夹具定位元件工作表面的中心轴线与夹具的回转轴线重合。对于壳体、接头或支座等工件，被加工的回转面轴线与工序基准之间有尺寸联系或相互位置精度要求时，则应以夹具轴线为基准确定定位元件工作表面的位置，如图 2-21 所示的夹具，就是根据专用夹具的轴线来确定定位平面在夹具中的位置。

（2）夹紧装置的设计  在车削过程中，由于工件和夹具随主轴高速旋转，除工件受切削扭矩的作用外，整个夹具还受到离心力的作用。此外，工件定位基准的位置相对于切削力和重力的方向是变化的。因此要防止在回转过程中夹紧装置发生松动，夹紧机构必须产生足够的夹紧力，自锁性能良好。车床夹具优先采用螺旋夹紧机构。对于角铁式夹具，还应注意施力方式，防止引起夹具变形。如图 2-22 所示，如果采用图 2-22a 所示的施力方式，会引起悬伸部分的变形和夹具体的弯曲变形，离心力、切削力也会加剧这种变形；如能改用图 2-22b 所示铰链式螺旋摆动压板机构显然较好，压板的变形不会影响加工精度。

（3）夹具与机床主轴的连接  车床夹具与机床主轴的连接精度对夹具的加工精度有一定的影响。因此，要求夹具的回转轴线与卧式车床主轴轴线应具有尽可能小的同轴度误差。

1）心轴类车床夹具以莫氏锥柄与机床主轴锥孔配合连接，用螺杆拉紧。有的心轴则以中心孔与车床前、后顶尖安装使用。

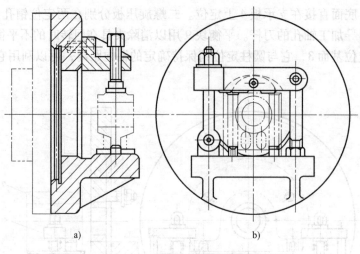

图 2-22　夹紧施力方式的比较

2）根据径向尺寸的大小，其他专用夹具在机床主轴上的安装连接一般有两种方式：①对于径向尺寸 $D < 140mm$，或 $D < (2 \sim 3)d$ 的小型夹具，一般用锥柄安装在车床主轴的锥孔中，并用螺杆拉紧，如图 2-23a 所示。这种连接方式定心精度较高。②对于径向尺寸较大的夹具，一般用过渡盘与车床主轴轴颈连接。过渡盘与主轴配合处的形状取决于主轴前端的结构。

如图 2-23b 所示的过渡盘，其上有一个定位圆孔按 H7/h6 或 H7/js6 与主轴轴颈相配合，并用螺纹和主轴连接。为防止停车和倒车时因惯性作用使两者松开，可用压板将过渡盘压在主轴上。专用夹具则以其定位止口按 H7/h6 或 H7/js6 装配在过渡盘的凸缘上，用螺钉紧固。这种连接方式的定心精度受配合间隙的影响。为了提高定心精度，可按找正圆校正夹具与机床主轴的同轴度。

对于车床主轴前端为圆锥体并有凸缘的结构，如图 2-23c 所示，过渡盘在其长锥面上配合定心，用活套在主轴上的螺母锁紧，由键传递扭矩。这种安装方式的定心精度较高，但端面要求紧贴，制造上较困难。

如图 2-23d 所示是以主轴前端短锥面与过渡盘连接的方式。过渡盘推入主轴后，其端面与主轴端面只允许有 $0.05 \sim 0.1mm$ 的间隙，用螺钉均匀拧紧后，即可保证端面与锥面全部接触，以使定心准确、刚性好。

3）过渡盘常作为车床附件备用，设计夹具时应按过渡盘凸缘确定专用夹具体的止口尺寸。

4）过渡盘的材料通常为铸铁。

5）各种车床主轴前端的结构尺寸可查阅有关手册。

（4）总体结构设计要点

1）夹具的悬伸长度 $L$：车床夹具一般是在悬臂状态下工作，为保证加工的稳定性，夹具的结构应紧凑、轻便，悬伸长度要短，尽可能使重心靠近主轴。

夹具的悬伸长度 $L$ 与轮廓直径 $D$ 之比应参照以下数值选取：

直径小于 150mm 的夹具，$L/D \le 1.25$；

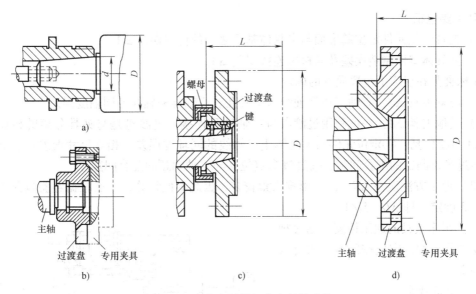

图2-23　车床夹具与机床主轴的连接

直径为 150～300mm 的夹具，$L/D \leqslant 0.9$；

直径大于 300mm 的夹具，$L/D \leqslant 0.6$。

2）夹具的静平衡：由于加工时夹具随同主轴旋转，如果夹具的总体结构不平衡，则在离心力的作用下将造成振动，影响工件的加工精度和表面粗糙度，加剧机床主轴和轴承的磨损。因此，车床夹具除了控制悬伸长度外，结构上还应基本平衡。角铁式车床夹具的定位元件及其他元件总是布置在主轴轴线一边，不平衡现象最严重，所以在确定其结构时，特别要注意对它进行平衡。平衡的方法有两种：设置平衡块或加工减重孔。

在确定平衡块的重量或减重孔所去除的重量时，可用隔离法做近似估算。即把工件及夹具上的各个元件，隔离成几个部分，互相平衡的各部分可略去不计，对不平衡的部分，则按力矩平衡原理确定平衡块的重量或减重孔应去除的重量。

为了弥补估算法的不准确性，平衡块上（或夹具体上）应开有径向槽或环形槽，以便调整。

3）夹具的外形轮廓：因为整个夹具随机床主轴一起回转，所以要求结构紧凑，轮廓尺寸尽可能小，重量轻，而且其重心尽可能靠近回转轴线，以减少离心力和回转力矩。

夹具体应设计成圆形，为保证安全，夹具上的各种元件一般不允许突出夹具体圆形轮廓之外。此外，还应注意切屑缠绕和切削液飞溅等问题，必要时应设置防护罩。

3. 车床夹具的加工精度

车削加工中，车床夹具随主轴回转，工件被加工回转面就代表车床的回转轴线，工序基准相对主轴轴线的变化范围就是加工误差即车床夹具的加工精度，主要包括：工件的定位误差 $\Delta D$、夹具的位置误差 $\Delta A$ 和加工方法误差 $\Delta G$。

（1）定位误差 $\Delta D$　主要包括基准不重合误差 $\Delta B$ 及基准位移误差 $\Delta Y$，结合工件定位设计确定。

（2）夹具位置误差 $\Delta A$ 的形成　由于工件的加工面由刀具成形运动形成，而刀具运动源于车床，因此定位元件相对机床上的夹具安装表面的相互位置误差就形成夹具的位置误差

$\Delta A$，其主要包括：

1）夹具定位元件定位基准面与夹具体基面之间的位置误差 $\Delta A_1$。

2）夹具体基面制造误差及与机床连接误差 $\Delta A_2$。

车床夹具在机床上位置误差的确定：

1）心轴夹具 $\Delta A$：心轴工作面轴线与中心孔、心轴锥柄轴线的同轴度误差。

2）其他夹具 $\Delta A$：一般利用过渡盘与主轴轴颈连接。过渡盘是与夹具分离的机床附件时，$\Delta A$ 主要包括：①定位元件与夹具体止口轴线的同轴度误差、相互尺寸误差；②夹具体止口与过渡盘凸缘的配合间隙；③过渡盘定位孔与主轴轴颈的配合间隙。

（3）加工方法误差 $\Delta G$　由于影响因素较多，因此不便计算，一般根据经验按照工件公差的 1/3 确定，即 $\Delta G = \delta_k/3$。

（4）车床夹具的加工精度　通过把以上误差分析的确定值按照概率法合成计算确定。

**二、钻床夹具**

1. 钻床夹具应用特点

盘类零件及其他机器零件，都有各种不同用途的孔需要加工。由于孔加工所用刀具的尺寸受被加工孔径的限制，一般细长而刚性差，较易变形，以致影响孔的加工精度；由于钻削加工排屑不畅，钻头易发热，负荷大时容易发生钻头折断，所以，通常在加工孔时切削用量较小，所需工序（或工步）数较多。尤其在加工盘类零件彼此有一定位置精度要求的孔系时，如果在通用设备上用划线找正的办法进行加工，不仅生产率低，而且加工质量也不高。为了提高孔的加工质量和效率，有效措施之一就是采用钻床夹具（简称钻模）装夹加工。

利用钻床夹具上安装在钻模板的钻套引导钻头加工孔或孔系，可直接对中、导向，完成钻、扩、铰、锪孔及攻螺纹，极大地提高钻削加工的尺寸精度、位置精度和生产率。实际生产中，钻床夹具应用较广。

2. 钻床夹具的类型及选择

（1）钻床夹具的类型　钻模的结构形式很多，结合各类钻模的结构特点，通常按钻模有无夹具体、以及夹具体是

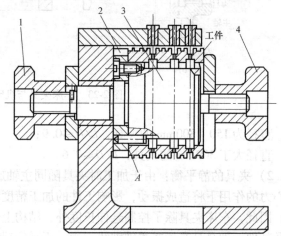

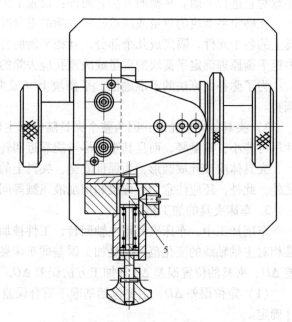

图 2-24　回转式钻模

1、4—螺母　2—分度盘　3—定位轴　5—分度销

否可动来分类。常见有：固定式、回转式、移动式、翻转式、盖板式及滑柱式钻模等。

1）固定式钻模：使用过程中，夹具和工件在机床的位置不变，一般应用于立式钻床加工较大的单孔或在摇臂钻床加工平行孔系。

在立式钻床安装钻模时，一般先将钻削刀具伸入钻套找正以确定钻模的位置，然后将其固定。这种方式的钻削精度较高。

2）回转式钻模：回转式钻模一般应用于同一圆周上的平行孔系加工或分布在圆周上的径向孔的加工，主要形式有立轴、卧轴、斜轴回转型。由于回转台基本实现标准化，因此回转式钻模应用时主要需要设计专用的工作夹具。

如图2-24所示是一种较简单的回转式钻模，工件一次装夹，可加工工件上三排径向孔，工件以孔在定位轴3和分度盘2的端面上定位，用螺母4夹紧工件，钻完一排孔后，将分度销5拉出，松开螺母1，即可转动分度盘2至另一位置，再插入分度销，拧紧螺母1和4后，即可进行另一排孔的加工。

若径向孔只有一个或一排，钻模可不设置分度机构，此类钻模为固定式钻模。

3）移动式钻模：主要应用于钻削中小型工件的同一表面的多个孔。其特点是移动夹具，对刀找正后钻削加工。如图2-25所示，钻削加工连杆大、小头上的孔。工件以端面及大、小头圆弧面与定位套12、13和固定V形块2、活动V形块7配合定位，通过手轮8推动活动V形块7夹紧工件，转动手轮8带动螺钉11转动，压迫钢球10使半月键9向外张开锁紧工件。移动夹具在钻套4、5引导下钻削加工工件上的两个孔。

4）翻转式钻模：对于小型零件，若有交叉和相对位置的不同表面上的加工孔，可设计翻转式钻模进行装夹，钻模为箱体结构，每个面都可以实现对钻头的引导，钻完一孔后，将箱体状翻转式钻模翻至另一加工位置进行另一个孔的加工。实际应用中转换位置需重新对刀，辅助时间长，费力，因此钻模不宜太重，一般质量

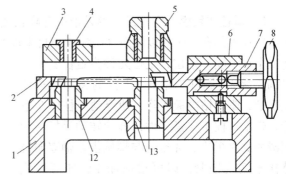
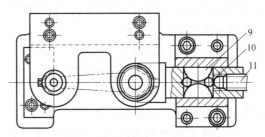

图2-25　移动式钻模

1—夹具体　2—固定V形块　3—钻模板　4、5—钻套
6—支座　7—活动V形块　8—手轮　9—半月键
10—钢球　11—螺钉　12、13—定位套

不要超过10kg，以减少装夹次数，提高被加工孔的位置精度。如图2-26所示翻转式钻模可加工套筒径向多个孔，夹具翻转60°即可。

5）盖板式钻模：盘类零件的端面法兰孔，常用如图2-27所示的盖板式钻模进行钻削，以盘类零件的孔及端面为定位面，盖板式钻模像盖子一样置于图示位置并实现定位，靠滚花螺钉2旋进时压迫钢球使径向均布的三个滑柱5顶向工件孔面，从而实现夹紧。若法兰孔位置精度要求不高时，可不设置夹紧结构，但先钻一个孔后，要插入一销，再钻其他孔。

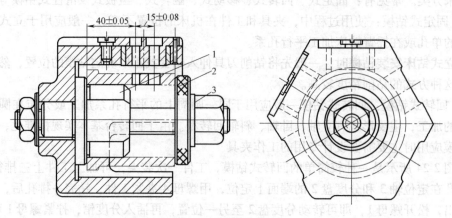

图 2-26　翻转式钻模
1—定位销　2—快换垫圈　3—螺母

6）滑柱式钻模：滑柱式钻模是带有升降钻模板的通用可调钻模，如图 2-28 所示，钻、扩、铰拨叉的孔，工件以端面（限制 3 个自由度）、外锥面（限制 2 个自由度）、侧面（限制 1 个自由度）定位，定位元件为定位套 9 及可调支承 2、圆柱挡销 3。工件的夹紧通过调整手柄，驱动钻模板下降，使浮动压柱体 5 下降，带动压柱 4 夹紧工件，继续转动手柄，利用滑柱式钻模夹具体锥孔与螺旋齿轮轴双向锥体接触实现锁紧，即可钻削加工；加工完成后，又利用滑柱式螺旋齿轮轴双向锥体与套环锥孔接触实现自锁装卸工件。

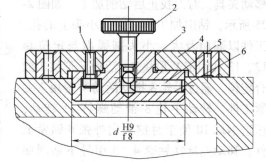

图 2-27　盖板式钻模
1—螺钉　2—滚花螺钉　3—钢球
4—钻模板　5—滑柱　6—定位销

滑柱式钻模可实现双向可靠自锁、简单方便、通用可调，但由于利用滑柱间隙导向，加工精度低，装卸工件效率低而且夹紧力小因此主要应用于小批量、中小型工件加工。

（2）钻床夹具类型的选择　选择依据主要是工件形状、尺寸、重量、加工要求、批量大小。

1）钻孔直径大于 10mm 或精度高，一般采用固定式钻模。

2）中小型工件且总质量小于 10kg，一般选择翻转式钻模。

3）加工不在同心圆周的平行孔系时，若总质量大于 15kg 则选择固定式钻模在摇臂钻床加工，若工件批量大一般在立式钻床或多轴传动钻床加工。

4）对中小型工件且垂直度、孔距精度要求低，一般通过滑柱钻模装夹加工。

5）工件孔距精度要求较低，一般采用焊接的夹具体、钻模板类钻模装夹加工。

3. 钻模结构的设计要点

在设计钻模时，除必须妥善解决一般夹具所共有的定位和夹紧问题之外，还应注意，钻模在结构上区别于其他夹具的主要部分，即钻套以及安装钻套用的钻模板的设计。

（1）钻套　钻套的作用主要是用来确定钻头、扩孔钻、铰刀等定尺寸刀具的轴线位置。

当加工一组平行的孔系，而这些孔间的距离又有一定的要求时，则利用分布位置按加工要求确定的钻套来保证上述孔心距离的精度，简便可靠。当工件批量很小，或者孔间距离很小，或者孔径很小，或者钻模板上位置受限制而无法采用钻套时，也允许在钻模板上直接加工出引导刀具的导向孔。

1）钻套的结构：钻套的结构和尺寸已经标准化了。根据使用特点，钻套有下列四种形式：

①固定钻套。固定钻套主要用于小批生产条件下单纯用钻头钻孔的工序。固定钻套是直接装在钻模板的相应孔中，因此固定钻套磨损后不能更换。固定钻套有两种结构，如图 2-29 所示，图 2-29a 为无肩钻套，图 2-29b 为带肩钻套。带肩钻套主要用于钻模板较薄时，用以保持钻套必须的引导长度。有了肩部，还可以防止钻模板上的切屑和切削液落入钻套孔中。

固定钻套的下端应超出钻模板，而不应缩在钻模板内，以防止带状切屑卷入钻套中而减缓钻套的磨损。标准固定钻套的结构，可参阅国家标准。

②可换钻套。为了克服固定钻套磨损后无法更换的缺点，设计出如图 2-30 所示的可换钻

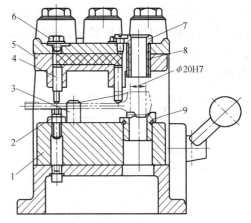

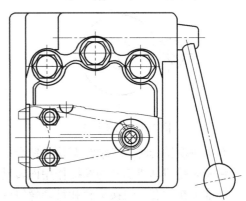

图 2-28　滑柱式钻模

1—底座　2—可调支承　3—圆柱挡销
4—压柱　5—压柱体　6—螺塞
7—快换钻套　8—衬套　9—定位套

套结构。图中是标准可换钻套的结构，它的凸缘上铣有台肩，螺钉压紧在钻套的台阶形头部的台肩上而防止可换钻套转动。卸下螺钉，便可取出可换钻套。采用可换钻套的钻模板，在

安装可换钻套处应专门配装一个衬套，可换钻套就装在衬套中，这样便可避免更换钻套时损坏钻模板。钻套用衬套的结构和尺寸也已标准化，可参阅国家标准。

可换钻套的实际功用仍和固定钻套一样，仅供单纯钻孔的工序用。可换钻套用于批量较大生产，钻套磨损后可以迅速更换。

③快换钻套。快换钻套是供同一个孔须进行多种加工工步（如钻、扩、铰、锪面、攻螺纹

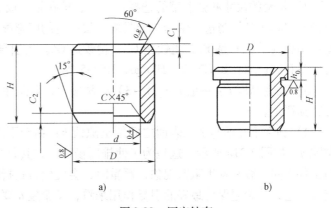

图 2-29　固定钻套

a）无肩钻套　b）带肩钻套

等）时使用的。由于在加工过程中须依次更换或取去（如锪面或攻螺纹时）钻套以适应不同加工刀具的需要，所以需用这种快换钻套。图 2-31 是标准快换钻套的结构。它除在其凸缘铣有台肩以供钻套螺钉压紧外，同时还铣出一削边平面。当此削边平面转至钻套螺钉位置时，便可向上快速取出钻套。为了防止直接磨损钻模板，在采用快换钻套时，钻模板上必须配有钻套用衬套。

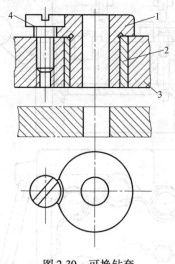

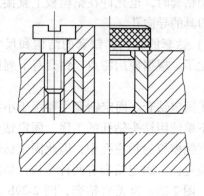

图 2-30　可换钻套　　　　　　　　图 2-31　快换钻套

布置快换钻套时，必须注意快换钻套的台肩位置应与刀具在加工时的旋转方向相适应，防止钻套因受刀具或切屑的摩擦作用而转动时，使钻套台肩面转出钻套螺钉而被向上抬起。

标准可换钻套、快换钻套和钻套螺钉的规格、尺寸，可分别参阅国家标准。

④特殊钻套。特殊钻套是在特殊情况下加工孔用的。这类钻套只能结合具体情况自行设计，例如：图 2-32a 是供钻斜面上的孔（或钻斜孔）用的；图 2-32b 是供钻凹坑中的孔（或工件钻孔端面与钻模板相距较远）用的。这两种特殊钻套的作用，都是为了保证钻头有良好的起钻条件和钻套具有必要的引导长度。如果采用标准钻套，则不能起到这些作用，而会造成钻头折断或钻孔引偏。图 2-32c 是因两孔孔距太小，无法分别采用各自的快换钻套而采用的一种特殊钻套。它是在同一个快换钻套体上，加工出两个导向孔。

2）钻套的尺寸和公差带的选择：钻头、扩孔钻，铰刀是标准化定尺寸刀具，所以钻套内径与刀具按基轴制选。钻套与刀具之间按一定的间隙配合。一般根据刀具精度选套孔的公差：钻孔（扩孔）选 F7，粗铰选 G7，精铰选 G6。若引导的是刀具导柱部分不是切削部分，可按基孔制选取：如 H7/f7，H7/g6，H6/g5 等。

3）钻套高度 $H$：一般 $H = (1 \sim 3)D$，$H$ 增大，导向性能好，加工精度高，但 $H$ 过长，钻套磨损严重。

4）钻套下端面与加工表面之间的空隙值 $h$：钻套下端面与加工表面之间应留有一定的空隙 $h$，如图 2-31a 所示，这是为了使排屑畅快。尤其是加工韧性材料时，切屑卷缠在刀具与工件之间，容易发生阻塞现象，严重时，会发生刀具折断事故。所以从排屑要求讲，$h$ 值能大一些，从希望保持最好的引导作用来看，又希望 $h$ 要小一些。

铸铁：$h = (0.3 \sim 0.7)D$，小孔取小值；

钢：$h = (0.7 \sim 1.5)D$，大孔取大值；

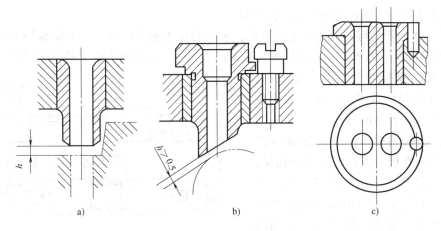

图 2-32　特殊钻套

斜孔：$h = (0 \sim 0.2)D$。

5）材料：钻套与刀具产生摩擦，故必须有很高的耐磨性能。钻套常用材料一般选择 T10A、T12A、CrMn 或 20 钢渗碳淬火。当孔径 $D \leqslant 10\mathrm{mm}$，用 CrMn 制造；当孔径 $D < 25\mathrm{mm}$，用 T10A、T12A 钢制造，热处理硬度为 $58 \sim 64\mathrm{HRC}$；当孔径 $D \geqslant 25\mathrm{mm}$，用 20 钢渗碳淬火，热处理硬度为 $58 \sim 64\mathrm{HRC}$。

（2）钻模板　钻模板是供安装钻套用的。要求具有一定的强度和刚度，以防变形而影响钻套的位置和引导精度。常见的钻模板，按其可动与否，分为以下四种：

1）固定式钻模板：这种钻模板是直接固定在钻模夹具体上而不可移动的。钻模板上的钻套相对于夹具体和定位元件的安装位置，也是固定不变的。由此可见，利用固定钻模板加工孔时所得的位置精度较高。但是采用固定式钻模板时，有时对于装卸工件较为不便。

2）铰链式钻模板：这种钻模板是通过铰链与夹具体连接的。因此，铰链式钻模板可绕铰链轴翻转。图 2-33 是铰链式钻模板的典型结构。钻模板 5 用铰链销 1 与夹具体 2 连接在一起。钻模板与夹具体间在铰链处的轴向采用间隙配合。菱形头夹紧螺母 6 在图示位置时，可进行钻削，将菱形头夹紧螺母转过 90°时，钻模板便可翻起或闭合。由于铰链式钻模板可以翻转，其间必有间隙，因而加工孔的位置精度也一定比固定式钻模板低。但是，铰链式钻模板能够翻开，便于装卸工件。特别是当后面还有锪面、攻螺纹等工步时（这些工步无需使用钻套），采用铰链式钻模板，只需将铰链式钻模板翻开，便可无阻碍地进行锪面、攻螺纹。

3）可卸式钻模板：当装卸工件时，需要将

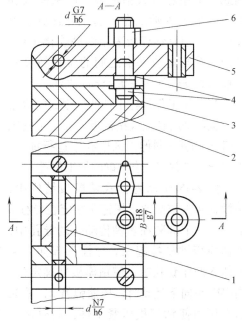

图 2-33　铰链式钻模板

1—铰链销　2—夹具体　3—铰链坐<br>4—支承钉　5—钻模板　6—菱形螺母

钻模板装上或取下，则应采用可卸式钻模板。

如图 2-34 所示为可卸式钻模板的结构，装上要加工的工件后，盖上钻模板时要对准圆柱销 2 和菱形销 6，以确定钻模板位置，并用活节螺栓 4 及螺母 3 将工件及钻模板 1 一起夹紧。可卸式钻模板的钻孔精度也较高，但装卸工件费时而效率低，而且钻模板与夹具体分离，容易损坏。

4) 悬挂式钻模板：在大批量生产中，对于分布在同一方向上的平行孔系，通常都是在钻床上采用多轴传动头进行同时加工，使各孔加工时间重叠，显著提高了生产率。配合多轴传动头所用的钻模板，即为悬挂式钻模板，如图 2-35 所示。它的特点是钻头前端已置于钻套中，进给时钻头在钻套中移动，钻套靠滑柱定位并实现悬挂。但如果采用多工位机床加工，这时各个夹具上装着工件，依次在不同工位上接受加工，若把钻模板布置在夹具上，为适合不同加工工步，就必须在不同工位上更换相应的导向套。这不但十分麻烦，而且往往难以实现。因此，采用悬挂式钻模板，使钻模板和相应的加工主轴配在一起，可解决了上述矛盾。但是钻模板采用活动连接定位，被加工孔与定位基准之间的位置精度只能控制在 $\pm 0.20 \sim \pm 0.25\text{mm}$ 之间。

当孔加工部位在工件凹进很深的内壁上，也可采用悬挂式钻模板。加工中它随着机床主轴一同伸入内壁孔中进行加工，以引导刀具并保证有正确的加工位置。

图 2-35 所示悬挂式钻模板结构中，钻模板 4 由锥端紧定螺钉 5 固定在导柱 3 上，导柱上部装在多轴传动头的导孔中，使钻模板被悬挂起来。导柱下部伸入夹具体 6 的导套孔中，使钻模板准确定位。当多轴头向下运动时，压缩弹簧 2，依靠这个压力使钻模板压紧工件，同时钻头由钻套引导孔中伸出进行钻孔加工。加工完毕后，多轴头带着钻模板向上退回，弹簧复位将工件松夹。钻头也随之缩进

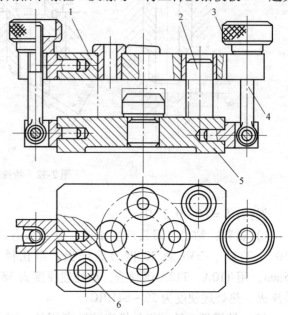

图 2-34　可卸式钻模板
1—钻模板　2—圆柱销　3—螺母
4—活节螺栓　5—夹具体　6—菱形销

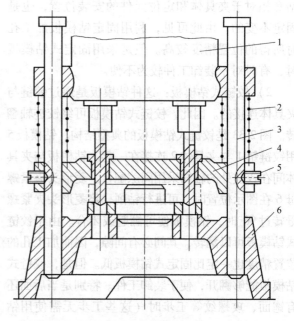

图 2-35　悬挂式钻模板
1—多轴传动头　2—弹簧　3—导柱
4—钻模板　5—紧定螺钉　6—夹具体

钻套内。由于钻模板随多轴头退出，敞开了空间，使装卸工件、清除切屑十分方便。

钻模板设计特点：

1）钻模板上安装钻套的孔之间及孔与定位元件的位置应有足够的精度。

2）刚性一定要足够，不能太厚、太重，而且一般不应承受夹具反力。

3）稳定性能好。

4. 钻床夹具的加工精度

利用钻床夹具装夹工件加工孔的位置精度误差主要包括工件装夹的定位误差 $\Delta D$ 及钻套引导刀具加工的导向误差 $\Delta T$。

（1）定位误差 $\Delta D$ 主要包括基准不重合误差 $\Delta B$ 及基准位移误差 $\Delta Y$，结合工件定位设计确定。

（2）导向误差 $\Delta T$ 钻削加工过程中，导向元件相对定位元件的位置不准确造成刀具相对工件加工面位置不准确致使钻削加工产生加工尺寸误差，形成导向误差 $\Delta T$。

导向孔轴线位置误差 $\Delta T$ 如图 2-36 所示，其影响因素主要有：

1）钻模板底孔至定位元件的尺寸公差 $\delta_l$，一般取工件公差的 $1/5 \sim 1/3$，即 $(1/5 \sim 1/3)\delta_k$。

2）快换钻套内外圆同轴度公差 $e_1$。

3）衬套内外圆的同轴度公差 $e_2$。

4）快换钻套与衬套的最大配合间隙 $x_1$。

5）刀具（引导部分）与钻套的最大配合间隙 $x_2$。

6）刀具在钻套中的偏斜量 $x_3$，其值为

$$x_3 = \frac{x_2}{H}\left(B + h + \frac{H}{2}\right)。$$

把以上误差分析值按概率法合成计算确定钻床夹具的导向误差，即 $\Delta T$ 值为

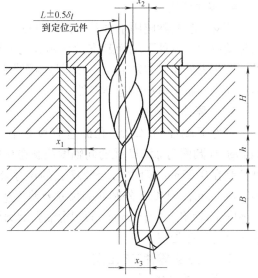

图 2-36 钻削加工导向误差

$$\Delta T = \sqrt{\delta_l^2 + e_1^2 + e_2^2 + x_1^2 + (2x_3)^2}$$

# 任务4 支承盘的加工计划（三）
## ——工艺方案的设计

**一、分析图样，获取加工信息**

如图 2-1 所示磨床支承盘零件安装于砂轮架部件的组件——主轴外套的端面圆孔内，通过内六角螺栓联接紧固。砂轮架在工作状态要求主轴能灵活转动，支承盘作为支承和连接的关键零件，上表面接砂轮架组件，下表面衔接主轴组件，孔中安装一个深沟球轴承，通过轴承孔支承该部件的核心零件——主轴（利用主轴调节砂轮上下位置满足不同的磨削要求）。因此，支承盘的加工质量对磨床砂轮架部件的精度和性能都有一定的影响。

1. 零件材料

零件材料：HT150。该材料切削加工性能良好，但属脆性材料，容易产生崩碎切屑，切削加工有冲击容易产生崩刃。选择刀具参数时可以适当减小刀具前角以强化刀刃。刀具材料选择范围较大，高速钢及 YG 硬质合金均可胜任。

2. 零件组成表面

上、下两端端面，$\phi140g6$ 外圆面，$\phi26mm$、$\phi42mm$、$\phi52J7$ 中间孔面及端面、$\phi75mm$、$\phi125mm$ 环形槽内外圆面及底面，4 个 $\phi11mm$ 沉孔、4 个 $\phi5mm$ 的润滑油孔，$3mm \times 8mm$ 油槽侧面及底面、倒角等。

3. 主要表面分析

$\phi52J7$ 孔表面在零件使用过程中与轴承配合，是轴承安装的支承孔，也是该零件的主要基准面；下端面则为该零件的轴向安装（支承）基准面；而 $\phi140g6$ 外圆表面为径向安装（支承）面，也是零件与其他零件安装的配合面。

4. 零件结构分析

该支承盘实际应用中水平放置，中心孔 $\phi52J7$ 内安装 205 深沟球轴承用以支承一根竖直的传动主轴，零件下端面起支承作用并与 $\phi52J7$ 孔保持垂直，上端面为非安装面，$\phi140g6$ 外圆面作为径向安装基准，一方面与端面保持垂直，另一方面与 $\phi52J7$ 孔保持同轴。零件轴向尺寸小，属于典型的盘类零件。

5. 主要技术条件

零件下端面与 $\phi52J7$ 孔的垂直度控制在 0.02mm 范围内，其粗糙度值为 $Ra3.2\mu m$；$\phi140g6$ 外圆面与 $\phi52J7$ 孔的同轴度控制在 0.06mm 范围内；$\phi52J7$ 孔下端面与其表面的垂直度控制在 0.02mm 范围内；$\phi52J7$ 孔的尺寸公差为 0.03mm，孔内表面及下端面粗糙度值均为 $Ra3.2\mu m$；$\phi140g6$ 外圆面的尺寸公差为 0.025mm，表面粗糙度值为 $Ra3.2\mu m$；零件上 4 个 $\phi11mm$ 沉孔、4 个 $\phi5mm$ 的润滑油孔沿圆周各自均匀分布，二者之间的夹角为 45°；零件表面进行发蓝处理。

**二、支承盘零件工艺设计**

1. 毛坯的选择

毛坯的选择不仅影响毛坯制造的经济性，而且影响机械加工的经济性。所以既要考虑热加工方面的因素，也要兼顾冷加工方面的要求，从毛坯环节降低零件的制造成本。盘类零件常采用铸铁、钢、青铜或黄铜制成。孔径小的盘零件一般选择热轧或冷拔棒料，根据零件要求也可以选择实心铸件；孔径较大时可作预制孔；生产批量较大时，还可以选择冷挤压等先进毛坯制造工艺，既提高生产率又节约材料。本例根据零件材料、形状、尺寸、批量大小等因素，选择砂型铸件。

本例工具磨床支承盘零件作为典型的盘类零件，虽然一连多件铸造切削加工时效率较高，但是装夹、切断难度较大，因此该件毛坯按单件铸造备料。

2. 定位基准的选择

对盘类零件，作用不同则零件的定位基准不同。一是以端面为基准（如支承盘），切削加工过程中的主要定位基准为平面；二是以孔为基准，由于盘类零件的轴向尺寸小，往往以孔为径向定位基准的同时，辅以端面的配合；三是以外圆为基准（较少），与孔定位相似，也往往需要端面的辅助配合。

对本例的支承盘零件：

根据零件图要求,支承盘主要径向定位基准为 $\phi$52J7 孔,切削加工 $\phi$52J7 孔时选择与 $\phi$52J7 孔有同轴度要求的 $\phi$140g6 外圆面作为定位基准,但由于盘类零件轴向尺寸较小,夹持 $\phi$140g6 外圆面因定位不足易使工件不平,故应辅以端面的配合,这样主要轴向定位基准应为支承盘下端面;在加工下端面时应选择经过粗加工的支承盘上端面作为定位粗基准。

3. 安装方案的确定

盘类零件一般采取如下装夹方法:

(1) 用三爪自定心卡盘安装　三爪自定心卡盘装夹外圆时,为定位可靠,常采用反爪装夹(限制工件绕中心轴线转动自由度外的五个自由度);装夹孔时,以卡盘的离心力作用完成工件的定位、夹紧(亦限制工件绕中心轴线转动自由度外的五个自由度)。

(2) 用专用夹具安装　以外圆作径向定位基准时,可用定位环作定位件;以孔作径向定位基准时,可用定位销(轴)作定位件。具体根据零件结构特征及加工部位、要求,选择径向夹紧或轴向夹紧。

(3) 用台虎钳安装　生产批量小或单件生产时,根据加工部位、要求的不同,盘类零件可以采用台虎钳装夹。

对本例的磨床支承盘零件装夹方案:

加工上、下两端面, $\phi$140g6 外圆面, $\phi$26mm、 $\phi$42mm、 $\phi$52J7 孔表面及端面、 $\phi$75mm、 $\phi$125mm 环形槽内外圆面及底面时,采用三爪自定心卡盘装夹(粗加工时直接装夹,半精加工后反爪安装)夹持 $\phi$140g6 外圆面;钻削 4 个 $\phi$11mm 安装孔、4 个 $\phi$17mm 沉孔、4 个 $\phi$5mm 润滑油孔以及铣削 3mm × 8mm 油槽时都可以采用三爪自定心卡盘装夹零件分别在钻床、铣床上进行加工。

4. 表面加工方法的选择

盘类零件表面加工方法的选择,应根据零件各表面的具体加工要求,结合各种切削加工方法所能达到的经济精度和表面粗糙度灵活确定。各种加工方法所能达到的加工经济精度和表面粗糙度,以及各种典型表面的加工方案在机械加工手册中都能查找确定。

盘类零件的回转面粗、半精加工一般以车削加工为主,精加工则根据零件材料、加工要求、生产批量等因素选择磨削、精车、拉削或其他加工方法;对零件的非回转面,则根据表面形状选择恰当的加工方法,而且一般安排在零件的半精加工阶段。

本例磨床支承盘零件各个表面加工方法:

上、下端面, $\phi$26mm、 $\phi$42mm、 $\phi$52J7 孔表面, $\phi$140g6 外圆表面, $\phi$75mm × $\phi$125mm 环形面等尺寸公差、表面粗糙度及形位公差要求一般,采用车削能够达到;4 × $\phi$11mm 及 $\phi$17mm 安装孔、4 × $\phi$5mm 润滑油孔等考虑孔位置要求利用钻模钻削加工保证;3mm × 8mm 油槽等采用立铣加工完成。

5. 加工路线的确定

工艺路线拟订的主要任务是选择各个表面的加工方法和加工方案、确定各个表面的加工顺序以及工序集中与分散的程度、合理选用机床和刀具、确定所用夹具的大致结构等。盘类零件工艺路线的拟订,经过长期的生产实践已总结出一些带有普遍性的工艺设计原则:

下料(或备坯)→去应力处理→粗车→半精车→平磨端面(按零件具体情况进行安排)→非回转面加工→去毛刺→中间检验→最终热处理→精加工主要表面(磨或精车)→终检。

在具体拟订时,特别要注意根据生产实际灵活应用。本例工具磨床支承盘零件的工艺路线:

铸造备坯→时效处理→粗车端面、内外圆表面→半、精车端面、外圆面及其他回转面→精加工孔表面→中间检验→加工安装孔、油孔、油槽等非回转面→去毛刺→中间检验→表面发蓝处理→最终检验。

**6. 加工阶段的划分**

本例磨床支承盘零件的加工阶段划分如下：

粗加工阶段：车端面、$\phi140g6$ 外圆、$\phi26$mm 孔。

半精加工阶段：车端面、$\phi140g6$ 外圆、$\phi26$mm 孔、$\phi42$mm 孔、$\phi75$mm × $\phi125$mm 环形槽；钻削 $4 \times \phi11$mm 孔及沉孔 $\phi17$mm、$4 \times \phi5$；铣削 3mm × 8mm 油槽。

精加工阶段：车端面、$\phi52J7$ 孔、倒角。

**7. 工序的划分**

工序的划分就是工序集中与分散。盘类零件工序的划分主要取决于零件的生产规模、结构特点和技术要求。盘类零件的加工主要包括回转面和非回转面，一般回转面主要集中在车削、磨削等工序，非回转面则集中在铣削、钻削等阶段；而且一般情况下，单件小批生产时，多将工序集中。大批量生产时，则采用多刀、多轴等高效率机床将工序集中。

对于本例的磨床支承盘零件，整个生产属中小批量，因此采取工序集中的措施。

孔、外圆、端面、环形槽等回转面的加工集中在车削加工工序全部加工完成；安装孔、润滑油孔、油槽等非回转面集中在钻削、铣削加工工序完成。

**8. 工序顺序的安排**

由于盘类零件的加工表面主要围绕端面、外圆面和孔表面进行，因此工序顺序的安排一般优先考虑对端面、内外圆表面粗、半精车加工，获得加工基准；然后安排主要表面的精加工；对次要的非回转面的加工安排在最后完成；而热处理工序中时效处理、正火、退火等一般在切削加工之前进行，调质处理、淬火、表面热处理等则在中间或最后实施。转换车间前安排中间检验，易出现毛刺的工序后安排去除毛刺。

而本例磨床支承盘零件，由于下端面和 $\phi52J7$ 孔表面为主要基准面，因此首先车削加工这些表面的粗加工基准面下端面和 $\phi140g6$ 外圆表面，再对其进行精加工；接着进行零件上安装孔、油孔、油槽等的加工，热处理工序最后完成。

**三、磨床支承盘零件的加工方案的确定**

磨床支承盘零件的主要加工表面是外圆表面、孔表面和端面，针对精度等级和表面粗糙度要求，按经济精度选择加工方法。

对普通精度的盘类零件的加工，典型的工艺路线如下：

方案一：粗加工端面→粗、精加工孔→心轴装夹→粗、精加工外圆和端面。这种方案适用于外圆表面是最重要表面而且外圆表面与端面的垂直度要求较高的盘类零件的加工。

方案二：粗、精加工端面→粗、精加工孔→粗、精加工外圆。这种方案适用于孔表面是最重要表面而且孔表面与端面的垂直度要求较高的盘类零件的加工。

经过以上分析，如图 2-1 所示的磨床支承盘零件的加工采用方案二。

**四、加工工艺设计**

**1. 加工余量的确定**

拟订完工艺路线之后，就需确定工序余量，计算各工序的工序尺寸。盘类零件主要工序（端面、孔、外圆表面加工等）加工余量的合理确定必须充分考虑前工序的尺寸公差、几何公差、表面粗糙度和表面加工缺陷以及本工序的安装误差等因素。确定加工余量的方法有：分析计算法、经验估算法和查表修正法等三种。本例磨床支承盘零件主要加工表面加工余量的确定见表2-4。

表2-4　工具磨床支承盘零件主要加工表面加工余量

| 加 工 表 面 | 工 序 内 容 | 加工余量/mm | 工序尺寸/mm |
|---|---|---|---|
| 上下端面 | 毛坯 | | 33.0 |
| | 粗加工上端面 | 2.0 | 31.0 |
| | 粗加工下端面 | 1.5 | 29.5 |
| | 半精加工下端面 | 1.0 | 28.5 |
| | 精加工下端面 | 0.5 | 28.0 |
| $\phi140g6$ 外圆表面 | 毛坯 | | $\phi145.0$ |
| | 粗加工 | 3.0 | $\phi142.0$ |
| | 半精加工 | 1.2 | $\phi140.8$ |
| | 精加工 | 0.8 | $\phi140g6$ |
| $\phi26mm$、$\phi42mm$、$\phi52J7$ 孔表面 | 毛坯 | | 实心毛坯 |
| | 粗加工钻孔 | 12.0 | $\phi24.0$ |
| | 半精加工镗孔 | 1.0 | $\phi26.0$ |
| | 粗加工镗孔 | 11.5 | $\phi49.0$ |
| | 半精加工镗孔 | 1.0 | $\phi51.0$ |
| | 粗加工镗孔 | 7.0 | $\phi40.0$ |
| | 半精加工镗孔 | 1.0 | $\phi42.0$ |
| | 精加工镗孔 | 0.5 | $\phi52J7$ |

$\phi75mm \times \phi125mm$ 环形槽、$4 \times \phi11mm$ 及沉孔 $\phi17mm$、$4 \times \phi5mm$ 润滑油孔、$3mm \times 8mm$ 油槽等加工表面的加工余量按照相应方法确定

### 2. 设备及工装等的选择

盘类零件加工所选择的设备主要有车床（卧式、立式）、铣床、钻床、内外圆磨床等；安装所选择的夹具主要有三爪自定心卡盘、台虎钳、磁力吸盘等；切削加工所选择的刀具范围较大，主要有高速钢刀具及YG类硬质合金刀具等。如图2-1所示的磨床支承盘零件设备及工装的选择如下：

切削加工设备主要选择车床C6140、钻床Z525B和Z4012、铣床X52等；

切削加工夹具主要选择三爪自定心卡盘、台虎钳、钻模、专用铣床夹具等；

切削加工刀具主要选择 YG 类硬质合金车刀，8mm 高速钢立铣刀，$\phi11mm$、$\phi17mm$、$\phi5mm$ 钻头等。

切削加工测量器具主要选择：平板、卡尺、90°角尺、千分尺、塞规、塞尺、刃口状 V 形架、百分表等。

### 3. 工艺文件的填写（见表2-5）

总之盘类零件加工的工艺包括加工方法的确定、工序的安排、加工余量的计算、设备工装的选择，应当结合工件的具体加工要求，根据现有实际条件，在遵守基本原则的前提下，运用所学知识灵活制订既经济又合理的加工方法和工艺路线。

表 2-5　磨床支承盘零件机械加工工艺卡

| 零件名称 | | | 支 承 盘 | | | 材　料 | | | HT150 | |
|---|---|---|---|---|---|---|---|---|---|---|
| 件　号 | | | 03-64A | | | 件　数 | | | 1 | |
| 产品名称 | | | 工具磨床 | | | 重量/t | | | 2.420/4.200 | |
| 工序 | 装夹 | 工步 | 工序内容 | 车间 | 设　备 | | 夹　具 | 刀　具 | 量　具 | |
| 10 | 1 | | 车 | 机加工 | 车床 C6140 | | 三爪自定心卡盘 | | | |
| | | | 三爪装夹 | | | | | | | |
| | | 1 | 粗车端面,见光 | | | | | | | |
| | | 2 | 粗车外圆至 φ142mm | | | | | | | |
| | | 3 | 钻孔 φ24mm | | | | | 钻头 φ24mm | | |
| | 2 | | 软爪装夹(作夹持记录):调头 | | | | | | | |
| | | 1 | 粗、精车端面至长度尺寸 28.5mm | | | | | | | |
| | | 2 | 粗、精车外圆 φ140g6mm | | | | | | | |
| | 3 | | 软爪装夹:调头 | | | | | | | |
| | | 1 | 精车端面至长度尺寸 28mm | | | | | | | |
| | | 2 | 镗 φ26mm 孔 | | | | | | | |
| | | 3 | 镗孔 φ52j7×15mm 深,孔口倒角 1×45° | | | | | | φ52j7 塞规 | |
| | | 4 | 车 φ42mm×0.5mm | | | | | | | |
| | | 5 | 车端面凹槽 φ125mm×φ75mm×4mm 深 | | | | | | | |
| | | 6 | 各部倒角 | | | | | | | |
| | | | 注意:形位公差 | | | | | | | |
| | | | 检验 | | | | | | | |
| 20 | 1 | 1 | 钻 4×φ11mm 孔,平锪 φ17mm 深 10mm 孔 | 机加工 | 钻床 Z525B | | 钻模 J2-105 | 钻头 φ11mm 平锪钻 17mm×11mm | | |
| | 2 | 1 | 钻 4×φ5mm 油孔 | 机加工 | 钻床 Z4012 | | 钻模 J2-105 | 钻头 φ5mm | | |
| | | 2 | 孔口去毛刺 | | | | | | | |
| | | | 检验 | | | | | | | |
| 30 | 1 | 1 | 立铣 | 机加工 | 立铣 X52 | | 铣夹具 J6-36 用于转盘上 | 8mm 立铣刀 | | |
| | | | 根据 φ5mm 油孔位置铣 8mm×3mm 油槽 | | | | | | | |
| | | | 检验 | | | | | | | |

### 五、磨床支承盘零件加工关键工艺问题及解决办法

盘类零件的内、外圆表面的同轴度以及端面与孔、外圆轴线的垂直度要求一般比较高。因此盘类零件切削加工的关键就是围绕如何保证孔轴线与端面的垂直度及与外圆表面的同轴度、相应的尺寸精度和形状精度的工艺特点来进行的。

保证表面相互位置精度的方法：

1）在一次装夹中，完成内外表面及其端面的全部加工。这种安装方式可消除由于多次安装而带来的安装误差，获得较高的位置精度。

2）主要表面的加工在几次装夹中完成，孔与外圆互为基准，反复加工，每一工序都为下一工序准备了精度更高的定位基面，因而可得到较高的位置精度。

以精加工好的孔作为定位基面时，先加工孔至零件图尺寸，然后以孔为精基准加工外圆，这时往往选用心轴作为定位元件，心轴结构简单，且制造安装误差较小，可保证内外表面较高的同轴度要求，是盘类零件加工中常见的装夹方法。

若以外圆为精基准加工孔，先加工外圆至零件图尺寸，然后以外圆为精基准完成孔表面的全部加工。用该方法加工工件装夹迅速可靠，但一般卡盘安装误差较大，定心精度不高，使得加工后工件的相互位置精度较低。如果欲使同轴度误差较小，则须采用定心精度较高的夹具，故常采用经过修磨的三爪自定心卡盘和软爪、液性塑料夹头或弹性膜片卡盘等以获得较高的同轴度要求。

磨床支承盘零件的加工要求保证外圆与孔表面的同轴度、端面与的垂直度，在工艺安排上就是通过孔与外圆互为基准，反复加工实现的，如首先粗加工端面、外圆，然后以其为粗基准调头加工外圆、端面作为精基准，接着调头再加工孔表面、端面，从而满足工件加工要求。

# 任务5　支承盘零件的工艺实施

### 一、布置任务，明确要求

1）制订零件工艺过程并完成一套工艺文件（三种工艺卡片）。

2）学生根据自己编制的工艺规程，熟悉所选择的机床设备的操作手柄和按钮的功能。

3）学生根据自己编制的工艺规程，正确地安装工件，选择合理的切削用量，调整好机床。

4）教师首先进行正确的操作示范，学生完成正确的试切。学生根据教师的示范进行逐一的练习实践。最后由教师完成零件的最终加工。

### 二、编制支承盘零件加工工艺方案

1）填写支承盘零件加工综合工艺过程卡片。

2）填写支承盘零件加工机械加工工艺卡片。

3）填写支承盘零件加工机械加工工序卡。

### 三、试切加工支承盘零件

1. 安全操作规范

了解实训、生产现场安全须知，熟悉机床操作安全规范。

2. 机床的操作手柄和按钮的功能

学生根据自己编制的工艺规程，熟悉所选择的机床设备的操作手柄和按钮的功能。

3. 调整机床，选择合理的切削用量

学生根据自己编制的工艺规程，正确地安装工件，选择合理的切削用量，调整好机床。

4. 正确操作机床的示范演示

教师首先进行正确的操作示范，学生完成正确的试切。最后学生根据教师的示范进行逐一的练习实践。

（1）车削加工试切

1）车削孔注意滑板进、退刀方向与外圆相反。

2）试切测量孔径时，应防止孔径出现喇叭口或试切刀痕。

3）精车加工时，应保持切削刃锋利，防止产生让刀现象，形成锥形表面。

4）车削接近台阶面、内端面时，应调整机动进给为手动进给，防止碰撞出现凹坑或小台阶面。

（2）钻削加工试切

1）钻模钻削，先核对钻模型号、规格正确，并调整保证钻模与工件准确定位、可靠夹紧。

2）注意加切削液进行冷却和润滑。

3）孔钻削加工应注意孔口倒角，去除毛刺。

（3）铣削加工试切

1）先核对分度装置型号、规格正确，并注意工件正确定位、可靠夹紧，分度调整准确。

2）正确合理选择铣刀型号、规格、切削参数，注意检查刀具是否变钝、振动是否太大，注意加切削液进行冷却和润滑，防止铣削过程中的"让刀"、铣刀圆跳动、端面跳动等现象及工件铣削表面粗糙度差。

3）正确装夹工件，准确校正工作台"零位"，正确对刀、测量工序尺寸，防止铣削形状扭曲、保证加工尺寸。

5. 教师演示、完成零件的最终加工。

**四、实施进度安排**

1）安全培训。

2）简要分析、确定支承盘零件的加工工艺过程。

3）车床、铣床、钻床的操作注意事项。

4）支承盘零件内外圆表面及端面车削加工的示范操作。

5）支承盘零件内外圆表面及端面的车削试切加工。

6）支承盘零件平面铣削加工的示范操作。

7）支承盘零件平面的铣削试切加工。

8）支承盘零件孔表面钻削加工的示范操作。

9）支承盘零件孔表面的钻削试切加工。

**五、工艺实施过程的检查**

1）对工艺方案设计过程中出现的问题进行分析、总结，并提出合理的解决方案。

2）对工艺实施过程中出现的问题进行分析、总结，并提出合理的解决方法。

3）针对出现的问题，修改工艺文件，并根据修改后的工艺文件，重新实施加工工艺。

4）检查学生练习情况，并对每个同学工艺实施的情况进行记录。

# 任务6 支承盘零件工艺实施的检查与评估

## 一、工艺方案设计的检查与评估

根据相关知识介绍，全面检查支承盘零件加工工艺方案设计的合理性、正确性、准确性，检查项目、评价的标准、考核方式见表2-6。

表2-6 支承盘零件工艺设计的考核评价标准

| 项目编号 | | 学生完成时间 | | | 学生姓名 | | 总分 | |
|---|---|---|---|---|---|---|---|---|
| 序号 | 评价内容及要求 | 评价标准 | 配分 | 学生自评20% | 学生互评20% | 教师评价60% | | 得分 |
| 1 | 毛坯的选择 | 不合理,扣5分 | 5 | | | | | |
| 2 | 定位基准的确定 | 不合理,扣5~10分 | 10 | | | | | |
| 3 | 装夹方式的确定 | 不合理,扣1~5分 | 5 | | | | | |
| 4 | 加工工艺过程的拟定 | 不合理,扣5~15分 | 15 | | | | | |
| 5 | 工步内容的确定 | 不合理,扣1~5分 | 5 | | | | | |
| 6 | 机械加工余量的确定 | 不合理,扣1~5分 | 5 | | | | | |
| 7 | 毛坯尺寸的确定 | 不合理,扣1~5分 | 10 | | | | | |
| 8 | 工序尺寸的确定 | 不合理,扣1~10分 | 5 | | | | | |
| 9 | 切削用量的确定 | 不合理,扣1~10分 | 10 | | | | | |
| 10 | 工时总额的确定 | 不合理,扣1~5分 | 5 | | | | | |
| 11 | 各工序设备的确定 | 不合理,扣1~5分 | 5 | | | | | |
| 12 | 刀具的确定 | 不合理,扣1~5分 | 5 | | | | | |
| 13 | 量具的确定 | 不合理,扣1~5分 | 5 | | | | | |
| 14 | 工序图的绘制 | 不规范,扣1~5分 | 5 | | | | | |
| 15 | 工艺文件中各项内容 | 不合标准,扣1~5分 | 5 | | | | | |
| 16 | 完成时间 | 超1学时,扣5分 | | | | | | |
| 17 | 其他 | | | | | | | |

注：工艺设计思路创新、方案创新的酌情加分。

注意：检查评价时应注意对方案设计的依据、方法，特别是有关参数的确定过程进行全面考核，考核学生应用所学知识进行盘类零件加工工艺设计的分析、应用等综合能力。

## 二、工艺实施的检查与评估

1. 学生检查零件是否合格并分析

根据相关知识介绍，全面检查支承盘零件的加工精度和表面质量，并分析已加工的零件是否合格。检查项目、评价的标准、考核方式见表2-7。主要检测指标有：

1）外圆表面、孔表面的基本尺寸及公差。

2）端面尺寸及公差。

3）孔、外圆表面的同轴度。

4）孔、外圆表面与端面的垂直度。

5）螺孔及其位置尺寸。

6）润滑油槽及其位置尺寸。

7）工件表面粗糙度。

表 2-7　支承盘零件加工工艺实施考核标准

| 序号 | | 检测项目 | 配分 | 评定标准 | 实测结果 | 得分 |
|---|---|---|---|---|---|---|
| 1 | | 尺寸要求 $\phi140g6$ | 4 | 超差不得分 | | |
| 2 | | 尺寸要求 $\phi125mm$、$\phi75mm$、$\phi26mm$、$\phi42mm$ | 4 | 超差不得分 | | |
| 3 | | 尺寸要求 $\phi52j7$ | 4 | 1 处超差扣 2 分 | | |
| 4 | 车 | 尺寸要求 28mm、15mm、0.5mm、3mm、4mm（轴向尺寸） | 4 | 超差不得分 | | |
| 5 | | 倒角尺寸要求 $2\times45°$（2 处） | 4 | 超差不得分 | | |
| 6 | 削 | 检测外圆面对 $A$ 面同轴度要求 0.06mm | 8 | 超差不得分 | | |
| 7 | | 检测下端面对 $A$ 面垂直度要求 0.02mm | 8 | 超差不得分 | | |
| 8 | | 检测 $\phi52j7$ 孔下端面对 $A$ 面垂直度要求 0.02mm | 8 | 1 处超差扣 2 分 | | |
| 9 | | 检测面 $Ra$ 为 $1.6\mu m$（4 处） | 4 | 1 处超差扣 0.5 分 | | |
| 10 | | 检测孔 $Ra$ 为 $25\mu m$（7 处） | 4 | 1 处超差扣 1 分 | | |
| 11 | | 尺寸要求 $\phi17mm\times10mm$、$\phi11mm$、$\phi5mm$ | 4 | 超差不得分 | | |
| 12 | 钻 | 检测孔 $4\times\phi17mm\times10mm$ 及 $\phi11mm$ 圆周分布 | 6 | 超差不得分 | | |
| 13 | | 检测孔 $4\times\phi5mm$ 圆周分布 | 4 | 超差不得分 | | |
| 14 | 削 | 检测 $\phi17mm$、$\phi11mm$、$\phi5mm$ 孔的垂直度、圆度 | 4 | 1 处超差扣 2 分 | | |
| 15 | | 检测孔 $Ra$ 为 $25\mu m$（4 处） | 4 | 1 处超差扣 0.5 分 | | |
| 16 | 铣 | 尺寸要求 $R4mm$、8mm、3mm | 4 | 1 处超差扣 2 分 | | |
| 17 | | 检测 4 个油槽的 $\phi120mm$ 圆周分布 | 6 | 1 处超差扣 2.5 分 | | |
| 18 | 削 | 检测 $Ra$ 为 25mm（8 处） | 4 | 1 处超差扣 2.5 分 | | |
| 19 | | 安全文明生产 | 8 | 违反规定酌情扣分 | | |
| | | 总　分 | | | | |

评分标准：

1）允许在图纸规定范围内得满分。

2）超差不大于公差带，得分减半，超差超过公差带，不得分。

3）定额工时超过 5min 扣 1 分，超过 1h 扣总分 20%，（即 20 分）。

2. 支承盘零件工艺实施的检测

1）用卡尺、角尺、塞尺、千分尺、百分表测量前，应保持量具、测量表面清洁；百分表测量前，应检查测量表是否正常、灵活，测量头是否有松动，指针转动后能否回到原位；千分尺应校对指针，观察对准"零位"是否变化。

2）用塞规测量孔径时，塞规不能倾斜，以免影响测量结果；孔径较小时，不能强力测量，更不能敲击，以免损坏塞规。

3）油槽的长度、宽度和深度测量一般使用游标卡尺、深度游标卡尺；槽宽也可使用量规检测。

4）垂直度误差的测量：垂直度误差指工件上被测要素相对基准垂直方向所偏离的程度。

平面对平面垂直度误差测量方法如图 2-37 所示。

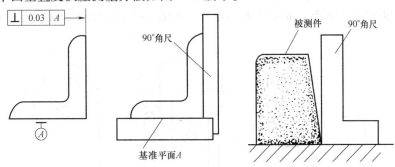

图 2-37　平面对平面垂直度公差标注及测量方法

①将工件的基准面 $A$ 与 90°角尺的宽边相接触，被测表面与 90°角尺的窄边接触。

②用塞尺测出 90°角尺的窄边与被测表面的间隙。

③在被测表面几个位置上测量，其最大间隙为被测表面与 $A$ 面的垂直度误差。

线对面测量方法如图 2-38 所示，测量时被测轴线由心轴模拟。

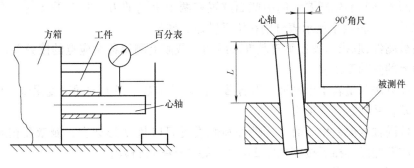

图 2-38　线对面垂直度误差的测量方法

①把工件端面靠在方箱上压紧，穿入心轴。

②用百分表测心轴与标准平板或直角尺在 $L$ 长度上的平行度误差 $|M_1 - M_2|$，即孔的轴线相对基准面 $A$ 的垂直度误差。

③如果垂直度是在 $x$、$y$ 方向上，测量时应将方箱连同工件转 90°再测一次，取测得的误差值中的较大者为工件的垂直误差。

孔轴线对轴线的垂直度误差的测量方法见图 2-39 所示，测量时基准轴线和被测轴线都用心轴模拟。

①心轴与孔应成无间隙的接触或者采用可胀式心轴。

②调整基准心轴，使其垂直于平板。

③在被测心轴上相距为 $L_2$ 的两点处测量，指示表示值分别为 $M_1$、$M_2$。

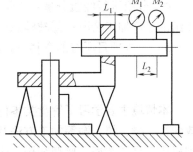

图 2-39　线对面垂直度误差的测量方法

④垂直度误差值按下式计算：$f = (L_1/L_2) \times |M_1 - M_2|$。

5）同轴度误差的测量：盘类零件同轴度误差检测，既可在圆度仪上记录轮廓图形，根据图形按同轴度定义求出同轴度误差，也可在三维坐标机上用坐标测量法，求得圆柱面轴线与基准轴线间最大距离的两倍，即为同轴度误差。生产实际中应用最广泛的是打表法，所用器具为平板、刃口状V形架、指示表及测量架。如图2-40所示为同轴度误差检测示意图。

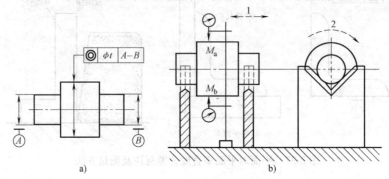

图 2-40　同轴度误差检测
a）同轴度公差标注　b）测量示意图

测量方法如下：

①将被测零件基准轮廓要素的中截面放置在两个等高的刃口状V形架上，公共基准由两个V形架模拟。将两个指示表分别在铅垂轴截面调零。

②转动被测件，取指示表在垂直基准轴线的正截面上测得各对应点的读数差$|M_a - M_b|$作为在该截面上的同轴度误差。

③按上述方法测量若干个截面；取各截面测得的读数中最大的同轴度误差，作为该零件的同轴度误差，并判断其合格性。

盘类零件同轴度误差检测时，零件外圆表面置刃口状V形架上，测量孔相对外圆的同轴度误差，或孔配以心棒后按照如图2-40所示的方法进行检测。

3. 检查评价进度安排

1）检查学生练习情况，并对每个同学的练习情况进行记录。

2）对检测反映的工艺实施过程中的问题进行总结，并提出解决方案。

3）针对问题及解决方案再练习。

4）分组进行经验分享：①学生自评；②小组内学生互评；③各小组组长总结、归纳本小组的零件加工情况；④教师总体评价并总结。

5）对本项目所有的资料进行归纳、整理，对加工出的零件进行存放。

# 本情境小结

本情境主要学习了解盘类零件的基本结构、技术要求，了解孔表面的钻、扩、铰、锪、攻螺纹、镗、拉、磨等加工方法及高速精细镗、珩磨、研磨等精密加工原理，了解车削、钻削机床夹具的类型、典型结构、应用特点、设计要点，重点了解盘类零件加工工艺的设计过程、设计方法、工艺参数确定原则，以及如何根据设计的工艺路线利用车削、铣削、钻削等完成工艺实施，并通过主要指标的检测评价工艺实施的效果。

# 习　题

2-1　盘类零件在车床上镗孔时，若主轴回转运动与刀具的直线进给运动均很准确，只是它们在水平面内或垂直面上不平行，试分别分析在只考虑机床主轴与导轨的相互位置误差的影响时，加工后工件孔将产生怎样的形状误差。

2-2　盘类零件的毛坯常选用哪些材料？毛坯选择有什么特点？

2-3　麻花钻由哪些部分组成？各有何作用？

2-4　钻孔时为什么钻头往往容易产生偏移？为了防止和减少钻孔时钻头偏移，工艺上常采用哪些措施？

2-5　钻削与铰削一般能达何种精度等级和表面粗糙度？

2-6　为什么车削加工容易保证盘类零件的相互位置精度？

2-7　试归纳总结盘类零件各种孔加工方法的工艺特点及其适应性。

2-8　车床上加工圆盘件的端面时，有时会出现圆锥面（中凸或中凹）或端面凸轮似的形状，如螺旋面，试从机床几何误差的影响分析造成端面几何形状误差的原因。

2-9　铰孔有哪些工艺特点？

2-10　盘类零件加工时的定位基准是如何选择的？

2-11　常用的孔加工方法有哪些？

2-12　盘类零件工艺性分析的主要内容有哪些？

2-13　盘类零件装夹定位基准的选择有何特点？

2-14　盘类零件的加工工序顺序如何安排？

# 学习情境三 齿轮加工工艺方案制订与实施

## 知识目标：

1）掌握齿轮零件的使用性能、技术要求和基本特点。
2）掌握齿轮齿面加工的相关理论知识。
3）掌握齿轮零件加工质量分析的基本理论知识。
4）熟悉组合夹具安装调试的基本知识和方法。
5）掌握典型齿轮零件工艺设计的相关知识。

## 能力目标：

1）具备齿轮零件工艺设计的能力。
2）具备组合夹具安装调试的能力。
3）具备齿轮零件典型工序工艺实施的能力。
4）具备齿轮零件质量检测与质量问题处理的能力。

# 任务1 齿轮零件概述

**一、布置工作任务，明确要求**

1）编制如图 3-1 所示的咸阳机床厂 M9116 万能工具磨床三联齿轮零件的工艺规程。
2）在教师指导下进行工艺实施练习。
3）检测零件，针对出现的质量问题，提出行之有效的工艺措施。

**二、圆柱齿轮的功能及使用性能、结构特点、技术要求、材料及毛坯**

M9116 工具磨床为小批量生产，生产条件为通用设备及工具，三联齿轮零件安装在磨床的头架内，每台机床只需要一个。M9116 工具磨床三联齿轮零件作为磨床头架部件中的一个传动零件，按照一定的速比传递运动和动力，以驱动工件转动；其结构、精度、选材、热处理及机械加工工艺具有与一般齿轮类零件相同的要求。

1. 圆柱齿轮的功用与结构特点

齿轮是机械传动中应用极为广泛的传动零件之一，其功用是按照一定的速比传递运动和动力。

齿轮的结构因其使用要求不同而具有各种不同的形状和尺寸，但从工艺观点大体上可以把它们分为齿圈和轮体两大部分。齿圈上分布着所需要的各种齿形，而轮体上则设有安装用的孔或轴颈。按照齿圈上轮齿的分布形式，可分为直齿、斜齿和人字齿轮等；按照轮体的结构特点，齿轮可大致分为盘形齿轮、套筒齿轮、内齿轮、轴齿轮、扇形齿轮和齿条（即齿圈半径无限大的圆柱齿轮）等，如图 3-2 所示。其中盘形齿轮应用最广。

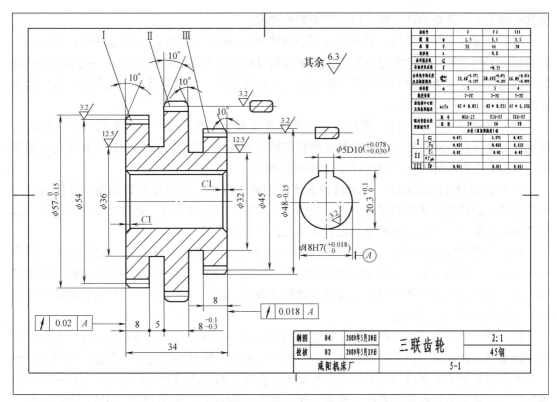

图 3-1　M9116 工具磨床三联齿轮零件工作图

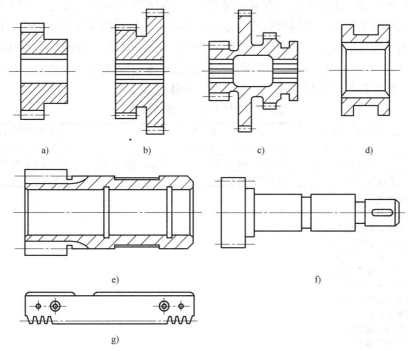

图 3-2　圆柱齿轮的结构形式

## 2. 圆柱齿轮传动的精度要求

齿轮本身的制造精度，对整个机器的工作性能、承载能力及使用寿命都有很大影响。根据其使用条件，齿轮传动应满足以下四项精度要求：

（1）传递运动的精确性　传递运动的精确性表示齿轮在传递运动的过程中，当主动齿轮转过一个角度时，从动齿轮应按给定的速比转过相应的角度的准确程度。一般要求齿轮在每一转范围内的转角误差的最大值不能超过一定的规定值，也就是要求齿轮在每一转中传动比的变化量不超过一定限度。

（2）传递运动的平稳性　传递运动的平稳性又称为工作平稳性，即齿轮传动时瞬时传动比的变化量在一定限度内。这就要求齿轮在转过一齿转角内的最大转角误差在规定范围之内，从而减小齿轮传递运动中的冲击、振动和噪声。

（3）载荷分布的均匀性　要求齿轮在传递力的过程中，齿面接触要均匀，并保证有一定的接触面积和符合要求的接触位置，从而保证齿轮在传递动力时，不致因载荷分布不均而使接触应力集中，引起齿面过早磨损，并导致齿轮寿命降低。

（4）齿侧间隙的合理性　一对相互啮合的齿轮，其齿面间必须留有一定的间隙，即为齿侧间隙，其作用是储存润滑油，使齿面工作时减少磨损；同时可以补偿热变形、弹性变形、加工误差和安装误差等因素引起的齿侧间隙减小，防止卡死。应当根据齿轮副的工作条件，来确定合理的齿侧间隙。

以上四项精度要求应根据齿轮传动装置的用途和工作条件等予以合理地确定。例如，对于高速重载齿轮传动，由于其圆周速度高、传动力矩大，容易引起振动和噪音，因而主要要求齿轮有很好的工作平稳性。对于低速重载齿轮传动，则要求接触均匀性好，这样载荷分布均匀，可以延长齿轮的使用寿命。然而，滚齿机分度蜗杆副、读数仪表所用的齿轮传动副，对传动准确性要求高，工作平稳性也有一定要求，而对载荷的均匀性要求一般不严格。

齿轮的几何参数较多，不同参数的误差可能影响齿轮传动的某项精度要求。因而齿轮加工中需检验的参数也就较多。国家标准 GB/T 10095.1—2008 渐开线圆柱齿轮精度标准，规定其检验项目共 15 个。按这些项目的误差特性及其对传动性能的主要影响，标准中将单个齿轮的公差与极限偏差项目划分成三个公差组，具体见表 3-1。

表 3-1　圆柱齿轮公差组的划分

| 公差组 | 公差与极限偏差项目 | 误差特性 | 对传动性能的主要影响 |
|---|---|---|---|
| I | $F_i'$，$F_p$，$F_{pk}$，$F_i''$，$F_r$，$F_w$ | 以齿轮一转为周期的误差 | 传递运动的准确性 |
| II | $f_i'$，$f_i''$，$f_f$，$\pm f_{pt}$，$\pm f_{pb}$，$\pm f_{f\beta}$ | 在齿轮一周内，多次周期地重复出现的误差 | 传动的平稳性、噪声，振动 |
| III | $F_\beta$，$F_b$，$\pm F_{px}$ | 齿向线的误差 | 载荷分布的均匀性 |

表中　$F_i'$——切向综合公差；

　　　　$F_p$——齿距累计公差；

　　　　$F_{pk}$——$K$ 个齿距累计公差；

　　　　$F_i''$——径向综合公差；

　　　　$F_r$——齿圈径向跳动公差；

　　　　$F_w$——公法线长度变动公差；

　　　　$f_i'$——切向一齿综合公差；

　　　　$f_i''$——径向一齿综合公差；

　　　　$f_f$——齿形公差；

　　　　$f_{pt}$——齿距极限偏差；

　　　　$f_{pb}$——基节极限偏差；

　　　　$f_{f\beta}$——螺旋线波度公差；

　　　　$F_\beta$——齿向公差；

　　　　$F_b$——接触线公差；

　　　　$F_{px}$——轴向齿距极限偏差。

在齿轮的三个公差组中，每一组的各项指标的误差特性是相近的，为简化检验项目，标准中又将各公差组分成若干检验组，生产中可根据齿轮副的工作要求和生产规模，在各公差组中选一合适的检验组进行检验。例如对 8 级及 8 级以上的齿轮精度，可选择下列检验组：

第 I 公差组：$F'_i$ 或 $F_p$

第 II 公差组：$f'_i$ 或 $f_f$ 与 $f_{pb}$ 或 $f_f$ 与 $f_{pt}$

第 III 公差组：$F_\beta$ 或 $F_b$ 或 $F_b$ 与 $F_{px}$

以上各项目的定义及检验项目可参见有关标准和手册。

影响齿轮副侧隙的因素是中心距偏差和齿厚（或公法线平均长度）极限偏差，加工时应将这二项偏差控制在规定的范围内。

3. 常用齿轮的材料和毛坯

（1）齿轮材料　齿轮是传递运动和动力的零件，为了使其传动准确、可靠和工作长期稳定，还要求齿轮具有足够的强度，这除了与齿轮的结构尺寸有关外，还与齿轮的材料有着极为重要的关系。由于齿轮传动时所受的载荷是反复变化的，其工作过程中两齿面不断啮合接触，有时还存在着较大的滑动摩擦，这就要求齿轮材料具有足够的硬度，以保持较好的耐磨性。有些受冲击载荷的齿轮还要求其具有一定的韧性。对精密齿轮传动的齿轮，则要求具有高的尺寸稳定性。当然，齿轮材料的选择还要考虑其经济性和加工工艺性等。

齿轮材料种类很多，这些材料可以通过适当的热处理来改善力学性能，提高齿轮的承载能力和耐磨性，以满足齿轮的不同要求。实际生产中常用的材料有以下几种：

1）中碳结构钢（如 45 钢）：可进行调质处理或表面淬火。这种钢经热处理后，综合力学性能较好，主要适用于低速、轻载或中载的一般用途的齿轮。

2）中碳合金结构钢（如 40Cr）：可进行调质处理或表面淬火。这种钢经热处理后综合力学性能较 45 钢好，且热处理变形小。适用于速度较高、载荷大及精度较高的齿轮。某些高速齿轮，为提高齿面的耐磨性，减少热处理后变形，不再进行磨齿，可选用氮化钢（如 38CrMoAlA）进行氮化处理。

3）渗碳钢（如 20Cr 和 20CrMnTi 等）：可进行渗碳或碳氮共渗。这种钢经渗碳淬火后，齿面硬度可达 58～63HRC，而心部又有较高的韧性，既耐磨又能承受冲击载荷，适用于高速、中载或有冲击载荷的齿轮。

4）铸铁及其他非金属材料（如夹布胶木与尼龙等）。这些材料强度低，容易加工，适用于一些较轻载荷下的齿轮传动。

M9116 工具磨床头架上的三联齿轮选用 45 钢制成。

（2）齿轮的热处理　齿轮加工中根据不同的目的，安排两种热处理工序：

1）毛坯热处理：在齿坯粗加工前后安排预备热处理，其主要目的是消除锻造及粗加工引起的残余应力、改善材料的可切削性能和提高综合力学性能。齿坯热处理常采用正火或调质处理。经过正火的齿轮，淬火后虽然其变形比调质齿轮淬火后变形大，但其加工性能较好，拉孔和切齿工序中刀具磨损较慢，加工表面粗糙度值较小，因而生产中应用最多。齿轮正火一般都安排在粗加工之前，而调质处理则多安排在齿坯粗加工之后。

2）齿面热处理：齿形加工后，为提高齿面的硬度和耐磨性，常进行渗碳淬火、高频感应加热淬火、碳氮共渗和渗氮等热处理工序。经过渗碳淬火的齿轮变形较大，精度要求较高时，需要进行磨齿加工。高频淬火齿轮变形较小，但其基准孔或基准轴径受热影响而丧失了原有的精度，淬火后应予以修正。

（3）齿轮毛坯　齿轮毛坯的选择决定于齿轮的材料、结构形状、尺寸大小、使用条件以及生产批量等多种因素。对于钢质齿轮，除了尺寸较小且不太重要的齿轮直接采用轧制棒料外，一般均采用锻造毛坯。生产批量较小或尺寸较大的采用自由锻造；生产批量较大的中小齿轮采用模锻。对于直径很大且结构比较复杂、不便锻造的齿轮，可采用铸钢毛坯。铸钢齿轮的晶粒较粗，力学性能较差，且加工性能不好，故加工前应先经过正火处理，消除内应力和硬度的不均匀性，以改善切削加工性能。

M9116 工具磨床头架上的三联齿轮毛坯材料选择棒料。棒料主要用于小尺寸、结构简单且对强度要求不太高的齿轮。棒料的毛坯外形尺寸为 $\phi70mm \times 38mm$。

# 任务 2　齿轮零件齿形加工方法的选择

## 一、齿坯加工

齿形加工之前的齿轮加工称为齿坯加工。齿坯的孔（或轴径）、端面或外圆经常是齿轮加工、测量和装配的基准，齿坯的精度对齿轮的加工精度有着重要的影响。因此，齿坯加工在整个齿轮加工中占有重要的位置。

### 1. 齿坯加工精度

齿坯加工中，主要要求保证基准孔（或轴）的尺寸精度和形状精度、基准端面相对于基准孔（或轴）的位置精度。不同精度的孔（或轴）的齿坯公差以及表面粗糙度等要求分别见表 3-2、表 3-3 和表 3-4。

表 3-2　齿　坯　公　差

| 齿轮精度等级[①] | | 5 | 6 | 7 | 8 | 9 |
|---|---|---|---|---|---|---|
| 孔 | 尺寸公差 形状公差 | IT5 | IT6 | | IT7 | IT8 |
| 轴 | 尺寸公差 形状公差 | | IT5 | | IT6 | IT7 |
| 顶圆直径[②] | | IT7 | | | IT8 | |

① 当齿轮三个公差组的精度等级不同时，按最高精度等级确定公差值。

② 当顶圆不作为测量齿厚基准时，尺寸公差按 IT11 给定，但应小于 0.1mm。

表 3-3　齿坯基准面径向和端面圆跳动公差　　　　　　　　　（单位：μm）

| 分度圆直径/mm | 精 度 等 级 | | | | |
|---|---|---|---|---|---|
| | 1 和 2 | 3 和 4 | 5 和 6 | 7 和 8 | 9 和 12 |
| 0 ~ 125 | 2.8 | 7 | 11 | 18 | 28 |
| 125 ~ 400 | 3.6 | 9 | 14 | 22 | 36 |
| 400 ~ 800 | 5.0 | 12 | 20 | 32 | 50 |

表 3-4　齿坯基准面的表面粗糙度值 $Ra$ 　　　　　　（单位：μm）

| 精度等级 | 3 | 4 | 5 | 6 | 7 | 8 | 9 | 10 |
|---|---|---|---|---|---|---|---|---|
| 孔 | ≤0.2 | ≤0.2 | 0.2~0.4 | ≤0.8 | 0.8~1.6 | ≤1.6 | ≤3.2 | ≤3.2 |
| 颈端 | ≤0.1 | 0.1~0.2 | ≤0.2 | ≤0.4 | ≤0.8 | ≤1.6 | ≤1.6 | ≤1.6 |
| 端面、顶圆 | 0.1~0.2 | 0.2~0.4 | 0.4~0.6 | 0.3~0.6 | 0.8~1.6 | 1.6~3.2 | ≤3.2 | ≤3.2 |

2. 齿坯加工方案

齿坯加工方案的选择主要与齿轮的轮体结构、技术要求和生产批量等因素有关。对轴、套筒类齿轮的齿坯，其加工工艺和一般轴类、套类零件的加工工艺基本相类同。下面主要对盘齿轮的齿坯加工方案进行介绍。

（1）大批量生产的齿坯加工　大批量的齿坯加工，通常在由高生产率机床（如拉床、单轴或多轴自动、半自动车床等）组成的流水线或自动线上进行。通常的加工方案为：钻孔（扩孔）—拉孔—多刀粗车外圆、端面—半精车端面—推孔—精车端面、外圆。生产中习惯将其称为"钻—拉—多刀车"工艺过程。

这种加工方案的特点是生产效率高。先加工出基准孔，然后以孔定位在高效机床上加工出所有外圆、端面、凹槽及倒角。在采用多刀、多轴半自动机床上加工齿轮齿坯外形时，齿坯基准端面的端跳动比较大，因此，对于较高精度齿轮的齿坯，通常还要采用心轴在普通车床上或外圆磨床上对齿坯的基准端面进行精加工，且在精加工之前要精修基准孔。

（2）中、小批量生产的齿坯加工　中、小批量生产中，齿坯加工方案除了受齿坯结构和尺寸大小的影响外，受现场设备条件及生产厂的工艺习惯影响较大。总的特点是采用通用设备，即卧式车床或转塔车床粗车、精车、钻孔，在拉床上拉孔。常采用的加工方案为：粗车端面（有时也粗车外圆）—钻孔—拉孔—半精车端面、外圆—推孔—精车端面、外圆。生产中习惯称为"车—拉—车"工艺程。

这种加工方案的特点是加工质量稳定，生产率较高。值得加以说明的是：在小批生产或缺乏生产条件的情况下，孔精加工也可根据孔径大小而采用铰孔或镗孔。

3. 齿坯加工常用心轴

齿坯外形的加工，特别是精加工多采用以孔定位的各种心轴。齿坯加工中常用的心轴结构形式、特点及应用见表 3-5。

表 3-5　齿坯加工常用心轴

| 名称 | 结构简图 | 特　　点 | 应用 |
|---|---|---|---|
| 间隙心轴 | | 1. 定心精度不高<br>2. 采用开口垫圈，装卸工件迅速<br>3. 带尾锥时，可安装在机床主轴上 | 粗加工外圆 |

（续）

| 名称 | 结构简图 | 特　点 | 应用 |
|---|---|---|---|
| 过盈心轴 | 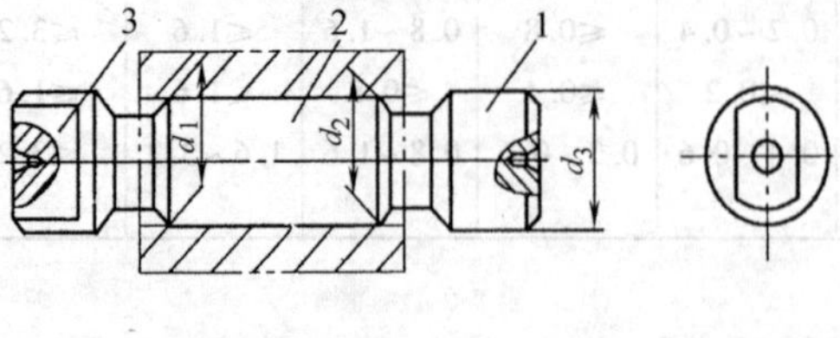 | 1. 定心精度较高<br>2. 装卸工件不便，易伤孔<br>3. 靠弹性变形夹紧工件 | 半精加工或精加工外圆与端面 |
| 小锥度心轴 | 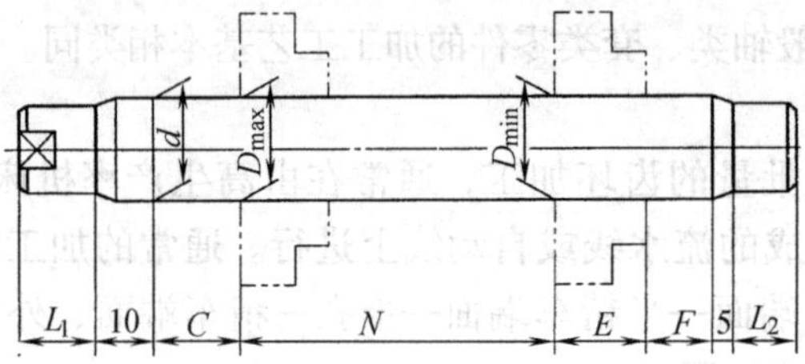 | 1. 定心精度较高，但轴向定位精度低<br>2. 工件装卸不便<br>3. 工件靠自锁和弹性变形夹紧 | 半精加工、精加工外圆或检测用 |
| 花键心轴 | 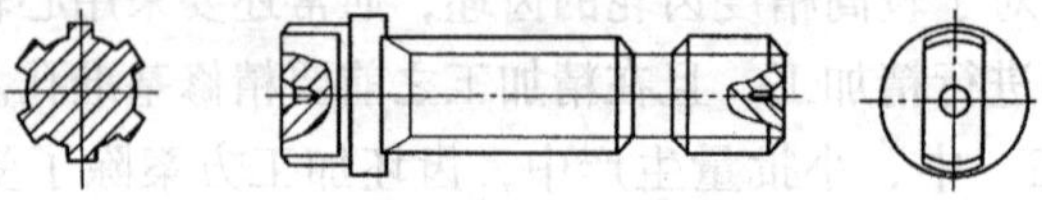 | 1. 定心精度不高<br>2. 可利用切削力夹紧 | 粗加工或半精加工外圆与端面 |
| 可涨心轴 | 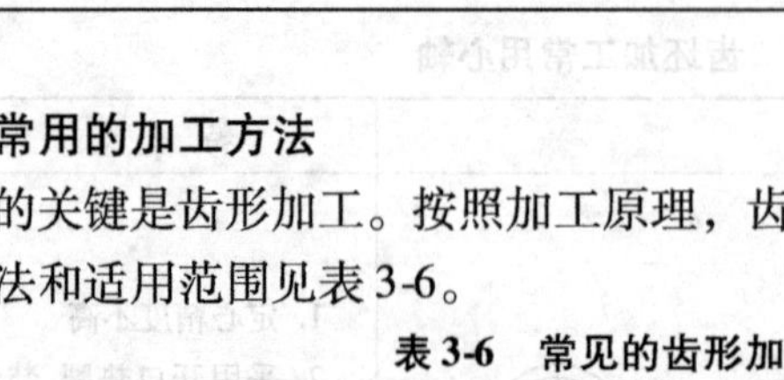 | 1. 定心精度高<br>2. 装卸工件迅速<br>3. 夹紧力不大 | 半精加工或精加工外圆与端面 |

## 二、齿形常用的加工方法

齿轮加工的关键是齿形加工。按照加工原理，齿形加工可以分为成形法和展成法，常见的齿形加工方法和适用范围见表3-6。

表3-6　常见的齿形加工方法

| 齿形加工方法 | | 刀具 | 机床 | 加工精度及适应范围 |
|---|---|---|---|---|
| 成形法 | 铣齿 | 模数铣刀 | 铣床 | 加工精度及生产率都较低，一般精度为9级以下 |
| | 拉齿 | 齿轮拉刀 | 拉床 | 加工精度及生产率都较高，但拉刀多为专用，制造困难，价格高，故只在大量生产时用，宜于拉内齿轮 |

（续）

| 齿形加工方法 | | 刀具 | 机床 | 加工精度及适应范围 |
|---|---|---|---|---|
| 展<br>成<br>法 | 滚齿 | 齿轮滚刀 | 滚齿机 | 加工精度一般可达6~10级,生产率高,通用性大,常用于加工直齿、斜齿的外啮合圆柱齿轮和蜗轮 |
| | 插齿 | 插齿刀 | 插齿机 | 加工精度一般可达7~9级,生产率较高,通用性大,适于加工内外啮合齿轮(包括阶梯齿轮)、扇形齿轮、齿条等 |
| | 剃齿 | 剃齿刀 | 剃齿机 | 加工精度一般可达5~7级,生产率高,主要用于齿轮滚插齿预加工后,淬火前的精加工 |
| | 冷挤齿轮 | 挤轮 | 挤齿机 | 加工精度一般可达6~8级,生产率比剃齿高,成本低,多用于齿形淬硬前的精加工,以代替剃齿,属于无切屑加工 |
| | 珩齿 | 珩磨轮 | 珩齿机或剃齿机 | 能加工6~7级精度齿轮,多用于经过剃齿和高频淬火后,齿形的精加工 |
| | 磨齿 | 砂轮 | 磨齿机 | 加工精度一般可达3~7级,加工精度高,但生产率较低,加工成本高,多用于齿形淬硬后的精密加工 |

（1）成形法　成形法是利用与被加工齿轮的齿槽形状一致的刀具，在齿坯上加工出齿面的方法。成形铣齿一般在普通铣床上进行，如图3-3所示。铣齿时工件安装在分度头上，铣刀旋转对工件进行切削加工，工作台作直线进给运动，加工完一个齿槽，分度头将工件转过一个齿，再加工另一个齿槽，依次加工出所有齿槽。铣削斜齿圆柱齿轮必须在万能铣床上进行。铣削时工作台偏转一个角度 $\beta$，使其等于齿轮的螺旋角，工件在随工作台进给的同时，由分度头带动作附加旋转以形成螺旋齿槽。

常用的成形齿轮刀具有盘形铣刀和指状铣刀。后者适用于加工大模数的直齿、斜齿齿轮，特别是人字齿轮。图3-3a所示刀具为盘形齿轮铣刀，用这种铣刀加工齿轮时，齿轮的齿廓精度是由铣刀切削刃形状来保证的，而渐开线齿廓是由齿轮的模数和齿数决定的。因此，要加工出准确的齿廓，每一个模数，每一种齿数的齿轮，就要相应地用一种形状的铣刀，这样做显然是行不通的。在实际生产中，是将同一模数的齿轮，按照齿数分为8组（或15组），每一组只用一把铣刀，见表3-7。例如 $m=2mm$ 的齿轮有8把铣刀，$m=3mm$ 的齿轮也有8把铣刀，依此类推。如果齿轮的模数是3mm，齿数是28，则应用 $m=3mm$ 的铣刀中的5号铣刀来加工。

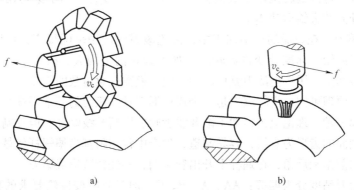

a)　　　　　　　　　　　　b)

图3-3　直齿圆柱齿轮的成形铣削

a）盘形铣刀铣削　b）指状铣刀铣削

表 3-7　盘形齿轮铣刀刀号

| 刀号 | 1 | 2 | 3 | 4 | 5 | 6 | 7 | 8 |
|---|---|---|---|---|---|---|---|---|
| 加工齿数范围 | 12～13 | 14～16 | 17～20 | 21～25 | 26～34 | 35～54 | 55～134 | 135 以上 |

　　标准齿轮铣刀的模数、压力角和加工的齿数范围都标记在铣刀的端面上。由于每种编号的刀齿形状均按加工齿数范围中最小齿数设计，因此，加工该范围内的其他齿数的齿轮时，就会产生一定的齿廓误差。盘状齿轮铣刀适用于加工 $m \leqslant 8mm$ 的齿轮。

　　成形法一般用于单件小批量生产和机修工作中，加工精度为 9～12 级，齿面粗糙度值 $Ra$ 为 3.2～6.3μm 的直齿、斜齿和人字齿圆柱齿轮。

　　（2）展成法　展成法是利用一对齿轮啮合或齿轮与齿条啮合原理，使其中一个作为刀具，在啮合过程中加工齿面的方法。在生产实际中应用广泛，下面介绍的齿形加工方法主要是展成法。

　　1. 滚齿加工

　　滚齿是齿形加工中生产率较高、应用较广的一种加工方法。滚齿的通用性较好，用一把滚刀即可加工模数相同而齿数不同的直齿轮或斜齿轮（但不能加工内齿轮和相距很近的多联齿轮），滚齿还可以用于加工蜗轮、链轮和棘轮，但需要相应的专用滚刀，如蜗轮滚刀、链轮滚刀等。滚齿的加工尺寸范围也较大，从仪器仪表中的小模数齿轮到矿山和化工机械中的大型齿轮都广泛采用滚齿加工。

　　滚齿既可用于齿形的粗加工和半精加工，也可用作精加工。当采用 AA 级齿轮滚刀和高精度滚齿机时，可直接加工出 7 级精度以上（最高可达 4 级）的齿轮。滚齿加工时齿面是由滚刀的刀齿包络而成，由于参加切削的刀齿数有限，工件齿面的表面质量不高。为提高加工精度和齿面质量，宜将粗、精滚齿分开。精滚的加工余量一般为 0.5～1mm，且应取较高的切削速度和较小的进给量。

　　（1）滚齿原理　如图 3-4 所示为用齿轮滚刀加工齿轮的原理示意图，齿轮滚刀相当于一个经过开槽和铲齿的蜗杆，具有许多切削刃并磨出后角。由于蜗杆的法向截面近似于齿条形，当滚刀旋转时，就相当于一根齿条在移动，如果被切齿轮与移动的齿条互相啮合转动，滚刀切削刃的一系列连续位置的包络线就形成被切齿轮的齿廓曲线。滚齿的成形运动是由滚刀的旋转运动和工件的旋转运动组成的复合运动（$B_{11} + B_{12}$），为了滚切出全总齿宽，滚刀还应有沿工件轴向的进给运动 $A_2$。

　　（2）齿轮滚刀　在齿面的切削加工中，齿轮滚刀的应用范围很广，可以用来加工外啮合的直齿轮、斜齿轮、标准及变位齿轮。其加工齿轮的范围大，模数 0.1～40mm 的齿轮，均可用齿轮滚刀加工。用一把滚刀就可以加工同一模数任意齿数的齿轮。

　　从滚齿加工原理可知，齿轮滚刀是一个蜗杆形刀具。滚刀的基本蜗杆有：渐开线、阿基米德和法向直廓三种。理论上讲，加工渐开线齿轮应用渐开线蜗杆，但其制造困难；而阿基米德蜗杆轴向剖面的齿形为直线，容易制造，生产中常用阿基米德蜗杆代替渐开线蜗杆。为了形成切削刃的前角和后角，在蜗杆上开出容屑槽，并经铲背形成滚刀。

　　标准齿轮滚刀精度分为四级：AA、A、B、C。加工时应按齿轮要求的精度，选用相应的齿轮滚刀。一般，AA 级滚刀可加工 6～7 级精度齿轮；A 级可加工 7～8 级精度齿轮；B 级可加工 8～9 级精度齿轮；C 级可加工 9～10 级精度齿轮。

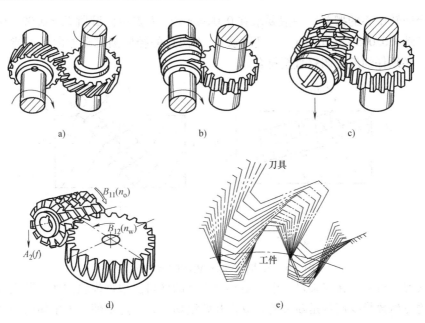

图 3-4　滚齿原理示意图

（3）滚刀的安装与调整　滚齿时，为了切出准确的齿廓，应当使滚刀的螺旋线方向与被加工齿轮的齿面线方向一致，滚刀和工件处于正确的啮合位置。这一点无论对直齿圆柱齿轮还是对斜齿圆柱齿轮都是一样的。因此，需将滚刀轴线与被切齿轮端面安装成一定的角度，称为安装角 $\delta$。当加工直齿圆柱齿轮时，滚刀安装角 $\delta$ 等于滚刀的螺旋升角 $\gamma$。图 3-5a 是用右旋滚刀加工直齿圆柱齿轮的安装角，图 3-5b 是用左旋滚刀加工直齿圆柱齿轮，图中虚线表示滚刀与齿坯接触一侧的滚刀螺旋线方向。

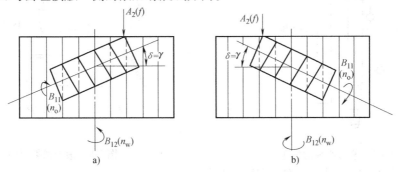

图 3-5　滚切直齿圆柱齿轮时滚刀安装角

当加工斜齿圆柱齿轮时，滚刀的安装角不仅与滚刀螺旋线方向及螺旋升角 $\gamma$ 有关，而且还与被加工齿轮的螺旋方向及螺旋角 $\beta$ 有关。当滚刀与被加工齿轮的螺旋线方向相同（即二者都是左旋，或都是右旋）时，滚刀的安装角 $\delta = \beta - \gamma$，图 3-6a 表示用右旋滚刀加工右旋齿轮的情况。当滚刀与被加工齿轮的螺旋线方向相反时，滚刀的安装角 $\delta = \beta + \gamma$，图 3-6b 表示用右旋滚刀加工左旋斜齿轮的情况。

安装滚刀之前，需要对滚齿机上所用的滚刀心轴进行找正，同时还要求心轴对刀架导轨方向的平行度允差（一般为 0.02/150），其检验方法如图 3-7 所示。要同时在 a、b 处检查两个方向，即要控制两个方向的平行度允差。如果加工时，需利用尾顶尖，就必须检查顶尖相对于工作台回转中心的摆差，一般要求在0.04mm内。$b$点径向圆跳动 $<0.02 \sim 0.03$mm；$c$点的轴向窜动 $<0.005 \sim 0.01$mm。而且要求 $a$、$b$ 两点的径向圆跳动方向尽可能一致，如达不到要求，必须仔细反复调整直至符合。

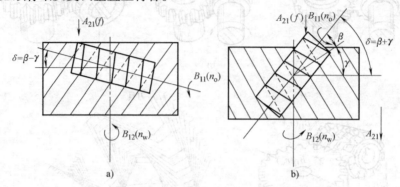

图3-6　滚切斜齿圆柱齿轮时滚刀安装角

对于滚刀的对中，在安装过程中也是必须检验的项目。根据齿轮的加工原理可知，滚刀螺旋面上的刀齿数量少而且是断续的，故在开始滚切时，一定要使滚刀中间的一个刀齿或一个刀槽的对称中心通过齿坯的中心，这称为滚刀对中。如果滚刀不对中，切出的齿形就不对称，产生歪斜，如图3-8所示。

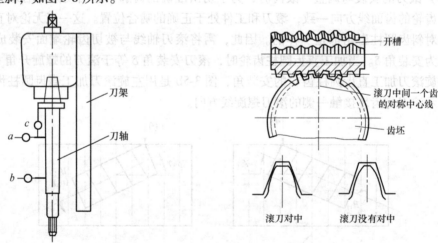

图3-7　滚刀心轴的找正　　　　　　　图3-8　滚刀试切对中

生产实际中，滚刀对中的方法有以下两种：

①试切法对中：一般对于精度8级以下的齿轮，可以采用试切，将滚刀中间的一个齿移近齿坯中心位置，然后开动机床进行试切，在齿坯外圆上先切出一圈很浅的刀痕，观察这个刀痕是否对称。如果不对称，根据不对称的方向，使滚刀转动一个角度，再进行试切，如此调整，直至对称。

②对刀架对中：在加工的齿轮精度较高时（一般7级以上），要采用对刀架对中。对刀时，选用与滚刀模数相适应的对刀棒放在刀架的上端孔内，并塞到滚刀刀槽内，调整滚刀轴向位置，使对刀棒与刀槽两侧都贴紧，这样就对中了，如图3-9所示。

（4）工件的安装　滚齿加工中，工件的安装形式很多，它不仅与工件的形状、大小、精度要求等有关，而且还受到生产批量、装备条件的限制。常用的安装形式有两种。

1）以工件的孔和端面作为定位基准，如图3-10所示。

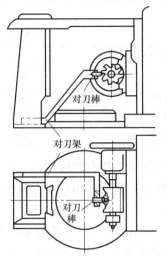

图3-9　在滚齿机上采用对刀架对中示意图

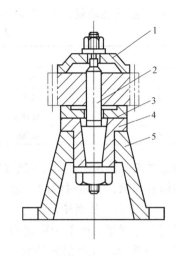

图3-10　滚齿夹具

1—压盖　2—心轴　3—垫圈　4—钢套　5—底座

工件的孔套在专用的心轴上，端面靠紧支承元件，采用螺母压紧。这种装夹方式生产效率高，但要求工件具有较高的齿坯精度和专用的心轴。一般专用心轴可随工件基准孔的大小而更换，而且制作精度高，费用也大，故适合大批量生产。心轴的结构如图3-11a、b所示，其精度和粗糙度要求见表3-8。

表3-8　心轴精度及粗糙度要求

| 项　　目 | 齿轮精度 | | | |
|---|---|---|---|---|
| | 6 级 | 7 级 | 8 级 | 9 级 |
| 定心轴径 $d$/mm | h5 | h6 | h6（h7） | h8 |
| 定心轴径表面粗糙度值 $Ra$/μm | 0.4 | 1.6 | 1.6 | 1.6 |
| $A$、$B$、$C$ 同轴度/mm | 0.003 | 0.005 | 0.008 | 0.015 |
| 锥面接触面积 | >80% | >70% | >60% | >60% |
| 定位锥面表面粗糙度值 $Ra$/μm | 0.2 | 0.4 | 0.8 | 1.6 |

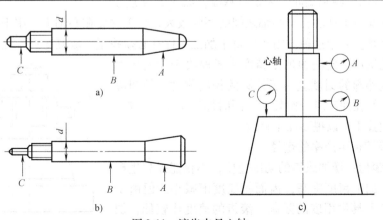

图3-11　滚齿夹具心轴

a）正锥心轴　b）倒锥心轴　c）滚齿夹具心轴找正

夹具在滚齿机工作台上安装时，可以根据表 3-9 所列的要求，按图 3-11c 所示的部位检查 A、B、C 三点的跳动量，A、B 之间的距离为 150mm。

表 3-9　心轴找正要求　　　　　　　　　（单位：mm）

| 检查位置 | 齿 轮 精 度 | | |
|---|---|---|---|
| | 6 级 | 7 级 | 8 级 |
| A | 0.01 | 0.015 | 0.025 |
| B | 0.005 | 0.010 | 0.015 |
| C | 0.003 | 0.007 | 0.01 |

使用这种夹具滚齿时，由于安装调整夹具时，心轴与机床工作台回转中心不重合；齿坯孔与心轴间有间隙，安装时偏向一边；基准端面定位不好，夹紧后孔相对工作台中心产生偏斜，如图 3-12 所示，从而使切齿时产生齿轮的径向误差。

为提高定心精度，可采用精密可胀心轴以消除配合间隙，还可将夹具的定位与夹紧分开，如图 3-13 所示。工件靠定位套 1 定心，夹紧时，若端面定位不好会引起双头螺柱 2 弯曲，但不致影响齿坯的定心精度。

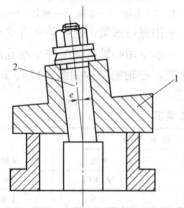

图 3-12　端面定位不好引起几何偏心
1—齿坯　2—心轴

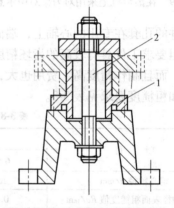

图 3-13　定位与夹紧分开的夹具
1—定位套　2—双头螺柱

2）以工件的外圆和端面作为定位基准，如图 3-14 所示。

在这种情况下工件的孔与心轴之间的间隙较大，将工件套在心轴上，用千分表按照工件外圆找正后夹紧。采用这种方由于对每个加工工件都必须找正，故其生产率较低。一般适用于单件、小批生产。此法的加工精度主要取决于齿轮坯本身的精度，其外圆的圆度应小于外圆的径向跳动，外圆应与孔同轴，最好在加工时一次装夹下同时加工出来。当然，还应注意合理找正，以提高加工精度。

（5）提高滚齿生产率的途径

1）高速滚齿：增加滚齿的切削速度，不仅能提高生产率，而且滚齿加工精度提高，齿面粗糙度值减小。但由于受机床刚度和刀具耐用度的限制，滚齿的速度比较低，加工中等模数钢质齿轮的切削速度一般只有 25～50m/min。现在滚齿加工朝着以下两个方向发展：①采用高速滚齿机。

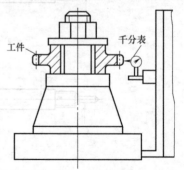

图 3-14　外圆找正

实践证明，只要机床具备足够的刚度和良好的抗振性，即使用现有的高速钢滚刀就能在 $80 \sim 90\text{m/min}$ 的切削速度的条件下正常工作。目前，国内外都相应研制出一系列高速滚齿机，如果采用硬质合金滚齿刀，则切削速度可达 $300\text{m/min}$ 以上，轴向进给量达 $6 \sim 8\text{mm/r}$，因而加工效率大大地提高；②在滚齿机上进行硬齿加工。采用硬质合金滚刀对齿面进行加工，使传统的硬齿面加工工艺有了很大的改变，从而大大降低了加工成本，缩短了生产周期，而且滚齿加工精度提高，齿面粗糙度值减小。

2）采用多头和大直径滚刀：采用多头滚刀可提高工件圆周方向的进给量，从而提高生产率，但由于多头滚刀各头之间的分度误差，螺旋升角增大，切齿的包络刀刃数减少，故加工误差和齿面的粗糙度值较大，多用于粗加工。

采用大直径滚刀，圆周齿数增加，刀杆刚度增大，允许采用较大的切削用量，且加工齿面粗糙度值较小。

3）改进滚齿加工方法：①多件加工。同时加工几个工件，可减少滚刀对每个齿坯的切入、切出时间及装卸时间。②径向切入。滚齿时滚刀切入齿坯的方法有两种：径向切入和轴向切入。径向切入齿坯比轴向切入齿坯行程短，可节省切入时间，对大直径滚刀滚齿时尤为突出。③轴向窜刀和对角滚齿。滚刀参与切削的刀齿负荷不等，磨损不均匀，当负荷最重的刀齿磨损到一定极限时，应将滚刀沿其轴向移动一段距离（即轴向窜刀）后继续切削，可提高滚刀的使用寿命。

对角滚齿是滚刀在沿齿坯轴向进给的同时，还沿滚刀轴向连续移动，两种运动的合成，使齿面形成对角线刀痕，不仅降低了齿面粗糙度值，还使刀齿磨损均匀，提高了刀具耐用度和使用寿命，如图3-15所示。

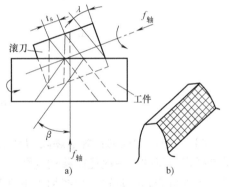

图 3-15 对角滚齿

2. 插齿加工

（1）插齿原理 插齿和滚齿一样是利用展成法原理来加工齿轮。插齿刀实质上是一个端面磨有前角，齿顶及齿侧均磨有后角的齿轮。插齿时，刀具沿工件轴线方向作高速的往复直线运动，形成切削加工的主运动，同时还与工件作无间隙的啮合运动，在工件上加工出全部轮齿齿廓。在加工过程中，刀具每往复一次仅切出工件齿槽的很小一部分，工件齿槽的齿面曲线是由插齿刀切削刃多次切削的包络线所形成的，如图3-16所示。

插齿加工时，机床必须具备以下运动（见图3-16a）：

1）切削加工的主运动：插齿刀作上、下往复运动，向下为切削运动，向上为返回的退刀运动，可按下式计算

$$n_{\mathrm{d}} = \frac{1000v}{L}$$

式中 $v$——平均切削速度（m/min）；

$L$——插齿刀的行程长度（mm）；

$n_{\mathrm{d}}$——插齿刀的往复行程数（次/min）。

2）展成运动：在加工过程中，必须使插齿刀和工件保持一对齿轮的啮合关系，即在刀

具转过一个齿时，工件也应准确地转过一个齿。其传动链的两端件及运动关系分别是：插齿刀转 $1/z_d$ 转，工件也转 $1/z_g$ 转。

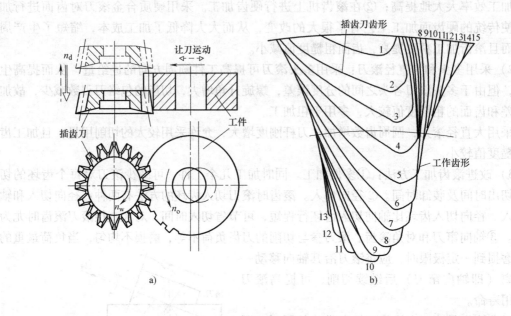

图 3-16 插齿原理

3）径向进给运动：为了逐渐切至工件的全齿深，插齿刀必须要有径向进给，径向进给量是插齿刀每往复一次径向移动的距离，当达到全齿深后，机床便自动停止径向进给运动，然后工件再旋转一整转，才能加工出全部完整的齿面。

4）圆周进给运动：圆周进给运动是插齿刀的回转运动，插齿刀每往复行程一次，同时回转一个角度，其转动的快慢直接影响生产率、刀具负荷、切削过程所形成的包络线密度。圆周进给量越小，包络线密度越大，渐开线齿形的精度越高，刀具负荷也越小，但是生产率也就越低。圆周进给量用插齿刀每往复行程中刀具在分度圆上转过的弧长表示，其单位为 mm/往复行程。

5）让刀运动：为了避免插齿刀在回程时擦伤已加工表面和减少刀具磨损，刀具和工件之间应让开一段距离，而在插齿刀重新开始向下工作行程时，应立即恢复到原位，以便刀具向下切削工件。这种让开和恢复原位的运动称为让刀运动。由于工作台的惯量大，让刀的往复频度较高，容易引起振动，不利于切削速度的提高，而主轴的惯量小，因此大尺寸和一般新型号的插齿机都是通过刀具主轴座的摆动来实现让刀运动，这样可以减小让刀产生的振动。

（2）插齿刀　标准插齿刀分为三种类型，如图 3-17 所示。其中盘形插齿刀（见图 3-17a）主要用于加工模数为 1~12mm 的直齿外齿轮及大直径内齿轮。碗形直齿插齿刀（见图 3-17b）主要用于加工模数为 1~8mm 的多联齿轮和带有凸肩的齿轮。锥柄插齿刀（见图 3-17c）主要用于加工模数为 1~3.75mm 的内齿轮。

插齿刀有三个精度等级：AA 级适用于加工 6 级精度的齿轮；A 级适用于加工 7 级精度的齿轮；B 级适用于加工 8 级精度的齿轮。应根据被加工齿轮的传动平稳性精度等级选用。

（3）插齿的工艺特点及应用范围　插齿是生产中应用比较广泛的一种齿形加工方法。它能加工直齿圆柱齿轮，更宜加工多联齿轮、内齿轮、扇形齿轮和齿条等。机床配有专门附件时，可加工斜齿轮，但不如滚齿方便。

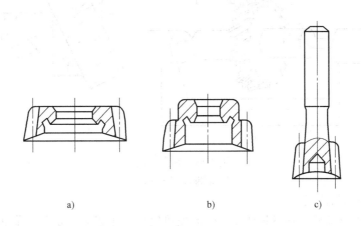

图 3-17　插齿刀的类型

插齿既可用于齿形的粗加工，也可用于精加工。插齿通常能加工 7～9 级精度齿轮，最高可达 6 级。

插齿过程为往复运动，有空行程；插齿系统刚性较差，切削用量不能太大，所以一般插齿的生产率比滚齿低。只有在加工模数较小和宽度窄的齿轮时，其生产率不低于滚齿。因此插齿多用于中小模数齿轮的加工。

（4）提高插齿加工的工艺措施

1）高速插齿：增加插齿刀每分钟的往复次数进行高速插齿，可缩短机动时间。现有高速插齿机的往复运动可达 1200～1500 次/min，甚至还要高，可达 2500 次/min。

2）提高圆周进给量：提高圆周进给量可缩短机动时间，但齿面粗糙度变大，且插齿回程的让刀量增大，易引起振动，因此宜将粗、精插齿分开。新型的插齿机均备有加工余量预选分配装置和粗插低速、大进给及精插高速、小进给的自动转换机构，实现加工过程自动化。

3）提高插齿刀寿命：在改进刀具材料的同时，改进刀具几何参数能提高刀具寿命。有资料记述试验结果：将刀具前角取为 15°，后角取为 9°，刀具的寿命能提高三倍。

3. 剃齿加工

（1）剃齿原理　剃齿常用于未淬火圆柱齿轮的精加工。剃齿生产效率很高，是软齿面精加工最常见的加工方法。剃齿是由剃齿刀带动工件自由转动并模拟一对螺旋齿轮作双面无侧隙啮合的过程。剃齿刀与工件的轴线交错成一定角度。剃齿刀可视为一个高精度的斜齿轮,并在齿面上沿渐开线齿向上开很多槽形成切削刃,如图 3-18 所示。

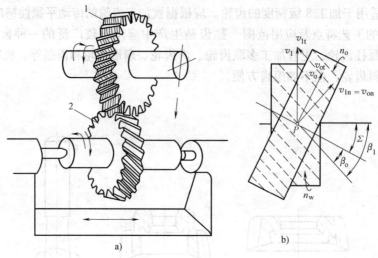

图 3-18　剃齿原理
1—剃齿刀　2—工件

(2) 剃齿的工艺特点

1) 剃齿加工效率高,一般只要 2~4min 便可完成一个齿轮的加工。剃齿加工的成本也很低,平均要比磨齿低 90%。

2) 剃齿加工对齿轮的切向误差的修正能力差。因此,在工序的安排上应采用滚齿作为剃齿的前道工序,因为滚齿的运动精度比插齿好,滚齿后的齿形误差虽然比插齿大,但这在剃齿工序中却不难纠正。

3) 剃齿加工对齿轮的齿形误差和基节误差有较强的修正能力,因而有利于提高齿轮的齿形精度。剃齿加工精度主要取决于刀具,只要剃齿刀本身精度高,刃磨质量好,就能够剃出表面粗糙度值 $0.32\mu m < Ra \leqslant 1.25\mu m$、精度为 6 级或 7 级的齿轮。

4. 珩齿加工

(1) 珩齿原理　珩齿是一种用于加工淬硬齿面的齿轮精加工方法。工作时它与工件之间的相对运动关系与剃齿相同(见图 3-19),所不同的是作为切削工具的珩磨轮为一个用金刚砂磨料加入环氧树脂等材料作结合剂浇铸或热压而成的塑料齿轮,而不像剃齿刀有许多切削刃。在珩磨轮与工件自由啮合的过程中,凭借珩磨轮齿面密布的磨粒,以一定的压力和相对滑动速度进行切削。珩齿余量一般不超过 0.025mm,切削速度 1.5m/s 左右,工件的纵向进给量 0.3mm/r 左右,径向进给量控制在 3~5mm/r,在纵向行程内切去齿面的全部余量。

(2) 珩齿方式　珩齿方式有 3 种。

1) 定隙珩齿:珩轮与工件的轮齿之间,保持预定的啮合间隙。珩轮带动工件旋转时,工件施以可控制的制动力,使之在一定阻力下进行珩齿。这种珩齿方式可以减小表面粗糙度值,少量修正热处理变形,但不能修正齿圈跳动。

2) 变压珩齿:珩齿前预先调好珩轮与工件的中心距,开车后一次进给到预定位置。因此珩齿开始时齿面压力较大,随后压力逐渐减小,直至压力接近逐渐消失时珩磨即告结束。这种方式可显著修正齿圈径向圆跳动,生产率高,但珩轮强度要求高。

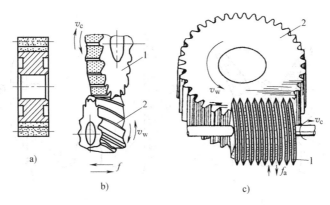

图 3-19　珩磨原理

1—珩磨轮　2—工件

3）变压珩磨：在整个珩齿过程中，珩轮与工件保持恒压无隙啮合。这种方式较前两种方法完善，修正误差能力较大，但机床须具备可调整的恒压保持机构。

（3）珩齿的应用　由于珩齿修正误差能力不强，目前珩磨工艺主要用于去除热处理后的氧化皮和毛刺，减小表面粗糙度值，还可以减少噪声。为保证齿轮的精度，必须提高珩齿前的精度和减小热处理变形。因此，珩前加工常采用剃齿和高频淬火工艺。

珩齿的轴交角常取 15°。珩前为剃齿时，珩齿余量取 0.01～0.02mm，珩前为磨齿时，珩齿余量取 0.003～0.005mm。

珩齿可以在珩齿机上进行，也可以在剃齿机、车床、铣床等改装的设备上进行。设备简单，调整操作方便。

近年来出现一种蜗杆珩齿新工艺，珩轮为直径 $\phi200～500mm$ 的浇注成形的蜗杆，心部用钢制作，蜗杆螺纹在螺纹磨床上精磨至 5 级以上精度。蜗杆珩齿时，齿面滑动速度大，珩齿速度可达 19～24m/s，故切削效率比普通珩齿高得多。又因为蜗杆经过精磨，对齿形误差、基节偏差和齿圈径向跳动具有较强的修正能力，因此有可能取代普通珩齿工艺。

5. 磨齿加工

（1）磨齿原理　一般磨齿机都采用展成法来磨削齿面，常见的磨齿机有大平面砂轮磨齿机、碟形砂轮磨齿机、锥面砂轮磨齿机和蜗杆砂轮磨齿机。其中，大平面砂轮磨齿机的加工精度最高，可达 3～4 级，但效率低；蜗杆砂轮磨齿机的效率最高，加工精度达 6 级。如图 3-20 所示为双碟形砂轮磨齿机的工作原理，两个碟形砂轮的工作棱边形成假想齿条的两齿侧面（图 a 和 b 中的两个砂轮的倾斜角分别为 20° 和 0°）。在磨削过程中砂轮高速旋转形成磨削加工的主运动，工件则严格按齿轮和齿条的啮合原理作展成运动，使工件被砂轮磨出渐开线齿形。20° 磨削法（也有采用 15°）可在齿面形成网状花纹，有利于储存润滑油；0° 磨削法可对齿顶和齿根修形，也可磨鼓形齿，且展成长度和轴向进给长度较短，可采用大磨削量，生产效率较高。

（2）砂轮的选择与磨削用量　砂轮与磨削用量如果选择不当，不仅影响齿面粗糙度，而且还可能产生烧伤、裂纹等缺陷。其选取原则与一般磨削相同。磨削普通结构钢齿轮可选用普通氧化铝砂轮，磨削淬火钢和合金钢齿轮则选用白色氧化铝砂轮，粒度分组一般为 60 号，硬度为中软（ZR）。

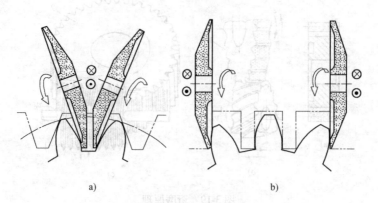

a)　　　　　　　　　　　　　　　b)

图 3-20　展成法磨齿原理

a) 20°磨削法　b) 0°磨削法

磨齿通常分为粗磨、精磨两阶段进行。精磨余量一般为 0.04 ~ 0.06mm，进给次数由要求的加工精度而定。对于 6 级以上的齿轮，最后宜进行无进给光磨一次，以减少齿面粗糙度值。

# 任务 3　齿形加工质量分析

### 一、滚齿加工质量分析

#### 1. 影响传动准确性的加工误差分析

影响齿轮传动准确性的主要原因是在加工中滚刀和被加工齿轮的相对位置和相对运动发生了变化。相对位置的变化（几何偏心）产生齿轮径向误差，它以齿圈径向跳动 $\Delta F_r$ 和径向综合误差 $F''_i$ 来评定；相对运动的变化（运动偏心）产生齿轮的切向误差，它以公法线长度变动 $\Delta F_w$ 来评定。

（1）齿轮的径向误差　齿轮的径向误差是指滚齿时，由于齿坯的回转中心线与齿轮工作时的回转中心线不重合，出现几何偏心，使所切齿轮的轮齿发生径向位移而引起的齿距累积误差（见图 3-21）。从图 3-21 中可以看出，$O$ 为切齿时的齿坯回转中心，$O'$ 为齿坯基准孔的几何中心（即齿轮工作时的回转中心）。滚齿时，齿轮的基圆中心与工作台的回转中心重合于 $O$，这样切出的各齿形相对基圆中心 $O$ 分布是均匀的（如图中实线圆上的 $P_1 = P_2$），但齿轮工作时是绕基准孔中心 $O'$ 转动的（假定安装时无偏心），这时各齿形相对分度圆心 $O'$ 分布不均匀了（如图中双点画线圆上的 $P'_1 \neq P'_2$）。显然这种齿距的变化是由于几何偏心使齿廓径向位移引起的，故称为齿轮的径向误差。

切齿时产生齿轮径向误差的主要原因是

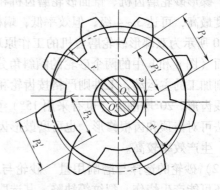

图 3-21　几何偏心引起的径向误差

$r$—滚齿时的分度圆半径　$r'$—以孔轴心 $O'$ 为旋转中心时，齿圈的分度圆半径工件装夹时出现几何偏心。例如采用图3-10所示的滚齿夹具装夹齿坯进行滚齿加工时，产生几何偏心的主要原因如下：

1）调整夹具时，心轴和机床工作台回转中心不重合。

2）齿坯基准孔与心轴间有间隙，装夹时偏向一边。

3）基准端面定位不好，夹紧后孔相对于工作台回转中心产生偏心。

减少齿轮径向误差的措施：

1）保证齿坯加工质量，严格控制孔径尺寸误差和基准端面的端面圆跳动。

2）保证夹具的制造精度和装夹精度。夹具制造时，注意底座的顶面对底面的平行度和孔对底面的垂直度要求；注意心轴定心轴颈的尺寸精度和各轴颈的同轴度要求；还要注意垫圈两端面的平行度和夹紧螺母的端面圆跳动等项要求。

3）改进夹具结构。为提高定心精度，滚齿夹具可采用定位与夹紧分开的结构，如图3-13所示，工件压紧时，由于端面定位不良而导致的螺柱弯曲就不会影响齿坯的定心精度。

（2）齿轮的切向误差　齿轮的切向误差是指滚齿时，因为机床工作台的回转误差，使所切齿轮的轮齿沿切向发生位移所引起的齿距累积误差。由滚齿原理知道，滚齿时刀具和齿坯间应保持严格的展成运动。但是因为滚齿机分齿传动链误差，引起瞬时传动比不稳定，使机床工作台不等速旋转，导致工件在一周的回转中时快时慢，即出现分齿误差，使滚切出的实际齿廓相对理论位置沿圆周方向（切向）发生位移，如图3-22所示。

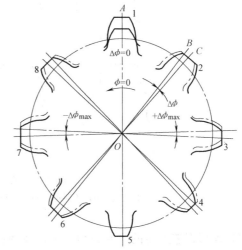

由图3-22可以看出，当轮齿出现切向位移时，图中每隔一齿所测公法线的长度是不等的。如2～8齿间的公法线长度明显大于4～6齿间的公法线长度。据此可以看出，通过公法线长度变动 $\Delta F_w$ 可以反

图3-22　齿轮的切向误差

映出齿轮齿距累积误差（切向部分），因此在生产中公法线长度变动 $\Delta F_w$ 可以作为评定齿轮传递运动准确性的指标之一。

机床工作台的回转误差，主要是由于分齿传动链的传动误差造成的。在分齿传动链的各传动元件中，影响传动误差的最主要环节是工作台下面的分度蜗轮。分度蜗轮在制造和安装中产生的齿距累积误差，使工作台回转时发生转角误差，这些误差将直接地复映给齿坯使其产生齿距累积误差。在工作台转角误差一定的情况下，齿坯直径越大，则产生的齿距累计误差也越大。其次，影响传动误差的另一重要因素是分齿挂轮。分齿挂轮的制造和安装误差，也会以较大的比例传递到工作台上。

为了减少齿轮的切向误差，主要应提高机床分度蜗轮的制造和安装精度。对高精度滚齿机还可通过校正装置去补偿蜗轮的分度误差，使被加工齿轮获得较高的加工精度。对于旧滚齿机应及时检修蜗轮副以及锥度轴承等关键件。

**2. 影响齿轮工作平稳性的加工误差分析**

影响齿轮传动工作平稳性的主要因素是齿轮的齿形误差 $f_f$ 和基节偏差 $f_{pb}$。齿形误差会引起每对齿轮啮合过程中传动比的瞬时变化；基节偏差会引起一对齿过渡到另一对齿啮合传动比的突变。齿轮传动由于传动比的瞬时变化和突变而产生噪音和振动，从而影响工作平稳性精度。

滚齿时，产生齿轮的基节偏差较小，而齿形误差通常较大。下面分别进行讨论。

（1）齿形误差

1）几种常见的齿形误差。滚齿后常见的齿形误差如图 3-23 所示，其中齿面出棱、齿形不对称和根切，可直接观察出来；而齿形角误差和周期误差需要通过仪器才能测出。应该指出，图 3-23 所示的误差是齿形误差的几种单独表现形式，实际上齿形误差常常是上述形式的不同组合。

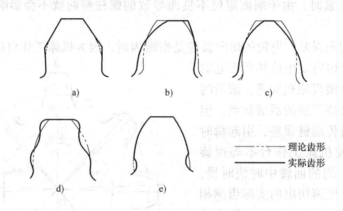

图 3-23　常见的齿形误差

a）出棱　b）不对称　c）齿形角误差　d）周期误差　e）根切

2）齿形误差产生的主要原因。滚刀在制造、刃磨和安装中存在误差，其次是机床工作台回转中存在的小周期转角误差。下面分析这些误差对齿形误差的影响。

①齿面出棱的主要原因：滚齿时齿面有时出棱，其主要原因是：滚刀刀齿沿圆周等分性不好和滚刀安装后存在较大的径向圆跳动及轴向窜动等。由图 3-24 看出，刀齿存在不等分误差时，各排刀齿相对准确位置有的超前（见图 3-24 的刀齿 3），有的滞后（见图 3-24 的刀齿 2）。这种超前与滞后使刀齿上的切削刃偏离滚刀基本蜗杆的表面，因而在滚切齿轮的过程中，就会出现"过切"和"空切"而产生齿形误差，导致齿面出棱。图中双点画线表示无等分误差时刀齿的位置（和渐开线齿面相切）；实线表示有等分误差时的刀齿齿廓形状及刀齿位置，即刀齿 2 因滞后而引起刃口"空切"和刀齿 3 因超前而引起刃口"过切"的情况。由图可见，刀齿等分性误差越大，这种"空切"和"过切"现象越严重，齿面出棱越明显。刀齿等分性误差对不同曲率的渐开线齿形的影响是不同的，齿形曲率越大（即齿轮基圆越小）影响越大，这也就是齿数少的小齿轮为何齿面易出棱的缘故。

滚刀安装后，如果存在较大的径向圆跳动或轴向窜动，滚刀刀齿面同样会产生"过切"或"空切"而使齿面出棱。

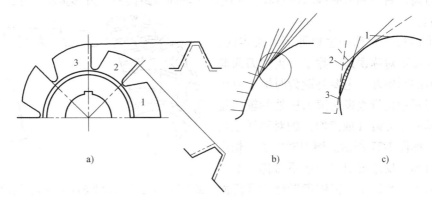

图 3-24　刀齿不等分引起的齿形误差

a）刀齿不等分　b）滚切过程　c）放大图

②产生齿形角误差的主要原因：齿轮的齿形角误差主要决定于滚刀刀齿的齿形角误差。滚刀刀齿的齿形角误差是由滚刀制造时铲磨刀齿产生的齿形角误差和刃磨刀齿前刀面所产生的非径向性误差及非轴向性误差而引起的。

刀齿前刀面非径向性误差是指刃磨时产生的前角误差，如图 3-25 所示。由于刀齿侧后面经过铲磨后具有侧后角，因此刀齿前角误差必然会引起齿形角的变化。精加工所用滚刀的前角通常为 0°（即刀齿前刀面在径向平面内），刃磨不好时会出现前角（正或负）。由于刀齿侧后面经铲磨后具有侧后角，因此刀齿前角误差必然引起齿形角变化。前角为正时，齿形角变小，切出的齿形齿顶变肥（见图 3-25a）；前角为负时，齿形角变大，切出的齿形齿顶变瘦（见图 3-25b）。

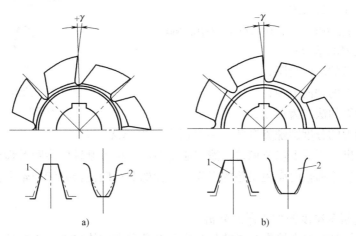

图 3-25　刀齿前刀面非径向性误差对齿形误差的影响

a）前角为正　b）前角为负

1—刀齿　2—工件

刀齿前刀面的非轴向性误差是指直槽滚刀前刀面沿轴向对于孔轴线的平行度误差，如图 3-26 所示。由于刀齿的顶刃及侧刃均经过铲磨，这种误差就使各刀齿偏离了正确的齿形位置，而且刀齿左右两侧刃的偏离值不等，从而产生轴向齿距偏差及齿形歪斜，导致对齿形误差产生影响。

③产生齿形不对称的主要原因：滚齿时，有时出现齿形不对称误差，除了刀齿前刀面非轴向性误差的影响外，主要是滚齿时滚刀对中不好。滚刀对中是指滚齿时滚刀所处的轴向位置，应使其一个刀齿（或齿槽）的对称线通过齿坯中心，如图 3-27 所示。滚刀对中了，切出的齿形就对称；反之则引起齿形不对称。滚刀包络齿面的刀齿数越少，工件齿形越大且齿面曲率越大时，产生的齿形不对称越严重。故对于模数较大且齿数较少的齿轮，滚齿前必须认真使滚刀对中。

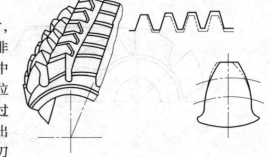

图 3-26     刀齿前刀面非轴向性误差对齿形的影响

④产生齿形周期误差的主要原因：滚刀安装后的径向圆跳动和轴向窜动，机床分度蜗轮副中，分度蜗杆的径向圆跳动和轴向窜动都是周期性的误差，这些误差都会使滚齿时出现齿面凸凹不平的周期性误差。

3）减少齿形误差的措施。从以上分析可知，影响齿形误差的主要因素是滚刀的制造误差、安装误差和机床分齿传动链的传动误差。为了保证齿形精度，除了根据齿轮的精度等级正确地选择滚刀和机床精度外，生产中要特别注意滚刀的刃磨精度和安装精度。

（2）基节偏差   在滚齿加工时，齿轮的基节偏差主要受滚刀基节偏差的影响。即齿轮的基节偏差应等于滚刀的基节。滚刀的基节偏差计算公式为

$$p_{b0} = p_{n0}\cos\alpha_0 = p_{t0}\cos\lambda_0\cos\alpha_0 \approx p_{t0}\cos\alpha_0$$

式中   $p_{b0}$——滚刀的基节；

       $p_{n0}$——滚刀的法向齿距；

       $p_{t0}$——滚刀的轴向齿距；

       $\alpha_0$——滚刀的法向齿形角；

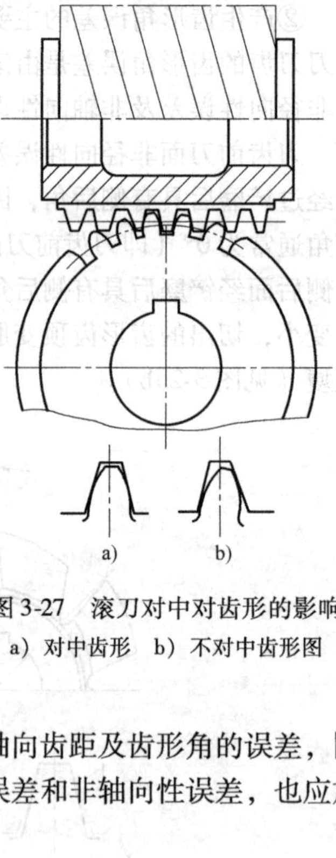

图 3-27    滚刀对中对齿形的影响

a) 对中齿形   b) 不对中齿形图

       $\lambda_0$——滚刀的分度圆螺旋升角，一般很小，故 $\cos\lambda_0 \approx 1$。

由此可以看出，要减少基节偏差，滚刀制造时应严格控制轴向齿距及齿形角的误差，同时对影响齿形角误差和轴向齿距误差的刀齿前刀面的非径向性误差和非轴向性误差，也应加以控制。

3. 影响齿轮接触精度的加工误差分析

齿轮齿面的接触状况直接影响齿轮传动中的载荷分布的均匀性。齿轮接触精度受到齿宽方向接触不良和齿高方向接触不良的影响。滚齿时，影响齿高方向接触不良的主要因素是齿形角误差 $\Delta f_f$ 和基节偏差 $\Delta f_{pb}$。影响齿宽方向接触不良的主要因素是齿轮的齿向误差 $\Delta F_\beta$，此处只分析影响齿向误差 $\Delta F_\beta$ 的主要因素。

齿向误差 $\Delta F_\beta$ 是指在分度圆柱面上，齿宽工作部分范围内（端部倒角部分除外），包容实际齿线且距离为最小的两条设计齿线之间的端面距离。设计齿线可以是修正的圆柱的螺

旋线，包括鼓形线、齿端修薄及其他修形曲线。

（1）滚齿加工中引起齿向误差的主要因素

1）滚齿机刀架导轨相对工作台回转轴线存在平行度误差时，齿轮会产生齿向误差，如图3-28所示。

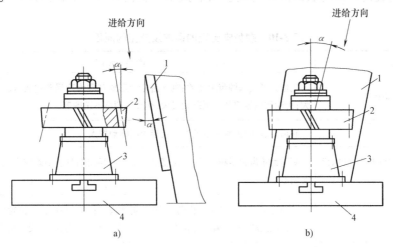

图 3-28　滚齿机刀架导轨误差对齿向误差的影响

a）导轨不平行　b）导轨歪斜

1—刀架导轨　2—齿坯　3—夹具底座　4—机床工作台

2）齿坯装夹歪斜：由于夹具支承端面与回转轴线的垂直度误差，或齿坯孔与定位端面的垂直度误差等工件的装夹误差均会造成被切齿轮的齿向误差。

3）滚切斜齿轮时，除上述影响因素外，机床差动挂轮的误差，也会影响齿轮的齿向误差。

（2）减少齿向误差的措施　影响齿向误差的主要因素是机床导轨精度和齿坯安装精度。为保证齿坯装夹精度，除了要严格控制齿坯基准端面的圆跳动外，在装夹时，还要找正心轴，以保证心轴对刀架导轨的平行度。如发现导轨磨损，应及时修刮，以保证刀架导轨的精度。

**二、插齿加工质量分析**

插齿与滚齿相比，在加工质量上具有以下特征。

1）插齿的齿形精度比滚齿高：这是因为插齿刀在制造时，可通过高精度磨齿机获得精确的渐开线齿形，设计上不存在近似造形的原理误差。

2）插齿后的齿面粗糙度值比滚齿小：其原因是插齿的圆周进给量可以调节，通常较小，使插齿过程中包络齿面的切削刃数较滚齿多，因而插齿后的齿面粗糙度值小。

3）插齿的运动精度比滚齿差：因为在滚齿时，一般只是滚刀某几圈的刀齿参加切削，工件上所有齿槽都是这些刀齿切出的；而插齿时，插齿刀上的各刀齿顺次切削工件各齿槽，因而，插齿刀上的齿距累积误差将直接传给被切齿轮；另外，机床传动链的误差使插齿刀旋转产生的转角误差，也使得插齿后齿轮有较大的运动误差。

4）插齿的齿向误差比滚齿大：插齿的齿向误差主要决定于插齿机主轴往复运动轨迹与工作台回转轴线的平行度误差。插齿刀往复运动频率高，因而主轴与套筒的磨损大，影响了插齿的齿向精度。因此，插齿的齿向误差常比滚齿大。

### 三、剃齿加工质量分析

剃齿是一种用剃齿刀与被剃齿轮作自由啮合进行展成加工的方法。剃齿刀与齿轮间没有强制性地啮合运动，所以对齿轮的传递运动的准确性精度提高不大，但传动的平稳性和接触精度有较大的提高，齿轮表面的粗糙度值明显减小。剃齿常出现的误差及产生的原因见表3-10。

表 3-10　剃齿常出现的误差及产生的原因

| 超差名称 | 产 生 原 因 |
| --- | --- |
| 齿形或基圆齿距误差 | 剃齿刀形或基圆齿距超差；剃前齿轮齿形或基圆齿距误差过大，齿根及齿顶余量过大；齿轮和剃齿刀径向圆跳动过大，交叉角调整不正确等 |
| 齿距误差 | 剃齿刀、剃前齿轮齿距的误差及径向圆跳动较大 |
| 齿距累积、公法线长度变动、齿圈径向圆跳动 | 剃前齿轮齿距累积、公法线长度变动及齿圈径向圆跳动误差较大，剃齿刀与齿轮装夹偏心 |
| 齿向误差 | 纵向进给方向与剃齿刀齿向不平行；剃前齿轮齿向偏差较大；齿轮配合基准对主轴回转轴线歪斜，齿轮端面与孔不垂直，且与心轴配合间隙过大；交叉角调整误差 |
| 剃齿不完全 | 齿成形不完全，余量不合理或剃前齿轮精度太低 |

### 四、珩齿加工质量分析

1) 珩齿由于切削速度低，加工过程为低速磨削、研磨和抛光的综合作用过程，故工件被加工齿面不会产生烧伤和裂纹，表面质量好。

2) 由于珩磨轮弹性大、加工余量小、磨料粒度大，所以珩齿修整误差的能力较差；另一方面珩磨轮本身的误差对加工精度影响较小。珩磨前的齿槽预加工尽可能采用滚齿，因为它的运动精度高于插齿，从而使齿面精加工工序降低了对齿距累积误差等进行修整的要求。

3) 与剃齿刀相比，珩磨轮的齿形简单，容易获得高精度的齿形。

4) 生产率高，一般为磨齿和研齿的 10 ~ 20 倍。刀具寿命也很高，珩磨轮每修整一次，可加工齿轮 60 ~ 80 件。

### 五、磨齿加工质量分析

加工精度高，一般条件下可达 4 ~ 6 级，表面粗糙度值为 $Ra0.2 ~ 0.8\mu m$。由于采取强制啮合方式，不仅修整误差的能力强，而且，可以加工表面硬度很高的齿轮。但是，一般磨齿（除蜗杆砂轮磨齿）加工效率较低、机床结构复杂、调整困难、加工成本高，目前主要用于加工精度要求很高的齿轮。

### 六、采用适当的工具进行齿轮加工质量的检验，并进行质量评估

针对不同的齿形加工方法，采用相关的检验量具进行齿轮加工质量的检验，分析产生加工误差的原因，采取一定的措施来减小或消除影响加工质量的因素。

1) 每一位学生自检，并记录检测结果。

2) 每一小组的同学进行讨论、分析、归纳，针对该组所检验的项目作出总结。

3) 每一小组针对每一个被检测对象逐一轮流检测完成之后，各小组之间共享检验结果。

# 任务4　组合夹具组装

## 一、组合夹具的组装

组合夹具的组装是将分散的组合夹具元件按照一定的原则和方法组装成为加工所需要的各种夹具的过程。

组合夹具的组装本质上与设计和制造一套专用夹具相同，也是一个设计（构思）和制造（组装）的过程。但是在具体的实施过程中，又有自己的特点和规律。

1. 组装步骤

（1）熟悉技术资料　组装人员在组装前，必须掌握有关该工件加工的各种原始资料，如工件图纸，工艺技术要求，工艺规程等。

1）工件。①工件的材料：不同材料具有不同的切削性能与切削力。②加工部位和加工方法：以便选用相应的元件。③工件形状及轮廓尺寸：以确定选用元件型号与规格。④加工精度与技术要求：以便优选元件。⑤定位基准及工序尺寸：以便选择定位方案及调整。⑥前后工序的要求：研究夹具与工序间的协调。⑦加工批量及生产率要求：确定夹具的结构方案。

2）机床及刀具。①机床型号及主要技术参数：如机床主轴，工作台的安装尺寸，加工方式等。②可供使用刀具的种类、规格和特点。③刀具与辅具所要求配合尺寸。

3）夹具使用部门。①使用部门的现场条件。②操作工人的技术水平。

（2）构思结构方案　构思结构方案时主要考虑以下问题：

1）局部结构构思。①根据工艺要求拟定定位方案和定位结构。②夹具的夹紧方案和夹紧结构。③确定有特殊要求方案。

2）整体结构构思。①根据工艺要求拟定基本结构形式，确定采用调整式或固定式等。②局部结构与整体结构的协调。③有关尺寸的计算分析，包括工序尺寸、夹具结构尺寸、角度及精度分析、受力情况分析等。④选用元件品种。⑤确定调整与测量方法。

（3）试装结构　根据构思方案，用元件摆出结构，以验证试装方案是否能满足工件加工要求。①工件的定位夹紧是否合理可靠。②夹具与使用刀具是否协调。③夹具结构是否轻巧、简单，装卸工件是否方便。④夹具的刚性能否保证安全操作。⑤夹具在机床上安装对刀是否顺利。

（4）确定组装方案　针对试装时可能出现的问题，采取相应的修改措施，有时甚至需要将方案重新拟定，重新试装，直到满足工件加工的各项技术要求，方案才算最后确定。

（5）选择元件，组装、调整与固定　方案确定后，即可着手组装、调整工作，一般组装顺序是：基础部分—定位部分—导向部分—压紧部分。按照此顺序，在元件结合的位置上组装一定数量的定位键，用螺栓、螺母组装在一起。在组装过程中，对有关尺寸进行调整。组装与调整交替进行。每次调整好的局部结构，都要及时紧固。

组合夹具的尺寸调整工作十分重要，调整精度将直接影响到工件的加工精度，夹具上有关尺寸的公差，通常取工件相应公差的1/5～1/3，若工件相应尺寸为自由公差，夹具尺寸公差可取±0.05mm，角度公差可取±5′，调整后应及时固定有关元件。

（6）检验　在夹具交付使用之前对夹具进行全面检验，保证夹具满足使用要求。检查项目主要有：尺寸精度要求；工件定位合理；夹紧操作方便；各种连接安全可靠；夹具的最大外形轮廓尺寸不得超过使用机床的相关极限尺寸；车床夹具还要检查是否平衡。

（7）整理和积累组装技术资料　积累组装技术资料是总结组装经验，提高组装技术，及进行技术交流的重要手段。积累资料的方法有照相、绘结构图、记录计算过程、填写元件明细表、保存专用件图样等。一套组合夹具的完整资料，不但对减轻组装劳动量和加快组装速度有利，而且能从中归纳总结出一些新的组装方法和组装经验。

**2. 选用元件**

（1）选用元件的原则　组合夹具元件选择的合理性与夹具的组装、使用的精度、夹具的刚性及操作是否方便都有很大关系，组合夹具元件的品种规格很多，各种元件都有不同的用途和特点，而且要灵活多变，一件多用，不能受元件类别名称的限制。

合理选择元件的一般原则是在保证工件加工技术条件和提高生产率的前提下，所选用的元件使组装成的夹具体积小，重量轻，结构简单，元件少，调整与使用方便。

（2）选用元件的依据

1）根据元件的设计的基本意图和基本尺寸选用。组合夹具元件分为基础件、支承件、定位件、导向件、压紧件、紧固件等，每一类元件的设计都有一定的针对性，它的基本用途与分类名称大致相符。在一般情况下，夹具的底座大多在基础件中选用。支承件用作夹具的支承骨架，使夹具获得所需的高度，因此需要组装某一高度尺寸时，应在支承件中选用。

基础件和支承件各有本身的特点，如图 3-29 所示，支承角铁和基础角铁由于尺寸公差不同，组装出的尺寸精度就不同。支承角铁中键槽的起始尺寸从底面标注为 $150^{+0.01}_{0}$ mm，从而获得比较精确的高度尺寸。基础角铁作为夹具的基体，需要在上面安装元件，T 形槽至底面的距离为 $150^{+0.05}_{0}$ mm，要获得精确的 150mm 高度尺寸，应选用支承角铁组装。

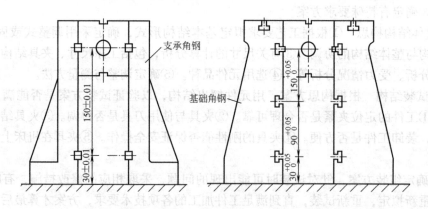

图 3-29　支承角铁和基础角铁尺寸公差对组合夹具尺寸精度的影响

不同类别的元件有不同的设计意图，应根据元件的特点进行选择。但组合夹具元件是灵活多变的，有时组装较小的夹具，底座可以选用支承件，使夹具轻巧、紧凑；在组装大型夹具时也常用基础件作支承用，以增强夹具的刚性。

2）根据被加工零件的精度选用元件。工件加工精度越高，所要求组装的组合夹具的精度也越高，这就需要对所选用的元件进行尺寸精度测量，选用一定精度的元件。

3）根据不同要求选用元件：①凡受力较大的铣、刨夹具，应选择刚度较好的基础件，支承件组装。②凡需要轻巧的夹具，如车床夹具，翻转钻模等，应选用重量较轻的元件。③旋转式夹具应采用圆形元件，并尽量把它们组合成一体，需保证操作安全。④钻孔夹具中，为了使零件取出方便、可采用折合板。

4）根据夹具的结构型式选用元件：①分度结构选用端齿分度台，或用分度基座、定位插销与分度盘组装，有时可用圆基础板或基础环等组装。②扳角度结构则选用回转支座，用角度支承、切边轴、折合板、正弦支座、回转支承、侧孔支承等组装。

5）根据夹具在加工中的特殊要求选用元件：组合夹具元件在通常情况下，都能适应各类夹具的技术要求。但某些加工方法对元件的选用提出了特殊要求。例如电火花加工夹具如果组装结构不合理，或操作不细心，会使元件烧伤，因此，在选件时应尽可能选用低精度或有缺陷的元件。

6）根据组装与调整测量方便选用元件。需要组装加工若干个圆周均布孔夹具，夹具底座则选用中心有精度孔的圆基础板，或有垂直 T 形槽的元件便于组装精度孔，使组装与调整都比较方便。对需要进行纵向、横向调整的结构，如钻模板位置的调整，应选用纵向、横向能分别固定的元件。

3. 组合夹具的组装

（1）组装依据 组合夹具组装的主要依据是工件图样、工艺规程和工件实物。初装时按组装步骤进行组装。

1）工件图样及工艺规程：熟悉该工件在产品中的作用。了解被加工部位的使用要求、技术条件，以便确定合理的定位与夹紧方案，促使组装的夹具切合使用实际。

2）工件实物：由于实物比较直观，便于构思结构方案，特别是工件结构比较复杂，更需要工件实物才能使夹具组装得更完善，更合理。

（2）结构组装

1）熟悉元件。组合夹具组装水平的高低，夹具结构方案是否合理，常取决于对元件的熟悉程度，熟悉元件是组装人员必备的基本技术，必须对元件的主要用途、结构特点、基本参数、尺寸精度、使用方法等，较深刻地全面了解，做到熟练选用。

2）夹具组装次序：组合夹具的组装有一定的规律，从结构上看，组装次序是：夹具底座—工件定位结构—夹具体（支承骨架）—导向结构—夹紧结构。从外观上看，组装次序是：从里到外，从下到上，在组装过程中，应考虑到某些最后组装的元件，是否留有足够的空间，个别元件是否需要提前放进去等。

3）夹具结构布局与试装：在夹具总装开始前，应考虑整个夹具的布局，例如夹具采用的结构形式，选用什么元件来完成工件的定位、夹紧，工件加工时是否需要引导、对刀或测量基准，以及它们安排在什么位置上比较合理，元件间如何连接和紧固，哪些位置需要预先布置螺栓或元件，工件如何装卸，夹具如何调整和测量等，都应在着手总装前给予考虑。

夹具的布局方案大致考虑好以后，进行试装结构，把选好的元件按布局的位置摆好，并把工件放进去，调整各元件的相互位置，之后再取出工件。

在试装过程中，为了使夹具的布局更合理，结构更紧凑，工件装卸更方便，往往要修改原来夹具的布局或更换元件，因此，元件不必用螺栓紧固，试装过程是和选件、布局互相穿插在一起的，不能截然分开的。

4）合理组装元件：组合夹具元件的组装，必须遵守组装规则，使夹具组装可靠，调整方便，不损坏元件，或影响元件的精度与使用寿命。

①合理选择和使用元件：a）使用元件要按元件的结构特点及其用途选用，不能在损害元件精度的情况下随便使用。如钻模板不能当连接板、压板使用。固定钻套不能当支承环使用等。b）元件间的定位键厚、薄要选用适当，键太厚会使元件间贴合不上，结合面间产生间隙。键太薄又会使元件间不能起到定位作用。如图 3-30 所示，图 a 为键太薄的配合情况，图 b 为键太厚的配合情况。c）活动 V 形块、活动顶尖、回转顶尖等元件，在用螺钉、螺母直接压紧固定时，容易变形卡死，应分别加双头压板或快换垫圈等，以便减少变形，提高工作过程的灵活性。d）当一支承件组装在另一支承件或简式基础板上时，键不能选太厚，若太厚会使槽用螺栓的头部与键相碰。e）对薄壁易变形的元件如沉孔钻模板与支承件紧固时，在受力较大的情况下，应采用平压板代替垫圈，减少压紧变形，如图 3-31 所示。若用螺母直接压在沉头窝内，钻模板容易产生挠曲变形。

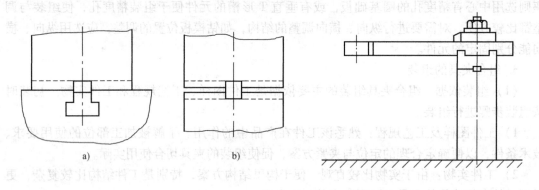

图 3-30　定位键厚、薄对组合夹具配合的影响　　　图 3-31　用平压板代替垫圈减少压紧变形

②元件间的配合间隙要适当。a）元件间的配合是按间隙配合设计的，但键的设计却不同，为了提高定位精度，防止磨损后间隙过大，因此是按过渡配合设计，键与键槽配合时，可能产生过盈，在组装时要选配，应尽量避免过盈配合，否则会损坏元件。b）开槽钻模板在导向支承上组装时，当导向支承固定后，有时装不进去，原因是所选的钻模板带 12mm 键槽，它与螺栓之间的间隙太小，当螺栓稍偏斜就发生了干涉，在这种情况下，应选用无键槽的钻模板。如图 3-32 所示，图 a 因带键槽装不进去，而图 b 螺栓稍有偏斜也可以装入。

③组装中要注意元件的薄弱环节：a）基础板 T 形槽十字相交处较脆，强度较低，使用槽用螺栓紧固时容易崩角，应从基础板底部通孔穿出。b）在距基础板 T 形槽十字相交处 16mm 以内不能使用槽用螺栓，应采用长度合适的长方形头螺栓代替槽用螺栓，防止拉坏槽口。c）支承件 T 形槽壁较薄，受力过大容易损坏，当需

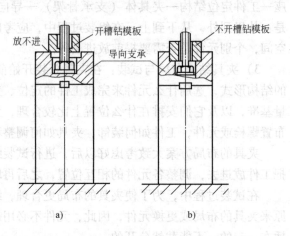

图 3-32　开槽钻模板与螺栓之间的间隙

要支承件T形槽承受较大的拉力时，可用回转板过渡，如图3-33所示。d）支承件两T形槽垂直相交处强度很弱，应避免在此处安放螺栓。e）V形垫板厚度为10mm，两面开有键槽与退刀槽，比较容易折断，在组装中，不能用于承受弯曲力和冲击力。使用其他各种垫板时，也应该注意这一点。

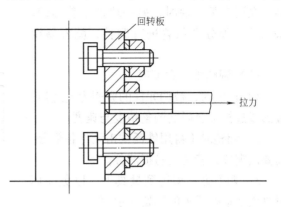

图3-33　支承件T形槽壁较薄时用回转板作过渡

### 4. 组合夹具的调整

组合夹具的调整是将初装好的夹具进行调整，使之达到工件加工技术要求。调整夹具有一定的规律性，正确的调整方法可使夹具调整得既快又准，反之不但增加调整时间，达不到调整精度要求，同时还会损坏元件。

（1）调整依据　夹具调整时，根据工件的定位面至加工面的尺寸要求，对单向公差的尺寸，应改为对称公差，如 $32^{+0.2}_{0}$ mm 应改为（32.1 ± 0.1）mm，$28^{0}_{-0.2}$ mm 改为（27.9 ± 0.1）mm 等。一般调整精度为工件公差的1/5~1/3，通过定位基准面或通过测量计算设立辅助基准后进行。对于复杂的结构，应预先绘出调整草图，以使调整有次序地进行。

调整工作不一定是在全部组装完成后进行，有的夹具在组装过程中，应一边组装一边调整并需及时固定，才能完成调整工作。

对于多工位加工的夹具，相对于定位基准尺寸调整后，还应调整不相邻加工面之间的位置。

（2）调整方法

1）铜棒敲击调整：用铜棒轻轻敲击支承件的左右位置。调整后固定支承，然后再调整钻模板的前后位置。如图3-34所示，由下到上依次固定。

2）螺栓调整：如图3-35所示，钻模板在支承上用十字键固定，支承在基础板T形槽方向可以移动。根据工件的尺寸要求，调整支承的位置。在基础板侧面固定平压板，用螺钉往前顶，达到所要求的位置后紧固。

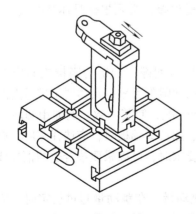

图3-34　铜棒敲击调整

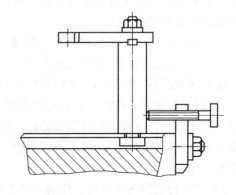

图3-35　螺栓调整

3）千斤顶调整：如图3-36所示，利用一个螺栓紧固的三块立式钻模板，调整比较困难，在调整某一块时，另一块也跟着移动。采用千斤顶分别顶着进行调整，就容易调整。

（3）调整中注意事项

1）调整时，被调元件的紧固力要适当，过紧或过松都会影响调整精度与速度。

2）调整时不得用铁锤重击元件各部分，而要用铜棒，特别是易损部分。

3）调整力不得传到量具上，以免损坏量具或变动指示表的原始指示值。

4）在工件斜面上钻孔的钻模板位置，应根据斜面角度大小、钻套距离加工面高低、工件的材料等确定，应使钻套引导孔中心向上方偏离理论中心的距离为$\delta$，一般是$0.05 \sim 0.2$mm，使被加工孔获得理想的尺寸，如图3-37所示。

5）元件经调整后，必须在被调整元件的周围用铜锤轻击几下，以消除元件内部的应力，防止调整时因元件组合产生应力，在切削振动影响下，尺寸产生变化。

5. 提高组装精度的方法

组合夹具元件制造精度为6～7级，组装时如经过仔细选件与调整，可以组装出比元件精度更高的组合夹具。

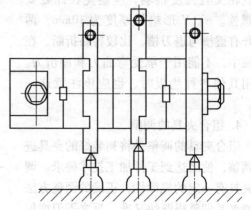

图3-36　千斤顶调整

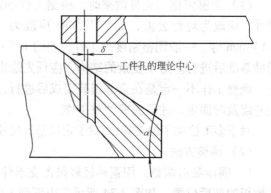

图3-37　工件斜面上钻孔的钻模板位置的确定

影响组合夹具组装精度的因素很多，如元件的制造误差、组装积累误差、元件变形、元件间的配合间隙、元件的磨损、夹具结构的合理性、夹具的刚性及测量误差等。这些误差因素在一套夹具中有时表现为系统误差，有时表现为随机误差，必须根据具体情况进行分析，找出提高组装精度的方法。

（1）用选配元件的方法提高组装精度

1）为了使元件定位稳定，必须减少它们之间的配合间隙。如键与键槽之间应选择组装，使其间隙最小。孔与轴、钻模板与导向支承之间的间隙都可根据具体要求进行选配。

2）成对使用的元件都应对它们的高度、宽度进行选配，使其一致。例如用两块基础板组装角度结构时，应对它们的宽度选择一致。需加宽、加长基础板时，应选择宽度、厚度一致的基础板进行组装。当元件本身误差选配不能满足要求时，可以采取垫合适的铜片或纸片来调整误差。

3）组装分度回转夹具时，应检查圆盘的端面圆跳动量，在跳动量超过规定时，应变换组装方向，仍不能达到要求时，应更换圆盘，直至端面圆跳动量满足要求为止。

（2）减少组成元件，压缩积累误差　组合夹具是由许多元件组合而成，它的组装精度与它的数量有关，选用元件数量越多，组装后夹具的误差就越大，因此应减少组装元件的数量，减少尺寸链，以压缩积累误差。

（3）采用合理的结构形式

1）采用过定位的方法，加强稳定性来提高组装精度。

2）缩小比例，用大的分度盘加工小工件的方法提高精度。分度盘本身精度是固定的，即孔的额定位置在本分度盘中是恒定的。当采用大分度盘来加工小工件时，如工件孔的额定误差为分度盘误差的1/2。采用大分度盘加工小工件时，额定误差就相应地减少了。

3）合理组装夹具结构。应尽量采用"自身压紧"的结构，即从某元件上伸出螺栓，夹紧力和支撑力都作用在该元件上。应尽量避免采用从外部加力顶、夹定位元件的结构。如图3-38所示为工件在支承件与基础板上定位后，在基础板侧面组装连接板，用螺钉压块顶紧工件，工件与支承受力后，一起产生变形，引起工件在夹紧时的误差。

4）要求同心度较高的两孔工件，或工件两孔距离较远，应尽可能用前后引导或上下引导的方法，以增加刀具导向的准确性，提高工件的加工精度，如图3-39所示。

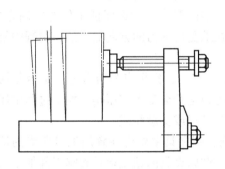

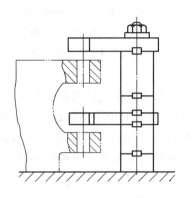

图3-38　组装夹具结构不合理产
生工件在夹紧时的误差

图3-39　可前后引导或上下引导

不能采用上下引导的工件，也可以用两块钻模板组装在一起，以增加刀具的引导长度，提高刀具对刀的准确性来提高加工精度，如图3-40所示。这种结构常用于因工件尺寸太小，钻模板无法从两孔之间伸入，而工件在底部又有凸台等几何形状不适合组装翻转式钻模结构时采用。

5）钻、铰套与工件间的距离，对工件加工精度的影响较大，在保证顺利排屑的情况下，钻、铰套下端与工件的距离应尽量小，一般为孔直径的1~1.5倍。

若钻孔的部位为斜面或弧面时，应使钻套下端面与加工部位的形状相吻合。

（4）提高测量精度　组装精度决定于测量精度，要提高测量精度，应具备相应的量具与测量技术，并分别根据各类组合夹具的特点，选用合理的测量和调整方法。

1）直接测量：在测量中，尽量使测量基准和夹具的定位基准一致，避免利用元件本身的尺寸参数，造成积

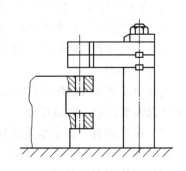

图3-40　用两块钻模板组装在一起

累误差。

2）边组装边测量：对精度要求较高的夹具，在组装部分元件后，应测量其平行度与垂直度及位置尺寸，以达到最后的组装精度。

**二、组合夹具组装检验和测量**

组合夹具的检验工作是鉴定夹具的全面质量，使被加工零件达到工艺要求的重要环节，由于组合夹具由许多元件组合而成，同一项夹具的结构可以组装成多种形式，对组装结构应进行全面检验。

组合夹具是由精度较高的标准元件组成，应利用元件本身的精确表面作为测量基准面，并可灵活选择，以达到测量简便的目的。

检验过程应贯穿组装的全过程，必须一边组装，一边检验，否则待全部组装完成再检验会造成困难，或者造成返工等。

1. 组合夹具结构检验

组合夹具的结构检验与专用夹具不同，它是无图工装的检验。由于组装的方法、形式很多，所以判断分析夹具的结构是否合理是比较复杂的。结构检验内容为：

1）检验夹具上定位结构是否符合图样与工艺基准的要求，能否保证工件的准确定位；能否保证工件的加工精度及技术要求；支承面是否在承受切削力的方向上；加工过程中结构尺寸是否稳定。

2）检验夹具夹紧结构是否合理，夹紧力的大小、方向，作用点是否合适，是否与切削力相适应。夹紧时定位结构是否会引起变形，工件受力是否会变形与压伤。加工过程中压板是否碰刀具。分度钻模的压板在回转分度时能否与钻模板或支承相碰。

3）根据各工种的特点检验夹具的结构刚度。铣、刨夹具主要应注意加工时所受的切削力与冲击力，夹具结构在受力时会不会变动或移动。钻床夹具的钻模板是影响工件加工精度的重要部位，应分析其刚性，不要使钻模板伸得太长，以免切削受力时振动，影响加工精度，必要时可以从结构上考虑加强刚度措施。

4）装卸工件是否方便，定位基准面是否容易损伤，清除切屑是否方便。

5）检查元件选用是否恰当、元件间组装连接的定位点是否符合结构要求。

6）需要对刀装置的夹具，应检查对刀装置的结构是否便于对刀。

7）夹具能否在机床上顺利安装，与机床性能、规格是否协调。

8）钻模板与工件间的高度是否适合导向与排屑要求的间隙，钻套与刀具是否协调。

9）槽用螺栓在T形槽中的位置是否合适。夹紧机构中的槽用螺栓是否固定，是否安装了支承压板的弹簧。压紧毛坯面或不平的面时是否采用球面垫圈。

10）夹具结构是否轻巧、稳定、便于操作等。

2. 测量器具

组装站测量器具的配备由被加工工件的外廓尺寸、结构形状、测量位置、工件精度要求等多方面因素决定，大致可分为：

（1）标准量具　标准量具是按计量标准要求制造的某一固定数值的量具，如块规、量块、角度块规等。用于精密测量。

（2）通用量具和量仪　通用量具和量仪是用于测量一定范围的任一数值，通用性较大。根据它们的结构特点可分为：

1）固定刻线量具；如钢直尺、卷尺等。

2）游标量具；如游标卡尺、游标深度尺、游标高度尺、游标量角器等。

3）螺旋测微量具：如百分尺、深度百分尺、内径百分尺等。

4）机械式量仪：如百分表、千分表、杠杆百分表、杠杆千分表、内径百分表等。

（3）辅助测量工具　辅助测量工具是为夹具与量具作基准，或固定量具，如平台、方箱、弯板、正弦规，块规支架、磁力表架、90°角尺、圆柱角尺、垂直度测量器等。

（4）测量元件　在一些较复杂的夹具组装调测过程中，为测量方便，设立辅助基准，如测量心轴、测量块、测量球头、测量键等。

3. 测量基准的选择

测量基准的选择原则是尽量使夹具上的测量基准与工件的定位基准相重合。测量基准主要是根据夹具上被加工工件的主要定位点（线、面）及被测量元件的坐标位置来确定，按照积累误差最小的原则进行测量。在测量同一方向尺寸时，尽量使用同一基准。如果测量基准必须变更时，应先测量两基准之间的误差，待测量后进行尺寸误差换算。

对于槽系组合夹具，则可利用 T 形槽、键槽安装测量块测量。

如图 3-41 所示，工件在夹具上钻孔，保持尺寸（40 ± 0.1）mm。采用钻模板精度孔中安装测量心轴，则支承件两面 A 或 B 即可作为测量基准，在必要时，在右侧 T 形槽安装测量块，则 C 或 D 两面也可以作为测量基准。测量轴与 A 面或

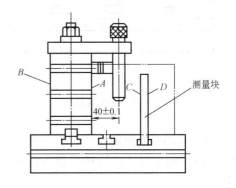

图 3-41　测量基准的选择

C 面的距离可采用块规组测量。测量轴与 B 面或 D 面间可用千分尺或读数为 0.02mm 的游标卡尺测量，在测量时应该掌握合理的测量力。从图中基准分析，测量误差最小的基准面为 A，尽可能以 A、B、C、D 的顺序选择。

4. 夹具尺寸的测量方法

组合夹具的尺寸精度，主要是根据工件图样与工艺规程上的要求来确定。要求以保证加工出合格工件为原则，并且考虑加工质量的稳定性与可靠性及经济合理性，按一般经验，夹具的公差值应取工件公差的 1/5 ~ 1/3，检验夹具为 1/10 ~ 1/5，具体允许的公差值应根据工件的加工要求和其他误差因素来分析确定，既要有一定的保险系数，又要考虑经济精度。

经分析确定夹具尺寸与位置精度后，用不同的测量工具和不同的方法来进行测量。对测量结果进行分析，确定夹具是否符合理想精度要求。

由于测量工具与方法不同，会得到不同的测量精度，它直接关系着夹具的实际精度，所以测量时应该注意测量的四个因素，即测量对象，测量单位，测量方法和测量精度。

组合夹具尺寸精度的测量方法可以分为直接测量、间接测量与辅助测量三类。

（1）直接测量法　用量具直接测量有关元件的相互位置尺寸，这种测量方法应用较为广泛。例如用块规、游标卡尺或外径千分尺测量孔距。如图 3-42 所示，由于没有选择基准面的误差，测量精度比较高，而且测量也比较方便。

（2）间接测量法　当夹具上的相互尺寸难以直接测量时，可以选择一个基准面，计算

出各有关尺寸对基准面的尺寸关系，这种测量称为间接测量。常用于不在一条直线上的各有关尺寸与空间交点尺寸的测量。

如图 3-43 所示斜孔钻模，为控制孔与工件端面的位置，根据工件在夹具上的定位，通过夹具结构，计算出测量心轴的结构尺寸 $L$，检测合格后在此处换为钻套进行加工，以保证工件被加工尺寸合格。

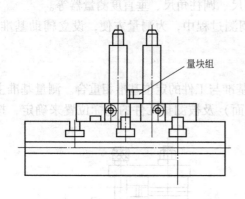

图 3-42　直接测量法

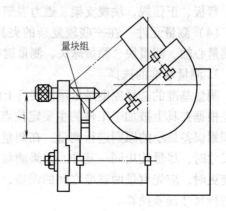

图 3-43　间接测量法

（3）辅助基准测量法　利用组合夹具元件组装出辅助测量基准，通过辅助基准测量来保证工件被加工尺寸，这种测量方法称为辅助基准测量法。

如图 3-44 所示为空间交点尺寸通过测量心轴或测量球头作为辅助测量基准，按计算尺寸进行测量。

5. 位置精度的检测

位置误差与形状误差不同。形状误差是一条线或一个面本身的误差，而位置误差是两个或两个以上的点、线、面的相互位置关系。

在测量位置误差时，基准要素是确定位置的决定要素，不明确基准就无法确定位置，有了基准才能确定被测表面的理想位置，将实际位置与理想位置相比较，就可得出位置误差。

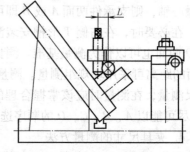

图 3-44　辅助基准测量法

夹具体的基准表面是一个实际表面，它也有一定的形状误差，为了更确切地反映位置误差，就不能让基准表面误差反映到位置误差中来，而是要把基准表面误差排除掉。组合夹具的测量一般是用平台基准平面来体现基准表面的理想平面，如图 3-45 所示，测得的位置误差中包括被测表面的形状误差。

位置精度的检测包括如下几个方面：

（1）平行度的测量

1）平面对平面的平行度测量：可以

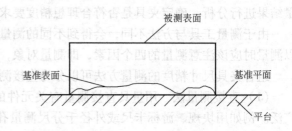

图 3-45　测得的位置误差中包括被测表面的形状误差

以一个平面为基准，用杠杆千分尺进行测量。

2）孔对平面平行度的测量：在孔内插入测量心轴，以平面为基准检测测量心轴母线。

3）两孔的平行度测量：可以以一个孔为基准，用杠杆千分尺测量另一个孔的母线；或者用功能量规测量。

（2）垂直度的测量

1）两个平面间垂直度的测量：测量两个平面间的垂直度，要根据夹具的大小不同与测量条件，采取不同的测量方法，可以以一个平面为基准，用刀口角尺测量。较大的夹具可以用圆柱角尺与表测量。

2）孔与平面的垂直度测量：在孔内插入测量心轴，用刀口角尺贴近心轴的圆柱面母线，测其光隙，并用塞尺测量其垂直度误差。

3）两孔间的垂直度测量：两孔在同一平面时，可插入测量心轴，直接用透光尺进行检查。

（3）倾斜度的测量 根据角度的大小与精度要求，倾斜度的测量应选择不同的测量方法：

1）一般角度公差要求的用万能角度尺直接进行测量。

2）角度公差要求较小时，用正弦规、块规、百分表测量。

（4）空间交点尺寸的检验 空间交点尺寸不能直接测量，常用测量球头作辅助基准，有时可利用元件的工艺孔配合测量。一般包括两个方面：

1）车斜孔空间交点尺寸的检验。

2）钻斜孔空间交点尺寸的检验。

（5）同轴度的测量

1）用一根长心轴贯穿插入两孔内，使它能转动灵活，则同轴度为合格，此方法简便，但无具体数据，这种检验方法，必须注意孔轴的配合精度。

2）可在两孔内分别插入短心轴，用表测量两心轴中心是否在一条直线上，检验时应测量两互相垂直方向，再算出均方根值，即为两孔同轴度的最大误差。

3）可在一孔内插入心轴，在前端装上百分表，来确定另一孔或轴的跳动的方法测量两孔的同轴度误差。

（6）检验与测量中的注意事项

1）根据夹具的精度要求合理选用量具。

2）测量时应正确使用量具，测量压力不能过大，否则造成测量不准确或损坏量具。

3）测量孔距时，应尽量靠近被测孔的部位进行测量，若高度相差较大，应将心棒校成垂直后再进行测量。

4）用角度尺、角度板或正弦规来测量角度时，应使量具与基础板侧面平行。否则被测角度不准，造成倾斜角度的测量误差。

5）在进行斜孔交点尺寸测量时，所用的心轴 A 的轴线应同夹具两基础板的交线平行，否则测量不准。

6）当采用计算方法进行测量交点尺寸时，检验心棒的位置应尽量靠近工件的加工部位，以减小因实际角度与理论角度的误差而引起交点尺寸的误差。

7）外廓尺寸较大或较高的夹具，在检验测量时，应将夹具底面全部放在平台上，防止因部分悬在平台外产生变形，造成测量不准。

8）检查回转夹具时，测量基准应是回转中心，测量时应回转180°两次测量，取其误差的平均值。

9）防止过失误差，注意读数的正确，严防拿错块规或将厚、宽尺寸相差不多的块规组错方向，防止计算过程中遗漏尺寸，如测量心轴，定位销的半径尺寸等。

10）在测量多孔钻模的孔距精度尺寸时，应先检查各孔之间的垂直度或平行度，合格后再检测孔距尺寸。

以上只是简单介绍了一些检测方法的名称，而没有具体讲解其检测步骤、所用仪器和检测过程，需要时请查阅有关资料。

### 三、组合夹具组装实训

#### 1. 实训内容

如图3-46所示为双臂曲柄工件钻孔工序的简图。这个工序的加工内容是钻、铰两个 $\phi10^{+0.03}_{0}$ mm的孔。工件上 $\phi25^{+0.01}_{00}$ mm孔及其他平面在本工序前都已加工完毕。完成此工序所需组合夹具的安装与调整。

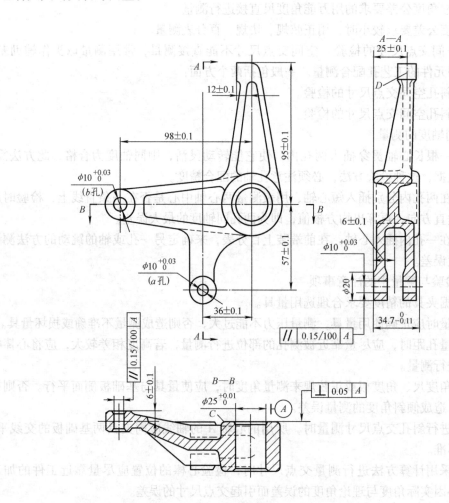

图3-46　双臂曲柄工件钻孔工序简图

2. 方法与步骤

(1) 确定组装方案

1) 确定定位面：因 $\phi25_{\ 0}^{+0.01}$ mm 孔中心线是两个 $\phi10_{\ 0}^{+0.03}$ mm 孔中心线的设计基准，根据基准重合原则，确定工件的定位基准面为端面 $C$、$\phi25_{\ 0}^{+0.01}$ mm 孔及平面 $D$，工件可得到完全定位。

2) 选定基础件：根据工件尺寸和钻模板的安排位置（见图 3-47a），选用 240mm × 120mm 的长方形基础板，并在 T 形槽十字相交处装 $\phi25$mm 的定位销和相配的定位盘。为使工件装得高些，便于在 $a$、$b$ 孔的附近装可调辅助支承，定位盘和定位销可装在 60mm × 60mm × 20mm 的方形支承块上。

3) 夹紧工件：用螺旋压板机构将工件夹紧。

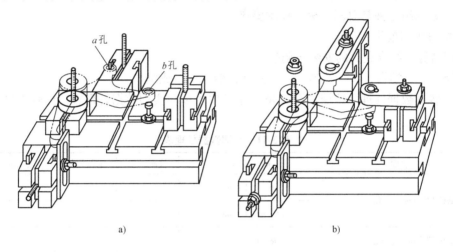

a)　　　　　　　　　　　　　b)

图 3-47　双臂曲柄工件钻孔夹具的组装

4) 安装钻 $b$ 孔钻模板及方形支承：将钻、铰 $b$ 孔用的钻模板及方形支承装在 $\phi25$mm 定位销右侧的纵向 T 形定位槽内，使之调整尺寸$(98 \pm 0.1)$mm 能方便地进行。

5) 组装钻 $a$ 孔钻模板：在基础板后侧面 T 形槽中接出方形支承，组装钻 $a$ 孔的钻模板，用方形支承垫起，使之达到所需高度，并控制坐标尺寸$(57 \pm 0.1)$mm 和 $(36 \pm 0.1)$mm。调整钻套下端面与工件表面的距离保持在 0.5 ~ 1 倍钻孔直径的位置上。

6) 组装 $D$ 面定位板：在基础板前侧面 T 形槽内装上方形支承和伸长板，保证 $D$ 面定位。

(2) 连接、调整和紧固各元件

1) 擦洗已选定的各元件。

2) 组装 $\phi25_{\ 0}^{+0.01}$ mm 孔和 $C$ 端面的定位元件。把方形支承、定位盘和 $\phi25_{\ 0}^{+0.01}$ mm 定位销组装在一起，并从基础板的下面将螺旋紧固，调整 $\phi25_{\ 0}^{+0.01}$ mm 销的轴心线与 T 形槽对称。装入可调辅助支承。

3) 组装钻 $b$ 孔的钻模板。在与 $\phi25_{\ 0}^{+0.01}$ mm 销同心的 T 形槽中放入定位键，装上适当高度的方形支承板，在其上放入长定位键，装上钻模板，调整与 $\phi25_{\ 0}^{+0.01}$ mm 销的轴心线距离 $(98 \pm 0.1)$ mm，然后用螺钉、垫圈、螺母紧固。

4）组装钻 $a$ 孔的钻模板。把方形支承装在基础板后侧面的 T 形槽中，在其上装上可调支承钉，再装上高度适当的方形支承和钻模板，它们都由键定位，用螺钉及垫圈、螺母紧固。调整时，先移动方形支承，控制与 $\phi25_0^{+0.01}$ mm 销轴心线的坐标尺寸为（$36\pm0.1$）mm，固定方形支承。移动钻模板，控制尺寸（$57\pm0.1$）mm，由螺钉固定。

5）组装 $D$ 面的定位件。将方形支承装在基础板的前侧面 T 形槽中，先移动方形支承，控制与 $\phi25_0^{+0.01}$ mm 销轴心线的坐标尺寸为（$12\pm0.1$）mm，在其右侧面装上伸长板，调整伸长板与 $\phi25_0^{+0.01}$ mm 定位销中心距离（$95\pm0.1$）mm，由螺钉紧固。

（3）检验　检验各元件的夹紧情况，$a$、$b$ 孔与 $\phi25_0^{+0.01}$ mm 定位销轴心线的坐标尺寸：（$98\pm0.1$）mm、（$36\pm0.1$）mm、（$57\pm0.1$）mm；$D$ 面与定位销轴心线的坐标尺寸（$12\pm0.1$）mm 及二钻套中心线与 $\phi25_0^{+0.01}$ mm 定位销轴心线的平行度 0.15/100mm。

（4）绘制组合夹具总图，标注技术要求

3. 填写实训报告

实训名称：组合夹具的安装与调整

班级　　　　学号　　　　姓名　　　　实训日期　　　　成绩

（1）实训数据处理　按照如图 3-46 所示的要求填写实训数据处理表，见表 3-11。

表 3-11　实训数据处理表

| 加工表面 | 加工要求 | 检测结果 | 定位元件 | 限制的自由度 |
|---|---|---|---|---|
| $\phi10_0^{+0.03}$ mm（$a$ 孔） | （$36\pm0.1$）mm |  |  |  |
| | （$57\pm0.1$）mm |  |  |  |
| $\phi10_0^{+0.03}$ mm（$b$ 孔） | （$98\pm0.1$）mm |  |  |  |
| $\phi10_0^{+0.03}$ mm 两孔轴线对 $\phi25_0^{+0.01}$ mm 孔轴线的平行度 | 0.15/100 |  |  |  |

（2）实训结果分析

1）分析组合夹具保证加工精度要求的装配方法。

2）绘制此组合夹具的装配系统图。

3）分析装配后各项精度的影响因素。

**四、采用适当的工具进行组合夹具组装质量的检验，并进行质量评估**

针对不同的组合夹具组装方法，采用相关的检验量具进行组合夹具组装质量的检验，分析产生装配误差的原因，采取一定的措施来减小或消除影响加工质量的因素。

1）每一位学生自检，并记录检测结果。

2）每一小组的同学进行讨论、分析、归纳，针对该组所检验的项目作出总结。

3）每一小组针对每一个被检测对象逐一轮流检测完成之后，各小组之间共享检验结果。

# 任务 5　齿轮零件工艺方案的设计

## 一、分析圆柱齿轮加工的主要工艺问题

圆柱齿轮加工的主要工艺问题，一是齿形加工精度，它是整个齿轮加工的核心。齿形加工精度直接影响齿轮的传动精度要求，因此，必须合理选择齿形加工方法；二是齿形加工前的齿坯加工精度，它对齿轮加工、检验和安装精度影响很大，在一定的加工条件下，控制齿坯的加工精度是保证和提高齿轮加工精度的一项极有效的措施，因此必须十分重视齿坯加工。

圆柱齿轮加工工艺，常随齿轮的结构形状、精度等级、生产批量及生产条件不同而采用不同的工艺方案。欲编制出一份切实可行的工艺过程，必须具备以下条件：

1）零件图上所规定的各项技术要求应明确无误；

2）了解该企业工艺现状、设备能力、技工技术水平及今后的发展方向；

3）根据生产批量、生产环境，制订切实可行的生产方案。

## 二、普通精度齿轮加工工艺分析

如图 3-1 所示为 M9116 模具工具磨床上头架上的一个三联齿轮，材料为 45 钢，精度等级为 7 级，小批生产，其技术要求如图 3-1 所示，加工工艺过程见表 3-12。

**表 3-12　三联齿轮加工工艺过程**

| 工序号 | 工序名称 | 工序内容 | 设备 | 定位基准 |
|---|---|---|---|---|
| 10 | 车 | A、三爪夹工件<br>1. 车一端面见光<br>2. 钻 $\phi18H7$mm 底孔至 $\phi16$<br>3. 粗车大齿轮顶圆<br>4. 粗车小齿轮顶圆<br>5. 粗切三槽宽 5mm 至 4mm 深至图样要求<br>6. 扩、镗孔至 $\phi17.8$mm<br>7. 铰孔 $\phi18H7$mm<br>B、工件调头<br>8. 车左端面总长至尺寸要求 35mm<br>9. 粗车中齿轮顶圆<br>10. 孔口倒角<br>C、自制涨胎上工件<br>11. 精车大齿轮顶圆至尺寸 $\phi67.35_{-0.15}^{\ 0}$mm<br>12. 精车小齿轮顶圆至尺寸 $\phi48_{-0.15}^{\ 0}$mm<br>13. 精车小端面<br>14. 精切二槽至图样要求<br>D、工件调头<br>15. 精车右端面总长至尺寸 34mm<br>16. 精车中齿轮顶圆至尺寸 $\phi57_{-0.15}^{\ 0}$mm<br>17. 按图倒角 4～10°<br>18. 其余外圆倒角<br>检验 | C616 | 外圆及端面 |

（续）

| 工序号 | 工序名称 | 工序内容 | 设备 | 定位基准 |
|---|---|---|---|---|
| 20 | 插键槽 | 1. 插键槽 5D10<br>2. 修毛刺<br>检验 | B5032 | 外圆及端面 |
| 30 | 滚齿 | 1. 滚齿Ⅱ，$m1.5\text{mm}$，$z44$<br>2. 修毛刺<br>检验 | Y3150A | 孔及 A 面 |
| 40 | 插齿 | 1. 插齿Ⅰ，$m1.5\text{mm}$，$z36$<br>2. 工件翻个，插齿Ⅲ，$m1.5\text{mm}$，$z30$<br>3. 修毛刺<br>检验 | Y54 | 孔及 A 面 |
| 50 | 齿倒角 | 1. 按图倒 $4 \times R1.2\text{mm}$ 角<br>2. 锉毛刺；<br>检验 | Y9380 | 外圆及端面 |

从表中可以看出，加工一个齿轮大致要经过毛坯热处理、齿坯加工、齿形加工、齿端加工、热处理、精基准修正以及齿形精加工等。概括起来为齿坯加工、齿形加工、热处理和齿形精加工四个主要步骤。

齿坯加工阶段主要为加工齿形准备基准并完成齿形以外的次要表面加工。

齿形加工是保证齿轮加工精度的关键阶段，其加工方法的选择，对齿轮的加工顺序并无影响，主要决定于加工精度要求。

1. 定位基准的选择

选择齿形加工的定位基准对齿轮加工精度有直接的影响。M9116 模具工具磨床上头架上的这个三联齿轮带有直径为 $\phi18H7\text{mm}$ 通孔，因而，在齿形加工过程中常采用两种定位基准。

（1）孔和端面定位　由齿坯孔与专用心轴之间的配合来决定轴心位置，以端面作为轴向定位基准，并从端面进行夹紧。孔和端面定位的特点是定位基准、测量基准和装配基准重合，定位精度高；定位时不需要找正，生产效率高，适宜成批生产。

（2）外圆和端面定位　齿坯孔与心轴间隙较大，用找正外圆以决定轴心位置，以端面作为轴向定位基准，并从端面进行夹紧。外圆和端面定位的特点是要找正，生产率低，齿坯外圆对孔的径向跳动要小，但无需专用心轴，故一般适宜于单件小批量生产。

2. 齿坯加工

齿坯加工工艺主要取决于齿轮的轮体结构、技术要求和生产类型。对于盘类齿轮的齿坯，若是中小批生产，尽量在通用机床上进行加工。对于圆柱孔齿坯，可采用粗车—精车的加工方案：一是在卧式车床上粗车齿坯各部分；二是在一次安装中精车孔和基准端面，以保证基准端面对孔的跳动要求；三是以孔在心轴上定位，精车外圆，端面及其他部分。若是大批量生产，应采用高生产率的机床和专用高效夹具加工。无论是圆柱孔齿坯或花键孔齿坯，均采用多刀车—拉—多刀车的加工方案：一是在多刀半自动车床上粗车外圆、端面和孔；二是以端面支承、孔定位拉花键孔或圆柱孔；三是以孔在可胀心轴或精密心轴上定位，在多刀半自动车床上精车外圆、端面及其他部分，为车出全部外形表面，常分为两个工序在两台机床上进行。

在齿轮的技术要求中，如果规定以分度圆弦齿厚或固定弦齿厚的减薄量来测定齿侧间隙时，应注意齿顶圆的尺寸精度要求，因为齿厚的检测是以齿顶圆为测量基准的，齿顶圆精度太低，必然使所测量出的齿厚值无法正确反映齿侧间隙的大小。所以，在这一加工过程中应注意下列问题：

1）当以齿顶圆直径作为测量基准时，应严格控制齿顶圆的尺寸精度。

2）保证定位端面和定位孔或外圆相互的垂直度。

3）提高齿轮孔的制造精度，减小与夹具心轴的配合间隙。

3. 齿形加工方案选择

齿形加工方案的选择主要取决于齿轮的精度等级、生产批量和齿轮的热处理方法等。

（1）8级或8级精度以下的齿轮加工方案　对于不淬硬的齿轮用滚齿或插齿即可满足加工要求；对于淬硬齿轮可采用滚（或插）齿—齿端加工—齿面热处理—修正孔的加工方案。但热处理前的齿形加工精度应比图样要求提高一级。

（2）6～7级精度的齿轮加工方案　主要有两种。

1）剃—珩齿方案：滚（或插）齿—齿端加工—剃齿—齿面热处理—修正基准—珩齿。剃—珩齿方案生产率高，加工精度稳定，广泛应用于7级精度齿轮的成批生产中。

2）磨齿方案：滚（或插）齿—齿端加工—齿面热处理（渗碳淬火）—修正基准—磨齿。磨齿方案加工精度稳定，但生产率低，一般用于6级精度以上或虽低于6级但淬火后变形较大的齿轮。

随着刀具材料的不断发展，用硬滚、硬插、硬剃代替磨齿、用珩齿代替剃齿，可取得很好的经济效益。

（3）5级精度以上的齿轮加工方案　一般应取磨齿方案。

4. 齿端加工

齿轮的齿端加工有倒圆、倒尖、倒棱和去毛刺等，如图3-48所示。齿端加工一般在齿轮倒角机上进行。倒圆、倒尖后的齿轮，沿轴向滑动时容易进入啮合，所以滑移齿轮常进行齿端倒圆。倒棱可去除齿端的锐边，这些锐边经渗碳淬火后很脆，在齿轮传动中易崩裂。

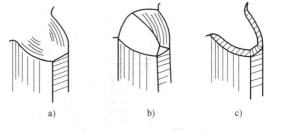

a)　　　　　b)　　　　　c)

图3-48　齿端加工方式

a) 倒圆　b) 倒尖　c) 倒棱

如图3-49所示是用指状铣刀进行齿端倒圆时，铣刀在高速旋转的同时沿圆弧作往复摆动，加工一个齿端后工件沿径向退出，分度后再送进加工下一个齿端。齿端加工必须安排在齿轮淬火之前，通常多在滚（插）齿之后。

5. 基准修正

齿轮淬火后基准孔常产生变形，为保证齿形精加工质量，对基准孔必须进行修正。对大径定心的花键孔齿轮，通常用花键推刀修正。推孔时要防止推刀歪斜，有的工厂采用加长推刀前引导来防止推刀歪斜，可取得较好效果。对圆柱孔齿轮的修正，可采用推孔或磨孔。

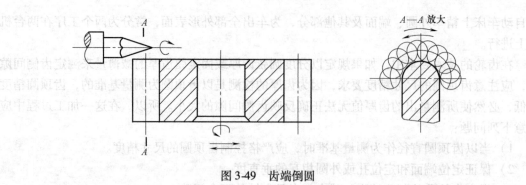

图 3-49　齿端倒圆

推孔生产率高，常用于孔未淬硬的齿轮；磨孔精度高，但生产率低，对整体淬火齿轮、孔较大齿厚较薄的齿轮，均以磨孔为宜。磨孔时应以齿轮分度圆定心（见图 3-50），这样可使磨孔后的齿圈径向跳动较小，对以后进行磨齿或珩齿有利。为提高生产率，有的工厂以金钢镗代替磨孔也取得了较好的效果。采用磨孔（或镗孔）修正基准孔时，齿坯加工时孔应留加工余量；采用推孔修正时，一般可不留加工余量。

### 三、高精度齿轮加工工艺分析

1. 高精度齿轮加工工艺路线

图 3-51 所示为一高精度齿轮，材料为 40Cr，成批生产，精度为 655KM，其工艺路线见表 3-13。

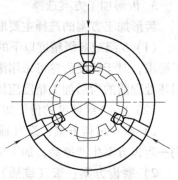

图 3-50　齿圈分度圆定心示意图

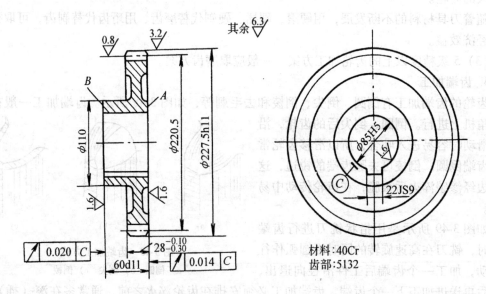

材料:40Cr
齿部:5132

图 3-51　高精度圆柱齿轮

| 模数/mm | $m$ | 3.5 | 齿距累积公差/mm | $F_p$ | 0.063 | 齿向公差/mm | $F_\beta$ | 0.007 |
|---|---|---|---|---|---|---|---|---|
| 齿数 | $z$ | 63 | 基节极限偏差/mm | $f_{pb}$ | ±0.006 | 跨齿数 | κ | 8 |
| 精度等级 | 655KM | | 齿形公差/mm | $f_f$ | 0.007 | 公法线平均长度/mm | $f_f$ | $80.49_{-0.06}^{0}$ |

表3-13　高精度齿轮加工工艺过程

| 序号 | 工序内容 | 定位基准 |
|---|---|---|
| 10 | 毛坯锻造 | |
| 20 | 正火 | |
| 30 | 粗车各部分，留加工余量1.5~2mm | 外圆及端面 |
| 40 | 精车各部分，孔至$\phi$84.8H7，总长留加工余量0.2mm，其余至尺寸 | 外圆及端面 |
| 50 | 检验 | |
| 60 | 滚齿（齿厚留磨加工余量0.1~0.15mm） | 孔及A面 |
| 70 | 倒角 | 孔及A面 |
| 80 | 钳工去毛刺 | |
| 90 | 齿部高频感应加热淬火：5132 | |
| 100 | 插键槽 | 孔（找正用）及A面 |
| 110 | 磨孔至$\phi$85H5 | 分度圆和A面 |
| 120 | 靠磨大端A面 | 孔 |
| 130 | 平面磨B面至总长 | A面 |
| 140 | 磨齿 | 孔及A面 |
| 150 | 总检入库 | |

2. 高精度齿轮加工工艺特点

（1）定位基准的精度要求高　由图3-51可知，作为定位基准的孔尺寸精度为$\phi$85H5，基准端面粗糙度值为$Ra$1.6μm，对基准孔的圆跳动为0.014mm，这几项均比一般精度的齿轮要求高。因此，在齿坯加工中，除了要注意控制端面对孔的跳动外，尚需留一定的加工余量进行精基准修正。修正基准孔和端面采用磨削，先以齿轮分度圆和端面为定位基准磨孔，再以孔为定位基准磨端面，控制端面跳动，以确保齿形精加工用的精基准的精确度。

（2）齿形精度要求高　图中标注为655KM。为满足齿形精度要求，其加工方案应选择磨齿方案，即滚齿—齿端加工—高频感应加热淬火—修正基准—磨齿。磨齿精度可达4级，但生产率较低。本例齿面热处理采用高频感应加热淬火，变形较小，故留磨余量可尽量缩小到0.1mm左右，以提高磨齿效率。

# 任务6　任务实施与检查

## 一、实施

1）制订零件工艺过程并完成一套工艺文件（三种工艺卡片）。

2）学生根据自己编制的工艺规程，熟悉所选择的机床设备的操作手柄和按钮的功能。

3）学生根据自己编制的工艺规程，正确地安装工件，选择合理的切削用量，调整好机床。

4）教师首先进行正确的操作示范，学生完成正确的试切。学生根据教师的示范进行逐一的练习实践。最后由教师完成零件的最终加工。

## 二、检查

1）检查学生的练习情况，并对每个学生的练习情况作出记录。

2）齿轮零件的检验

齿轮零件要全面检验零件的加工精度和表面质量，并分析已加工的零件是否合格。

3）对加工过程中出现的问题进行分析、总结，并提出合理的解决方案。

4）针对出现的问题，再修改工艺文件，根据修改后的工艺文件，重新加工工件。

5）检查学生练习情况，并对每个同学的练习情况进行记录。

# 任务7　评　　价

## 一、评价方式

1）学生自评。

2）小组内学生互评。

3）教师评价。

4）各小组组长总结、归纳本小组的零件加工情况。

5）教师总体评价并总结。

## 二、评价表

齿轮零件工艺设计的考核评价标准见表3-14。

**表 3-14　齿轮零件工艺设计的考核评价标准**

| 项目编号 | | 学生完成时间 | | 学生姓名 | | 总分 | |
|---|---|---|---|---|---|---|---|
| 序号 | 评价内容 | 评价标准 | 配分 | 学生自评 15% | 学生互评 25% | 教师评价 60% | 得分 |
| 1 | 毛坯的选择 | 不合理，扣5分 | 5 | | | | |
| 2 | 定位方案的确定 | 不合理，扣5~10分 | 10 | | | | |
| 3 | 装夹方式的确定 | 不合理，扣1~5分 | 5 | | | | |
| 4 | 加工工艺过程的拟订 | 不合理，扣5~20分 | 20 | | | | |
| 5 | 加工余量的确定 | 不合理，扣1~5分 | 5 | | | | |
| 6 | 工序尺寸的确定 | 不合理，扣5~14分 | 14 | | | | |
| 7 | 切削用量的确定 | 不合理，扣1~10分 | 10 | | | | |
| 8 | 工时定额的确定 | 不合理，扣1~5分 | 5 | | | | |
| 9 | 各工序设备的确定 | 不合理，扣1~2分 | 2 | | | | |
| 10 | 刀具的确定 | 不合理，扣1~2分 | 2 | | | | |
| 11 | 量具的确定 | 不合理，扣1~2分 | 2 | | | | |
| 12 | 工序图的绘制 | 不规范，扣1~5分 | 5 | | | | |
| 13 | 工艺文件中各项内容 | 不合标准，扣5~10分 | 10 | | | | |
| 14 | 完成时间 | 超1学时，扣5分 | 5 | | | | |
| 15 | | 合　　计 | | | | | |

注：工艺设计思路创新、方案创新的酌情加分。

注意：检查评价时应注意对方案设计的依据、方法，特别是有关参数的确定过程进行全面考核，考核学生应用所学知识进行盘类零件加工工艺设计的分析、应用等综合能力。

## 三、对本项目所有的资料进行归纳、整理，对加工出的零件进行存放

# 本情境小结

本情境以多品种小批量生产的工具磨床砂轮零件为例，重点分析了砂轮的使用性能、技术要求、结构特点及所用的材料和毛坯，具体介绍了砂轮齿形表面的加工原理和加工方法、砂轮齿形表面的加工质量分析。着重介绍了砂轮零件加工方案的确定方法和组合夹具组装方法等。

# 习　题

3-1　齿轮类零件的功用是什么？

3-2　齿轮类零件的技术要求有哪些？

3-3　齿轮类零件毛坯应如何选择？

3-4　齿形加工有哪些方法？应如何选择？

3-5　齿坯加工的基准应如何选择？

3-6　齿形加工的精基准选择有几种方案？各有何特点？

3-7　淬火后精基准的修整通常采用什么方法？

3-8　在不同生产类型条件下，齿坯加工是怎样进行的？

3-9　试编制如图 3-52 所示 CA6140 主轴箱中双联齿轮的机械加工工艺过程。材料 40Cr，精度等级为 7 级，中批生产。

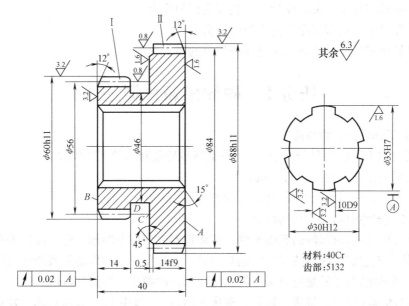

| 齿轮号 | | I | II | 齿轮号 | | I | II |
|---|---|---|---|---|---|---|---|
| 模数/mm | $m$ | 2 | 2 | 基节极限偏差/mm | $F_{pb}$ | ±0.013 | ±0.013 |
| 齿轮 | $z$ | 28 | 42 | 齿形公差/mm | $F_f$ | 0.011 | 0.011 |
| 精度等级 | | 7GK | 7JL | 齿向公差/mm | $F_\beta$ | 0.011 | 0.011 |
| 齿圈径向跳动公差/mm | $F_r$ | 0.036 | 0.036 | 跨齿数 | | 4 | 5 |
| 公法线长度变动公差/mm | $F_w$ | 0.028 | 0.028 | 公法线平均长度/mm | | $21.36_{-0.05}^{0}$ | $27.61_{-0.05}^{0}$ |

图 3-52　题 3-9 图

# 学习情境四　砂轮架箱体加工工艺方案制订与实施

## 知识目标:

1) 掌握箱体零件的使用性能、技术要求和基本特点。
2) 掌握箱体零件孔系加工的相关理论知识。
3) 掌握箱体零件专用夹具的结构特点及专用夹具设计的基本理论知识。
4) 熟悉专用夹具安装调试的基本知识和方法。
5) 掌握典型箱体零件工艺设计的相关知识。

## 能力目标:

1) 具备箱体零件工艺设计的能力。
2) 具备箱体零件专用夹具设计、安装和调试的能力。
3) 具备箱体零件典型工序工艺实施的能力。
4) 具备箱体零件质量检测与质量问题处理的能力。

## 任务1　砂轮架箱体概述

### 一、布置工作任务，明确要求

1) 编制如图 4-1（见书后插页）所示的磨床砂轮架箱体的工艺规程。
2) 在教师的指导下进行工艺实施练习。
3) 检测零件，针对出现的质量问题，提出行之有效的工艺措施。

### 二、箱体类零件的功用及结构特点

箱体类零件是机器或部件的基础零件，它将机器或部件中的轴、套、齿轮等有关零件组装成一个整体，使它们之间保持正确的相互位置，并按照一定的传动关系协调地传递运动或动力。因此，箱体的加工质量将直接影响机器或部件的精度、性能和寿命。

常见的箱体类零件有：机床主轴箱、机床进给箱、变速箱体、减速箱体、发动机缸体和机座等。根据箱体零件的结构形式不同，可分为整体式箱体（见图 4-2a、b、d）和分离式箱体（见图 4-2c）两大类。前者是整体铸造、整体加工，加工较困难，但装配精度高；后者可分别制造，便于加工和装配，但增加了装配工作量。

由图可见，尽管各种箱体零件形状各异、尺寸不一，但其结构均有以下的主要特点：

1) 形状复杂：箱体通常作为装配的基础件，在它上面安装的零件或部件越多，箱体的形状越复杂，因为安装时要有定位面、定位孔，还要有固定用的螺钉孔等；为了支承零部件，需要有足够的刚度，采用较复杂的截面形状和加强筋等；为了储存润滑油，需要具有一定形状的空腔，还要有观察孔、放油孔等；考虑吊装搬运，还必需做出吊钩、凸耳等。

2）体积较大：箱体内要安装和容纳有关的零部件，因此必然要求箱体有足够大的体积，如大型减速器箱体长约 4～6m、宽约 3～4m。

3）壁薄容易变形：箱体体积大，形状复杂，又要求减少质量，所以大都设计成腔形薄壁结构。但是在铸造、焊接和切削加工过程中往往会产生较大内应力，引起箱体变形。即使在搬运过程中，由于方法不当也容易引起箱体变形。

4）有精度要求较高的孔和平面：这些孔大都是轴承的支承孔，平面大都是装配的基准面，它们在尺寸精度、表面粗糙度、形状和位置精度等方面都有较高要求。其加工精度将直接影响箱体的装配精度及使用性能。

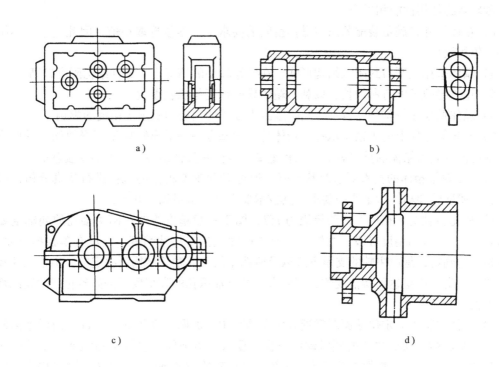

图 4-2  几种常见的箱体零件简图

a）组合机床主轴箱  b）车床进给箱  c）分离式减速器  d）泵壳

因此，一般说来，箱体不仅需要加工部位较多，而且加工难度也较大。据统计资料表明，一般中型机床厂用在箱体类零件的机械加工工时约占整个产品工时的 15%～20%。

**三、读图并分析零件图**

砂轮架箱体属于箱体类零件，它是磨床的基础件之一。在磨床砂轮架中，由它将一些轴、套、轮、轴承等零件组装在一起，使其保持正确的相互位置关系，并且能按照一定的传动要求传递动力和运动，构成磨床的一个重要部件。因此，砂轮架箱体的加工质量对磨床的精度、性能和寿命都有一定的影响。

1. 砂轮架箱体使用性能与设计要求

各种砂轮架箱体的尺寸和结构形式虽有所不同，但其使用性能却基本一致，即保证砂轮主轴的高运动精度与位置精度，并能保持精度的高度稳定，抗振、吸振，高刚性、足够的强度，箱体受力、受热变形小，有足够的耐磨性，热处理变形小，切削加工性好等。因此应在满足装配空间及操作空间要求的前提下，要求其结构尺寸小而紧凑、结构刚性高，主轴支承孔精度高并应严格同轴，中心孔轴线与定位端面应保持严格垂直，箱体的壁厚要足够且变化较小，材料的热处理性能应稳定等。

**2. 砂轮架箱体结构与技术要求**

（1）砂轮架箱体的结构分析　从图4-1（见书后插页）中可以看到，该磨床砂轮架箱体结构具有以下几个特点：

1）箱体的装配基准选择平导轨与V形导轨组合的方式，其定位准确，承载能力强，与磨床砂轮架的使用性能相适应。

2）箱体尺寸在满足装配关系与操作空间的要求下，尽量选取小值，因此整个箱体结构紧凑，体积较小。

3）箱体采用上开口封闭状结构形式，在壁厚较小的情况下，零件结构刚度较高。

4）箱体导轨长度有所加长，以利于箱体导向精度与承载强度。

5）箱体壁厚比较均匀，有利于消除或减少零件的内应力对加工精度的影响。

6）砂轮架箱体上的主轴支承孔、箱体的装配基准——平导轨与V形导轨面、轴向推力轴承的定位端面为箱体的重要表面；比较重要的表面有其他组件与部件的安装基准面。

（2）砂轮架箱体的技术要求及其分析　通过对砂轮架箱体的机构进行认真分析，可以得出，要使砂轮架箱体满足使用要求，其技术要求必须满足以下几点：

1）砂轮主轴支承孔尺寸公差等级为IT7，属于一般精度等级；两主轴孔的同轴度要求为0.03mm，为较高精度等级；主轴孔的形状精度包括在尺寸精度中，没有单独提出要求。这些指标的确定，是由主轴的支承方式以及所选用的具体轴承结构所决定的。由于三片瓦轴承主要通过定心调整达到高精度的装配要求，所以轴承孔的高精度对提高砂轮架的装配精度意义不大。

2）箱体主轴轴向定位端面对靠近砂轮端轴孔中心的圆跳动为0.015mm，而对远离砂轮端（即皮带轮端）轴孔中心的圆跳动没有提出要求。该项要求主要由圆跳动对主轴轴向窜动的影响程度来确定。根据误差的传递规律，靠近砂轮端的圆跳动误差对主轴轴向窜动影响明显，因此只对该位置的跳动提出了较高的要求，而没有选择远离砂轮端的后轴承孔端面作为主轴轴向定位面，更没有对其端面提出较高圆跳动要求。

3）砂轮架箱体的装配基准——导轨面相对设计基准的位置精度以及各自的形状精度都有较高的要求，其误差值在0.01~0.04mm之间，以满足砂轮架在磨床上的位置精度和运动精度要求。

4）其他组件、部件的装配基准面，其尺寸精度、位置精度和形状精度也有一定的要求。

**四、箱体类零件的材料、毛坯及热处理**

箱体零件有复杂的内腔，应选用易于成形的材料和制造方法。铸铁容易成形、切削性能好、价格低廉，并且具有良好的耐磨性和减振性。因此，箱体零件的材料大都选用HT200~HT400的各种牌号的灰铸铁。最常用的材料是HT200，而对于较精密的箱体零件（如坐标镗床主轴箱）则选用耐磨铸铁。

某些简易机床的箱体零件或小批量、单件生产的箱体零件，为了缩短毛坯制造周期和降低成本，可采用钢板焊接结构。某些大负荷的箱体零件有时也根据设计需要，采用铸钢件毛坯。在特定条件下，为了减轻质量，可采用铝镁合金或其他铝合金制作箱体毛坯，如航空发动机箱体等。

铸件毛坯的精度和加工余量是根据生产批量而定的。对于单件小批量生产，一般采用木模手工造型。这种毛坯的精度低，加工余量大，其平面余量一般为 7～12mm，孔在半径上的余量为 8～14mm。在大批量生产时，通常采用金属模机器造型。此时毛坯的精度较高，加工余量可适当减小，平面余量为 5～10mm，孔（半径上）的余量为 7～12mm。为了减少加工余量，对于单件小批生产直径大于 50mm 的孔和成批生产直径大于 30mm 的孔，一般都要在毛坯上铸出预孔。另外，在毛坯铸造时，应防止砂眼和气孔的产生；应使箱体零件的壁厚尽量均匀，以减少毛坯制造时产生的残余应力。

热处理是箱体零件加工过程中的一个十分重要的工序，需要合理安排。由于箱体零件的结构复杂，壁厚也不均匀，因此，在铸造时会产生较大的残余应力。为了消除残余应力，减少加工后的变形和保证精度的稳定，在铸造之后必须安排人工时效处理。人工时效的工艺参数为：加热到 500～550℃，保温 4～6h，冷却速度小于或等于 30℃/h，出炉温度小于或等于 200℃。

普通精度的箱体零件，一般在铸造之后安排一次人工时效处理。对一些高精度或形状特别复杂的箱体零件，在粗加工之后还要安排一次人工时效处理，以消除粗加工所造成的残余应力。有些精度要求不高的箱体零件毛坯，有时不安排时效处理，而是利用粗、精加工工序间的停放和运输时间，使之得到自然时效。箱体零件人工时效的方法，除了加热保温法外，也可采用振动时效来达到消除残余应力的目的。

**五、箱体类零件的加工方法**

箱体零件主要是一些平面和孔的加工，其加工方法和工艺路线常有：平面加工可用粗刨—精刨、粗刨—半精刨—磨削、粗铣—精铣或粗铣—磨削（可分粗磨和精磨）等方案。其中刨削生产率低，多用于中小批生产。铣削生产率比刨削高，多用于中批以上生产。当生产批量较大时，可采用组合铣和组合磨的方法来对箱体零件各平面进行多刃、多面同时铣削或磨削。箱体零件上轴孔加工可用粗镗（扩）—精镗（铰）或粗镗（钻、扩）—半精镗（粗铰）—精镗（精铰）方案。对于公差等级在 IT6 级，表面粗糙度值 $Ra$ 小于 1.25μm 的高精度轴孔（如主轴孔）则还需进行精细镗或珩磨、研磨等光整加工。对于箱体零件上的孔系加工，当生产批量较大时，可在组合机床上采用多轴、多面、多工位和复合刀具等方法来提高生产率。

# 任务 2　箱体零件平面的加工

**一、平面的常规加工方法**

零件上有多种形式的加工平面，如箱体零件的结合面，轴、盘类零件的端平面，平板类零件的平面，机床导轨的组合平面等。平面的加工方法很多，如车削、铣削、磨削、拉削、刮研、研磨、抛光、超精加工等。应根据零件的结构、形状、尺寸、技术要求和生产类型的不同合理选择加工方法。

1. 铣削加工

铣削加工是目前应用最广泛的切削加工方法之一，适用于平面、台阶沟槽、成形表面和切断等加工。其加工表面形状及所用刀具如图4-3所示。铣削加工生产率高，加工表面粗糙度值较小，精铣表面粗糙度值 $Ra$ 可达 $1.6 \sim 3.2\mu m$，两平行平面之间的尺寸精度公差等级可达IT7 ~ IT9，直线度可达 $0.08 \sim 0.12mm/m$。

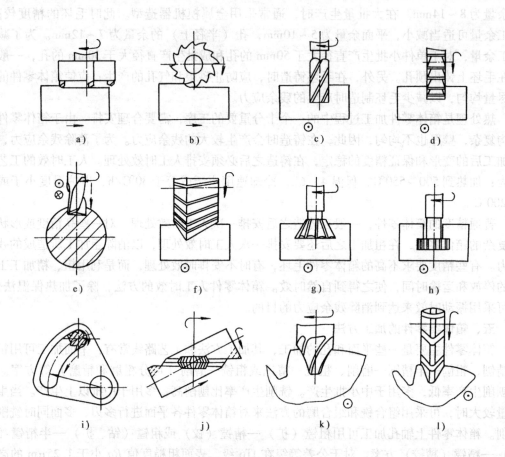

图 4-3　铣削加工的应用

a) 端铣平面　b) 周铣平面　c) 立铣刀铣直槽　d) 三面刃铣刀铣直槽　e) 铣槽刀铣键槽
f) 铣角度槽　g) 铣燕尾槽　h) 铣T形槽　i) 在圆形工作台上用立铣刀铣圆弧槽
j) 铣螺旋槽　k) 指状铣刀铣成形面　l) 盘状铣刀铣成形面

铣刀的每一个刀齿相当于一把车刀，它的切削基本规律与车削相似，但铣削是断续切削，切削厚度与切削面积随时在变化，所以铣削过程又具有一些特殊规律。铣刀刀齿在刀具上的分布有两种形式，一种是分布在刀具的圆周表面上，一种是分布在刀具的端面上。对应的分别是圆周铣和端铣。

（1）铣削用量的选择　铣削用量要素包括背吃刀量 $a_p$，侧吃刀量 $a_e$，铣削速度 $v_c$ 和进给量，如图4-4所示。

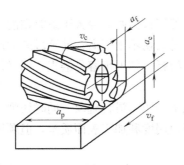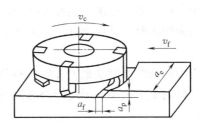

图 4-4　铣削用量要素

1）背吃刀量 $a_p$：平行于铣刀轴线测量的切削层尺寸为背吃刀量 $a_p$，单位为 mm。端铣时，背吃刀量为切削层深度；而圆周铣削时，背吃刀量为被加工表面的宽度。

2）侧吃刀量 $a_e$：垂直于铣刀轴线测量的切削层尺寸为侧吃刀量 $a_e$，单位为 mm。端铣时，侧吃刀量为被加工表面宽度；而圆周铣削时，侧吃刀量为切削层深度。

3）铣削速度 $v_c$：铣削速度是铣刀主运动的线速度，其值可按下式计算

$$v_c = \pi dn / 1000$$

式中　　$v_c$——铣削速度（m/min）；

　　　　$d$——铣刀直径（mm）；

　　　　$n$——铣刀转速（r/min）。

4）铣削进给量：铣削时进给运动的大小有下列三种表示方法：

①每齿进给量 $\alpha_f$：每齿进给量是铣刀每转一个刀齿时，工件与铣刀沿进给方向的相对位移，单位为 mm/z。

②每转进给量 $f$：每转进给量是铣刀每转一转时，工件与铣刀沿进给方向的相对位移，单位为 mm/r。

③进给速度 $v_f$：进给速度是单位时间内工件与铣刀沿进给方向的相对位移，单位为 mm/min。

三者之间的关系为：$v_f = f_n = a_f zn$

式中　$z$——铣刀刀齿数目。

铣床铭牌上给出的是进给速度，调整机床时，首先应根据加工条件选择 $a_f$，然后计算出 $v_f$，并按 $v_f$ 调整机床。

（2）铣削方式及其选择　铣削方式有圆周铣削和端面铣削。其中，圆周铣削分为顺铣和逆铣；端面铣削分为对称铣削、不对称逆铣和不对称顺铣。

1）圆周铣削有两种铣削方式，如图 4-5 所示，逆铣时铣刀切削速度方向与工件进给方向相反时称为逆铣；顺铣时铣刀切削速度方向与工件

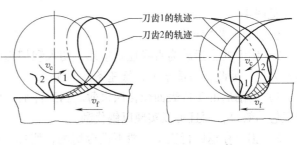

a)　　　　　　　b)

图 4-5　圆周铣削方式

a）逆铣　b）顺铣

进给方向相同时称为顺铣。

逆铣时，刀齿的切削厚度从零逐渐增大。铣刀刃口钝圆半径大于瞬时切削厚度时，刀具实际切削前角为负值，刀齿在加工表面上挤压、滑动切不下切屑，使这段表面产生严重的冷硬层。下一个刀齿切入时，又在冷硬层上挤压、滑行，使刀齿容易磨损，同时使工件表面粗糙度值增大。

顺铣时，刀齿的切削厚度从最大开始，避免了挤压、滑行现象。同时切削力始终压向工作台，避免了工件的上下振动，因而能提高铣刀耐用度和加工表面质量。但顺铣不适用于铣削带硬皮的工件。

2) 端铣时，根据铣刀相对于工件安装位置不同，可分为对称铣削与不对称铣削，如图4-6 所示。铣刀轴线位于铣削弧长的对称中心位置，切入切出切削厚度一样，这种铣削方式具有较大的平均切削厚度，在用较小的 $a_f$ 铣削淬硬钢时，为使刀齿超越冷硬层切入工件，应采用对称铣削。不对称逆铣铣削时，铣削在切入时切削厚度最小，铣削碳钢和一般合金钢时，可减小切入时的冲击。不对称顺铣时，铣削在切出时切削厚度最小，用于铣削不锈钢和耐热合金时，可减小硬质合金的剥落磨损，提高切削速度 40% ~ 60%。

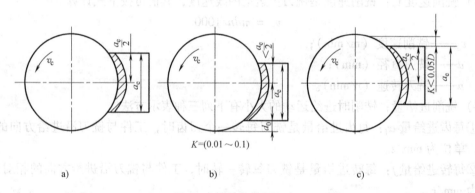

图 4-6　端铣的铣削方式
a) 对称铣削　b) 不对称逆铣　c) 不对称顺铣

2. 刨削加工

刨削是以刨刀相对工件的往复直线运动与工作台（或刀架）的间歇进给运动实现切削加工的。主要用于加工平面、斜面、沟槽和成形表面，附加仿形装置也可以加工一些空间曲面（见图4-7）。

刨削的工艺特点如下：

1) 刨削的主运动为直线往复运动，切入和切出时有较大的冲击，惯性力大，切削速度不宜太快，因此，只适于中、低速条件下加工。

2) 刨削后的工件表面硬化层很薄。当工件加工质量要求较高时，采用宽刃精刨可以获得理想的效果，而且可以实现以刨代刮。

3) 刨刀在返回行程中一般不进行切削，增加了辅助时间，再加上刨削都是单刀工作，因此生产率一般较低。但在刨削狭长平面（如机床导轨面）或采取多件、多刀刨削时，生产率可以提高。

4) 刨削时，机床和刀具的调整均比较简单，生产前准备工作少，适应性较强。

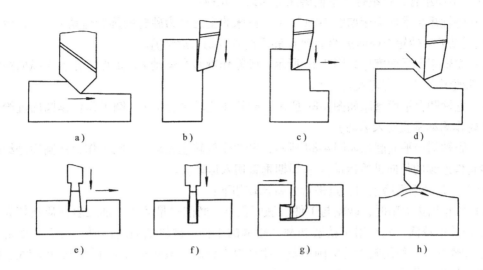

图 4-7　刨削加工的应用

a）刨平面　b）刨垂直面　c）刨台阶面　d）刨斜面
e）刨直槽　f）切断　g）刨T形槽　h）刨成形面

刨削加工应用于单件小批生产及修配工作中。其加工的经济精度公差等级为 IT7 ~ IT9 级，最高可达 IT6 级，表面粗糙度值 $Ra$ 一般为 $1.6 ~ 6.3\mu m$，最低可达 $0.8\mu m$。

3. 平面磨削

磨削是用砂轮、砂带、油石或研磨料等对工件表面进行的切削加工，它可以使被加工零件得到高的加工精度和好的表面质量。平面磨削方法如图 4-8 所示。

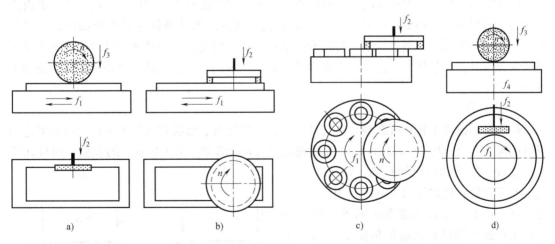

图 4-8　平面磨床加工示意图

由于砂轮的工作面不同，通常有两种磨削方法：一种是用砂轮的周边进行磨削，砂轮主轴为水平位置，称为卧轴式；另一种是用砂轮的端面进行磨削，砂轮主轴为垂直布置，称为立轴式。平面磨床工作台的形状有矩形和圆形两种。因此，根据工作台的形状和砂轮主轴布置方式的不同组合，可把普通平面磨床分为以下几种：

1）卧轴矩台平面磨床如图4-8a所示，机床的主运动为砂轮的旋转运动 $n$，工作台作纵向往复运动 $f_1$，砂轮作横向进给运动 $f_2$ 和周期垂直切入运动 $f_3$。

2）立轴矩台平面磨床如图4-8b所示，砂轮作旋转主运动 $n$，矩形工作台作纵向往复运动 $f_1$，砂轮作周期垂直切入运动 $f_2$。

3）立轴圆台平面磨床如图4-8c所示，砂轮作旋转主运动 $n$，圆工作台作圆周进给运动 $f_1$，砂轮作周期垂直切入运动 $f_2$。

4）卧轴圆台平面磨床如图4-8d所示，砂轮作旋转主运动 $n$，圆工作台作圆周进给运动 $f_1$，砂轮作连续的径向进给运动 $f_2$ 和周期垂直切入运动 $f_3$。

对以上几种平面磨削的特点进行分析比较如下：

1）砂轮周边磨削时，砂轮与工件接触面积小，磨削热量较小，加工表面质量较高。但是，生产效率较低，故常用于精磨和磨削较薄的工件。砂轮端面磨削时，由于主轴是立式的，刚性较好，可使用较大的磨削用量，生产效率较高。但砂轮与工件接触面积较大，磨削热量大，加工表面质量较低，故常用于粗磨。

2）圆台平面磨床采用连续磨削方式，没有工作台的换向时间损失，所以生产效率较高。但是，圆台平面磨床只适于磨削小零件和大直径的环形零件端面，不适于磨削长零件。矩台平面磨床能方便地磨削各种零件，加工范围很大。

3）目前应用范围较广的是卧轴矩台平面磨床和立轴圆台平面磨床。

## 二、平面的精密加工

### 1. 平面刮研

刮研是靠手工操作，利用刮刀对已加工的未淬硬工件表面切除一层微量金属，达到所要求的精度和表面粗糙度的一种加工方法。其加工精度公差等级可达IT7级，表面粗糙度值 $Ra$ 达 $0.04 \sim 1.25 \mu m$。用单位面积上接触点数目来评定表面刮研的质量。经过刮研的表面能形成具有润滑膜的滑动面，可减少相对运动表面之间的磨损并增强零件结合面间的接触强度。刮研生产率低，逐渐被精刨、精铣和磨削所代替。但是，特别精密的配合表面还是要用刮研来保证其技术条件的。另外，在现阶段，对于一般的工厂，刮研仍然是不可缺少的加工方法。

### 2. 平面研磨

研磨是用研磨工具和研磨剂，从工件上研去一层极薄表面层的精加工方法。研磨可达到很高的尺寸精度（$0.1 \sim 0.3 \mu m$）和低粗糙度值（$Ra \leqslant 0.01 \sim 0.04 \mu m$）的表面，而且几乎不产生残余应力和强化等缺陷，但研磨的生产率很低。研磨的加工范围也很广，如外圆、内孔、平面及成形表面等。对各种工件的平面进行研磨的精密加工称为平面研磨。

研具在一定的压力下与加工表面作复杂的相对运动，如图4-9所示。研具和工件之间的磨粒、研磨剂在相对运动中分别起着机械切削作用和物理化学作

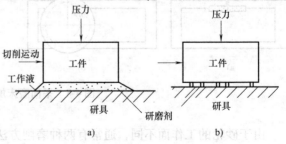

图4-9　研磨加工示意图
a）湿式　b）干式

用，从而切去极薄的一层金属。研磨剂中所加的2.5%（体积分数）左右的油酸或硬脂酸吸附在工件表面形成一层薄膜。研磨过程中，表面上的凸峰最先研去露出新的金属表面，新的金属表面很快产生氧化膜，氧化膜很快被研掉，直到凸锋被研平。表面凹处由于吸附薄膜起了保护作用，不易氧化而难以研去。研磨中，研具和工件之间起着相互对照、相互纠正、相互切削的作用，使尺寸精度和形状精度都能达到很高的级别。研磨分手工研磨和机械研磨两种。

研磨余量在0.01~0.03mm之间，如果表面质量要求很高，必须进行多次粗、精研磨。研磨压力越大，生产率越高，但粗糙度值增大；相对速度增加则生产率高，但很容易引起发热。一般机械研磨的压力取10~1000kPa，手工研磨时凭操作者的感觉而定。研磨时的相对滑动速度粗研取40~50m/min，精研取6~12m/min。常用研具材料是比工件材料软的铸铁、铜、铝、塑料或硬木。研磨液以煤油和机油为主，并注入2.5%（体积分数）的硬脂酸和油酸。

平面的研磨工艺特点与外圆研磨、内孔研磨相似。研磨较小工件时，在研磨平板上涂以研磨剂，将工件放在研磨平板上，按"8"字形推磨，使每一个磨粒的运动轨迹都互不重复。研磨较大工件时，是将研磨平尺放在涂有研磨剂的工件平面上进行研磨。运动形式与上述相同。大批生产中采用机械研磨，小批生产中采用手工研磨。

### 3. 平面抛光

抛光是利用机械、化学或电化学的作用，使工件获得光亮、平整表面的加工手段。当对零件表面只有粗糙度要求，而无严格的精度要求时，抛光是较常用的光整加工手段。对各种工件的平面进行抛光的光整加工称为平面抛光。抛光所用的工具是在圆周上粘着涂有细磨料层的弹性轮或砂布，弹性轮材料用得最多的是毛毡轮，也可用帆布轮、棉花轮等。抛光材料可以是在轮上粘结几层磨料（氧化铬或氧化铁），粘结剂一般为动物皮胶、干酪素胶和水玻璃等，也可用按一定化学成分配制的抛光膏。抛光一般可分为两个阶段进行：首先是"抛磨"，用粘有硬质磨料的弹性轮进行，然后是"光抛"，用含有软质磨料的弹性轮进行。抛光剂中含有活性物质，故抛光不仅有机械作用，还有化学作用。在机械作用中除了用磨料切削外，还有使工件表面凸峰在力的作用下产生塑性流动而压光表面的作用。弹性轮抛光不容易保证均匀地从工件上切下切屑，但切削效率并不低，每分钟可以切下十分之几毫米的金属层。抛光经常被用来去掉前工序留下的痕迹，或是打光已精加工的表面，或者是作为装饰镀铬前的准备工序。

### 4. 平面加工路线的选择

平面加工可用粗刨—精刨、粗刨—半精刨—磨削、粗铣—精铣或粗铣—磨削（可分粗磨和精磨）等方案。其中刨削生产率低，多用于中小批生产。铣削生产率比刨削高，多用于中批以上生产。当生产批量较大时，可采用组合铣和组合磨的方法来对箱体零件各平面进行多刃、多面同时铣削或磨削。

# 任务3　箱体零件孔系加工及其精度分析

## 一、箱体零件孔系的加工

有相互位置精度要求的一系列孔称为"孔系"。孔系可分为平行孔系、同轴孔系、交叉孔系。如图4-10所示。

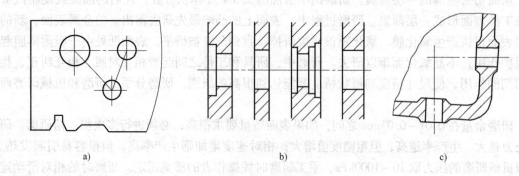

图 4-10　孔系分类

a) 平行孔系　b) 同轴孔系　c) 交叉孔系

箱体上的孔不仅本身的精度要求高，而且孔距精度和相互位置精度也较高，这是箱体加工的关键。根据生产规模和孔系的精度要求可采用不同的加工方法。

1. 平行孔系的加工

平行孔系的主要技术要求是各平行孔轴心线之间以及轴心线与基面之间的尺寸精度和位置精度。在此仅介绍加工中保证孔距精度的方法。

（1）找正法　常用的找正法主要有划线找正、心轴和块规找正、样本找正等。

1）采用划线找正法找正时，根据图样要求在毛坯或半成品上划出界线作为加工依据，然后按划线找正加工。划线找正误差较大，所以加工精度低，一般在 ±(0.3 ~ 0.5)mm。为了提高加工精度，可将划线找正法与试切法相结合，即先镗出一个孔（达到图样要求），然后将机床主轴调整到第二个孔的中心，镗出一段比图样要求直径尺寸小的孔，测量两孔的实际中心距，根据与图样要求中心距的差值调整主轴位置，再试切、调整。经过几次试切达到图样要求孔距后即可将第二个孔镗到规定尺寸。这种方法孔距可达到 ±(0.08 ~ 0.25)mm。虽然比单纯按划线找正加工精确些，但孔距尺寸精度仍然很低，且操作费时，生产率低，只适于单件小批生产。

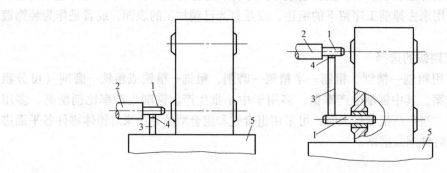

图 4-11　心轴和块规找正

1—心轴　2—镗床主轴　3—块规　4—塞尺　5—工作台

2）采用心轴和块规找正时，如图 4-11 所示，将精密心轴插入镗床主轴孔内（或直接利用镗床主轴），然后根据孔和定位基面的距离用块规、塞尺校正主轴位置，镗第一排孔。镗第二排孔时，分别在第一排孔和主轴中插入心轴，然后采用同样方法确定镗第二排孔时的主轴位置。采用这种方法孔距精度可达到±(0.03～0.05)mm。

　　3）采用样本找正时，如图4-12所示，按工件孔距尺寸的平均值在10～20mm厚的钢板样板上加工出位置精度很高[±(0.01～0.03)mm]的相应孔系，其孔径比被加工孔径大，以便镗杆通过。样板上的孔有较高的形状精度和

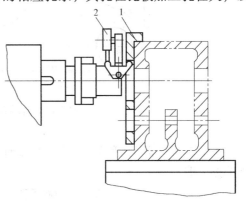

较小的表面粗糙度值。找正时将样板装在垂直于各孔的端面上（或固定在机床工作台上），在机床主轴上装一千分表，按样板找正主轴，找正后即可换上镗刀加工。此方法找正方便，工艺装备不太复杂。一般样板的成本仅为镗模成本的1/9～1/7，孔距精度可达±0.05mm。在单件小批生产加工较大箱体使用镗模不经济时常用此法。

图4-12　样本找正法
1—样板　2—千分表

　　（2）镗模法　镗模法加工孔系是用镗模板上的孔系保证工件上孔系位置精度的一种方法。工件装在带有镗模板的夹具内，并通过定位与夹紧装置使工件上待加工孔与镗模板上的孔同轴。镗杆支承在镗模板的支架导向套里，这样，镗刀便通过模板上的孔将工件上相应的孔加工出来。当用两个或两个以上的支架来引导镗杆时，镗杆与机床主轴浮动连接。这时机床精度对加工精度影响很小，因而可以在精度较低的机床上加工出精度较高的孔系。孔距精度主要取决于镗模，一般可达±0.05mm。

　　镗模可以应用于普通机床、专业机床和组合机用镗模法加工孔系，可以大大提高工艺系统的刚性和抗振性，所以可用带有几把镗刀的长镗杆同时加工箱体上几个孔。镗模法加工可节省调整、找正的辅助时间，并可采用高效的定位、夹紧装置，生产率高，广泛地应用于大批量生产中。由于镗模自身存在制造误差，导套与镗杆之间存在间隙与磨损，所以孔系的加工精度不可能很高。能加工公差等级IT7级的孔，同轴度和平行度从一端加工可达0.02～0.03mm，从两端加工可达0.04～0.05mm。另外，镗模存在制造周期长、成本较高、镗孔切削速度受到一定限制，加工中观察、测量都不方便等缺点。

　　（3）坐标法　坐标法镗孔是在普通卧式镗床、坐标镗床或数控镗铣床等设备上，借助于测量装置，调整机床主轴与工件间在水平和垂直方向的相对位置，来保证孔距精度的一种镗孔方法。在箱体的设计图样上，因孔与孔间有齿轮啮合关系，对孔距尺寸有严格的公差要求，采用坐标法镗孔之前，必须把各孔距尺寸及公差借助三角几何关系及工艺尺寸链规律换算成以主轴孔中心为原点的相互垂直的坐标尺寸及公差。目前许多工厂编制了主轴箱传动轴坐标计算程序，用计算机很快即可完成该项工作。

　　图4-13a所示为二轴孔的坐标尺寸及公差计算的示意。两孔中心距 $L_{OB}=166.5^{+0.3}_{+0.2}$ mm，$Y_{OB}=54$ mm。加工时，先镗孔 $O$ 后，调整机床在 $X$ 方向移动 $X_{OB}$、在 $Y$ 方向移动 $Y_{OB}$，再加工孔 $B$。由此可见中心距 $L_{OB}$ 是由 $X_{OB}$ 和 $Y_{OB}$ 间接保证的。

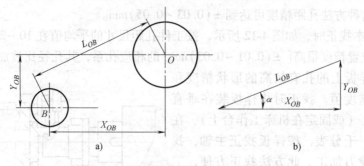

图 4-13　两轴孔的坐标尺寸及公差计算

下面着重分析 $X_{OB}$ 和 $Y_{OB}$ 的公差分配计算。注意，在计算过程中应把中心距公差化为对称偏差，即

$$L_{OB} = 166.5^{+0.3}_{+0.2} \text{ mm} = (166.75 \pm 0.05) \text{ mm}$$

$$\sin\alpha = \frac{Y_{OB}}{L_{OB}} = \frac{54}{166.75} = 0.3238$$

$$\alpha = 18°53'43''$$

$$X_{OB} = L_{OB}\cos\alpha = 157.764 \text{ mm}$$

在确定两坐标尺寸公差时，要利用平面尺寸链的解算方法。现介绍一种简便的计算方法。如图 4-13b 所示：

$$L^2_{OB} = X^2_{OB} + Y^2_{OB}$$

对上式取全微分并以增量代替各个微分时，可得到下列关系

$$2L_{OB}\Delta L_{OB} = 2X_{OB}\Delta X_{OB} + 2Y_{OB}\Delta Y_{OB}$$

采用等公差法并以公差值代替增量，即令 $\Delta X_{OB} = \Delta Y_{OB} = \varepsilon$，则

$$\varepsilon = \frac{L_{OB}\Delta L_{OB}}{X_{OB} + Y_{OB}}$$

上式是如图 4-13b 所示尺寸链公差计算的一般式。

将本例数据代入，可得 $\varepsilon = 0.039 \text{ mm}$，则

$$X_{OB} = (154.764 \pm 0.039) \text{ mm}, \quad Y_{OB} = (54 \pm 0.039) \text{ mm}$$

由以上计算可知：在加工孔 $O$ 以后，只要调整机床在 $X$ 方向移动 $X_{OB} = (154.764 \pm 0.039)$ mm，在 $Y$ 方向移动 $Y_{OB} = (54 \pm 0.039)$ mm，再加工孔 $B$，就可以间接保证两孔中心距 $L_{OB} = 166.5^{+0.3}_{+0.2}$ mm。

在箱体类零件上还有三根轴之间保持一定的相互位置要求的情况。如图 4-14 所示，其中 $L_{OA} = 129.49^{+0.27}_{+0.17}$ mm，$L_{AB} = 125^{+0.27}_{+0.17}$ mm，$L_{OB} = 166.5^{+0.30}_{+0.20}$ mm，$Y_{OB} = 54$ mm。加工时，镗完孔 $O$ 以后，调整机床在 $X$ 方向移动 $X_{OA}$，在 $Y$ 方向

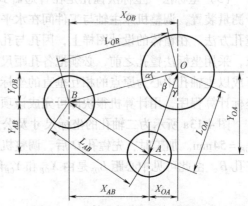

图 4-14　三轴孔的孔心距与坐标尺寸

移动 $Y_{OA}$ ，再加工孔 $A$ ；然后用同样的方法调整机床，再加工孔 $B$ 。由此可见孔 $A$ 和孔 $B$ 的中心距是由两次加工间接保证的。

在加工过程中应先确定两组坐标，即 （ $X_{OA}$ ， $Y_{OA}$ ） 和 （ $X_{OB}$ ， $Y_{OB}$ ） 及其公差。由图4-14 通过数学计算可得

$$X_{OA} = 50.918 \text{ mm}, Y_{OA} = 119.298 \text{ mm}$$
$$X_{OB} = 157.76 \text{mm}, Y_{OB} = 54 \text{mm}$$

在确定坐标公差时，为计算方便，可分解为几个简单的尺寸链来研究，如图 4-15 所示。首先由图4-15a 求出为满足中心距 $L_{AB}$ 公差而确定的 $X_{AB}$ 和 $Y_{AB}$ 的公差。由公式得

$$\varepsilon = \frac{L_{AB}\Delta L_{AB}}{X_{AB} + Y_{AB}} = \pm 0.036 \text{ mm}$$
$$X_{AB} = X_{OB} - X_{OA} = (106.846 \pm 0.036) \text{ mm}$$
$$Y_{AB} = Y_{OB} - Y_{OA} = (65.298 \pm 0.036) \text{ mm}$$

但 $X_{AB}$ 和 $Y_{AB}$ 是间接得到保证的，由图 4-15b 和图 4-15c 所示，两尺寸链采用等公差法，即可求出孔 $A$ 和孔 $B$ 的坐标尺寸及公差

$$X_{OA} = (50.918 \pm 0.018) \text{ mm}, Y_{OA} = (129.298 \pm 0.018) \text{ mm}$$
$$X_{OB} = (54 \pm 0.018) \text{ mm}, Y_{OB} = (157.76 \pm 0.018) \text{ mm}$$

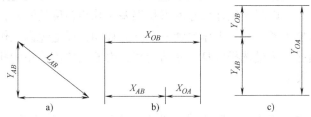

图 4-15　三轴坐标尺寸链的分解

为保证按坐标法加工孔系时的孔距精度，在选择原始孔和考虑镗孔顺序时，要把有孔距精度要求的两孔的加工顺序紧紧地连在一起，以减少坐标尺寸累积误差对孔距精度的影响；同时应尽量避免因主轴箱和工作台的多次往返移动而由间隙造成对定位精度的影响。此外，选择的原始孔应有较高的加工精度和较低的表面粗糙度值，以保证加工过程中检验镗床主轴相对于坐标原点位置的准确性。

坐标法镗孔的孔距精度取决于坐标的移动精度，实际上就是坐标测量装置的精度。测量装置的主要形式介绍如下：

1）普通刻线尺与游标尺加放大镜测量装置。其位置精度为 $\pm(0.1 \sim 0.3) \text{mm}$ 。

2）百分表与块规测量装置。一般与普通刻线尺测量配合使用，在普通镗床用百分表和块规来调整主轴垂直和水平位置，百分表装在镗床头架和横向工作台上。位置精度可达 $\pm(0.02 \sim 0.04) \text{mm}$ 。这种装置调整费时，效率低。

3）经济刻度尺与光学读数头测量装置。这是用得最多的一种测量装置，该装置操作方便，精度较高，经济刻度尺任意两划线间误差不超过 $5\mu\text{m}$ ，光学读数头的读数精度为 $0.01\text{mm}$ 。

4）光栅数字显示装置和感应同步器测量装置。其读数精度高，为 $0.0025 \sim 0.01\text{mm}$ 。

采用坐标法加工孔系的机床可分两类：一类是具有较高坐标位移精度、定位精度及测量

装置的坐标控制机床，如坐标镗床、数控镗铣床、加工中心等。这类机床可以很方便地采用坐标法加工精度较高的孔系。另一类是没有精密坐标位移装置及测量装置的普通机床，如普通镗床、落地镗床、铣床等。这类机床如采用坐标法加工孔系可利用块规、百分表等测量工具找正坐标尺寸来保证位置精度。

在普通卧式镗床上，利用块规、量棒及百分表控制工作台的横向位移和主轴箱垂直位移的坐标尺寸，进行找正加工，如图 4-16 所示。这种方法不需要专用的工艺装备，其定位精度一般可达 ±0.04mm，但操作难度大，生产率低，仅适用于单件小批生产。

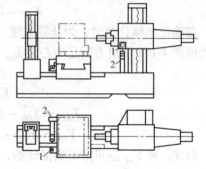

这种方法主要是提高了机床运动部件位移的测量精度。应用较多的是在机床上加装一套由金属线纹尺和光学读数头组成的精密长度测量装置。该测量装置的测量精度不受机床传动系统精度的影响，可将普通镗床的位移精度提高到 ±0.02mm。

图 4-16　在普通镗床上用坐标法加工孔系
1—百分表　2—块规

采用坐标法加工孔系时，要特别注意选择原始孔和镗孔顺序。否则，坐标尺寸的累积误差会影响孔距精度。把有孔距精度要求的两孔的加工顺序紧紧地连在一起，以减少坐标尺寸的累积误差对孔距精度的影响；原始孔应位于箱壁的一侧，这样，依次加工各孔时，工作台朝一个方向移动，以避免因工作台往返移动由间隙而造成的误差；原始孔应尽量选择本身尺寸精度高、表面粗糙度值小的孔，这样在加工过程中，便于校验其坐标尺寸。

2. 同轴孔系加工

在成批大量生产中，箱体的同轴孔系的同轴度几乎都由镗模保证。在单件小批生产中，其同轴度用下面几种方法来保证。

（1）用已加工孔做支承导向　如图 4-17 所示，当箱体前壁上的孔加工好后，在孔内装一导向套，通过导向套支承镗杆加工后壁的孔。此法对于加工箱壁距离较近的同轴孔比较适合，但需配制一些专用的导向套。

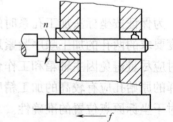

（2）利用镗床后立柱上的导向支承镗孔　这种方法其镗杆系两端支承，刚性好。但此法调整麻烦，镗杆要长，很笨重，故只适用于大型箱体的加工。

图 4-17　利用已加工孔做支承导向

（3）采用调头镗　当箱体箱壁相距较远时，可采用调头镗。工件在一次装夹下，镗好一端的孔后，将镗床工作台回转 180°，镗另一端的孔。由于普通镗床工作台回转精度较低，故此法加工精度不高。

当箱体上有一较长并与所镗孔轴线有平行度要求的平面时，镗孔前应先用装在镗杆上的百分表对此平面进行校正，如图 4-18 所示，使其和镗杆轴线平行，校正后加工孔。B 孔加工后，再回转工作台，并用镗杆上装的百分表沿此平面重新校正，这样就可保证工作台准确地回转 180°，然后再加工 A 孔，就可以保证 A、B 孔同轴。若箱体上无长的加工好的工艺基面，也可用平行长铁置于工作台上，使其表面与要加工的孔轴线平行后再固定。调整方法同上，也可达到两孔同轴的目的。

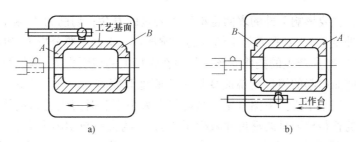

图 4-18　调头镗对工件的校正

a）第一工位　b）第二工位

### 3. 垂直孔系加工

箱体上垂直孔系的加工主要是控制有关孔的垂直误差。在多面加工的组合机床上加工垂直孔系，其垂直度主要由机床和模板保证；在普通镗床上，其垂直度主要靠机床的挡块保证，但定位精度较低。为了提高定位精度可用心轴与百分表找正。如图 4-19 所示，在加工好的孔中插入心轴，然后将工作台旋转 90°，移动工作台，用百分表找正。

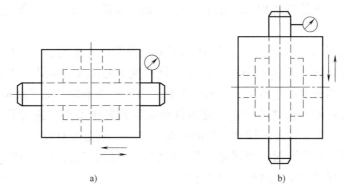

图 4-19　找正法加工垂直孔系

a）第一工位　b）第二工位

## 二、箱体孔系加工精度分析

### 1. 镗杆受力变形的影响

镗杆受力变形是影响镗孔加工质量的主要原因之一。尤其当镗杆与主轴刚性连接采用悬臂镗孔时，镗杆的受力变形最为严重，现以此为例进行分析。悬臂镗杆在镗孔过程中，受到切削力矩 $M$、切削力 $F_r$ 及镗杆自重 $G$ 的作用，如图 4-20 和图 4-21 所示。切削力矩 $M$ 使镗

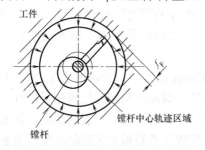

图 4-20　自重对镗杆挠曲变形的影响

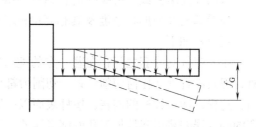

图 4-21　切削力对镗杆挠曲变形的影响

杆产生弹性扭曲，主要影响工件的表面粗糙度和刀具的寿命；切削力 $F_r$ 和自重 $G$ 使镗杆产生弹性弯曲（挠曲变形），对孔系加工精度的影响严重，下面主要分析 $F_r$ 和 $G$ 的影响。

（1）由切削力 $F_r$ 所产生的挠曲变形　作用在镗杆上的切削力 $F_r$，随着镗杆的旋转不断地改变方向，由此而引起的镗杆的挠曲变形也不断地改变方向，如图 4-20 所示，使镗杆的中心偏离了原来的理想中心。由图可见，当切削力大小不变时刀尖的运动轨迹仍然呈正圆，只不过所镗出孔的直径比刀具调整尺寸减少了 $2f_F$，$f_F$ 的大小与切削力 $F_r$，和镗杆的伸出长度有关，$F_r$ 越大或镗杆伸出越长，则 $f_F$ 就越大。但应该指出，在实际生产中由于实际加工余量的变化和材质的不匀，切削力 $F_r$ 是变化的，因此刀尖运动轨迹不可能是正圆。同理，在被加工孔的轴线方向上，由于加工余量和材质的不匀，或者采用镗杆进给时，镗杆的挠曲变形也是变化的。

（2）镗杆自重 $G$ 所产生的挠曲变形　镗杆自重 $G$ 在镗孔过程中，其大小和方向不变。因此，由它所产生的镗杆挠曲变形 $f_G$ 的方向也不变。高速镗削时，由于陀螺效应，自重所产生的挠曲变形很小；低速精镗时，自重对镗杆的作用相当于均布载荷作用在悬臂梁上，使镗杆实际回转中心始终低于理想回转中心一个 $f_G$ 值。$G$ 越大或镗杆悬伸越长，则 $f_G$ 越大，如图 4-21 所示。

（3）镗杆在自重 $G$ 和切削力 $F_r$ 共同作用下的挠曲变形　事实上，镗杆在每一瞬间所产生的挠曲变形，是切削力 $F_r$ 和自重 $G$ 所产生的挠曲变形的合成。可见，在 $F_r$ 和 $G$ 的综合作用下，镗杆的实际回转中心偏离了理想回转中心。由于材质不匀、加工余量的变化、切削用量的不一，以及镗杆伸出长度的变化，使镗杆的实际回转中心在切削过程中作无规律的变化，从而引起了孔系加工的各种误差：对同一孔的加工，引起圆柱度误差；对同轴孔系引起同轴度误差；对平行孔系引起孔距误差和平行度误差。粗加工时，切削力大，这种影响比较显著；精加工时，切削力小，这种影响比较小。

从以上分析可知，镗杆在自重和切削力作用下的挠曲变形，对孔的几何形状精度和相互位置精度都有显著的影响。因此，在镗孔时必须十分注意提高镗杆的刚度，一般可采取下列措施：第一，尽可能加粗镗杆直径和减少悬伸长度；第二，采用导向装置，使镗杆的挠曲变形得以约束。此外，也可通过减小镗杆自重和减小切削力对挠曲变形的影响来提高孔系加工精度：镗杆直径较大时（$\phi 80mm$ 以上），应加工成空心，以减轻重量；合理选择定位基准，使加工余量均匀；精加工时采用较小的切削用量，并使加工各孔所用的切削用量基本一致，以减小切削力影响。

**2. 镗杆与导向套的精度及配合间隙的影响**

采用导向装置或镗模镗孔时，镗杆由导套支承，镗杆的刚度较悬臂镗时大大提高。此时，与导套的几何形状精度及其相互的配合间隙，将成为影响孔系加工精度的主要因素之一，现分析如下。

由于镗杆与导套之间存在着一定的配合间隙，在镗孔过程中，当切削力 $F_r$ 大于自重 $G$ 时，刀具不管处在任何切削位置，切削力都可以推动镗杆紧靠在与切削位置相反的导套内表面，这样，随着镗杆的旋转，镗杆表面以一固定部位沿导套的整个内圆表面滑动。因此，导套的圆度误差将引起被加工孔的圆度误差，而镗杆的圆度误差对被加工孔的圆度没有影响。

精镗时，切削力很小，通常 $F_r < G$，切削力 $F_r$ 不能抬起镗杆。随着镗杆的旋转，镗杆轴颈以不同部位沿导套内孔的下方摆动，如图 4-22 所示。显然，刀尖运动轨迹为一个圆心

低于导套中心的非正圆,直接造成了被加工孔的圆度误差;此时,镗杆与导套的圆度误差也将反映到被加工孔上而引起圆度误差。当加工余量与材质不匀或切削用量选取不一样时,使切削力发生变化,引起镗杆在导套内孔下方的摆幅也不断变化。这种变化对同一孔的加工,可能引起圆柱度误差;对不同孔的加工,可能引起相互位置的误差和孔距误差。所引起的这些误差的大小与导套和镗杆的配合间隙有关:配合间隙越大,在切削力作用下,镗杆的摆动范围越大,所引起的误差也就越大。

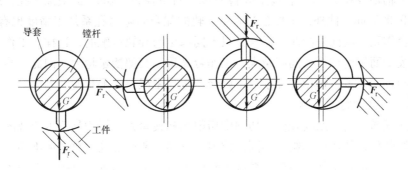

图4-22　镗杆在导套下方的摆动

综上所述,在有导向装置的镗孔中,为了保证孔系加工质量,除了要保证镗杆与导套本身必须具有较高的几何形状精度外,尤其要注意合理地选择导向方式和保持镗杆与导套合理的配合间隙,在采用前后双导向支承时,应使前后导向的配合间隙一致。此外,由于这种影响还与切削力的大小和变化有关,因此在工艺上应注意合理选择定位基准和切削用量,精加工时,应适当增加走刀次数,以保持切削力的稳定和尽量减少切削力的影响。

**3. 机床进给运动方式的影响**

镗孔时常有由镗杆直接进给和由工作台在机床导轨上进给两种进给方式。进给方式对孔系加工精度的影响与镗孔方式有关,当镗杆与机床主轴浮动连接采用镗模镗孔时,进给方式对孔系加工精度无明显的影响;而采用镗杆与主轴刚性连接悬臂镗孔时,进给方式对孔系加工精度有较大的影响。

悬臂镗孔时,若以镗杆直接进给,如图4-23a所示,在镗孔过程中随着镗杆的不断伸长,刀尖处的挠曲变形量越来越大,使被加工孔越来越小,造成圆柱度误差;同理,若用镗杆直接进给加工同轴线上的各孔,则造成同轴度误差。反之,若镗杆伸出长度不变,而以工

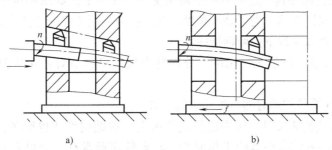

图4-23　机床进给方式的影响

a)镗杆进给　b)工作台进给

作台进给，如图 4-23b 所示，在镗孔过程中，刀尖处的挠度值不变（假定切削力不变），因此，镗杆的挠曲变形对被加工孔的几何形状精度和孔系的相互位置精度均无影响。

但是，当用工作台进给时，机床导轨的直线度误差会使被加工孔产生圆柱度误差，使同轴线上的孔产生同轴度误差。机床导轨与主轴轴线的平行度误差，使被加工孔产生圆度误差，在垂直于镗杆旋转轴线的截面内，被加工孔是正圆；而在垂直于进给方向的截面内，被加工孔为椭圆。不过所产生的圆度误差在一般情况下是极其微小的，可以忽略不计。例如当机床导轨与主轴轴线在 100mm 长度上倾斜 1mm，对直径为 100mm 的被加工孔，所产生的圆度误差仅为 0.005mm。此外，工作台与床身导轨的配合间隙对孔系加工精度也有一定影响，因为当工作台作正、反向进给时，通常是以不同部位与导轨接触的，这样，工作台就会随着进给方向的改变而发生偏摆，间隙越大，工作台越重，其偏摆量越大。因此，当镗同轴孔系时，会产生同轴度误差；镗相邻孔系时，则会产生孔距误差和平行度误差。

4. 切削热与夹紧力的影响

箱体零件壁厚不均，刚度较低，切削中切削热和夹紧力的影响是不可忽视的。粗加工时产生大量的切削热，从而引起箱体不同部位温升不同，造成各处的热变形不同。为消除工件热变形的影响，箱体孔系加工须粗、精两个阶段进行。由于本例所属砂轮架壳体的具体条件与批量关系，主轴孔加工没有粗、精加工明显分开，但孔的粗加工与精加工间均有一段较长时间的间隔，因此其热变形的影响能得到一定的改善，生产检验说明可保证零件加工精度要求。

箱体零件刚度较低，镗孔中若夹紧力过大或着力不当，极易产生变形。为消除夹紧变形对孔系加工精度的影响，精镗时夹紧力要适当，不宜过大，着力点应选择在刚度较强部位。

# 任务4　箱体零件的专用夹具

## 一、铣床夹具

铣床夹具是加工箱体零件上平面常用的工艺装备，由于铣削时切削力较大，冲击和振动也较严重，因此要求铣床夹具的夹紧力较大，夹具组成部分的强度和刚度较高。

铣削加工的切削时间较短，因而单件加工时的辅助时间相对地就显得长了。因此，降低辅助时间是设计铣床夹具时要考虑的主要问题之一。

1. 铣床夹具的类型

（1）直线进给铣床夹具　这类夹具安装在铣床工作台上，如图 4-24 所示，加工中工作台是按直线进给方式运动的。为了降低辅助时间，提高铣削工序的生产率，对于直线进给式的铣床夹具来说，可以采取下面两种措施：

1）采用多件或多工位加工，比单件分别装夹加工可以节省每次进刀的引进和越程时间。

2）使装卸工件等的辅助时间与机动时间重合。

（2）圆周进给式铣床夹具　圆周进给式铣床夹具的结构型式也很多，此处着重介绍转盘铣床上的圆周进给式铣床夹具的工作原理，转盘铣床通常有一个很大的转台或转鼓（前者为立轴，后者为卧轴）。在转台上可以沿圆周依次布置若干工作夹具，依靠转台旋转而将其上的工作夹具依次送入转盘铣床的切削区域，从而进行连续铣削。

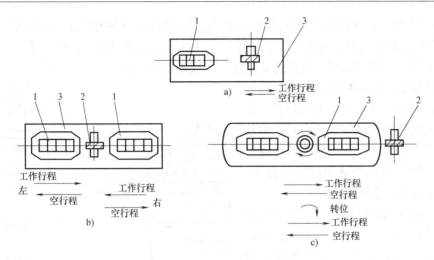

图 4-24　直线进给式铣床夹具应用
1—工件　2—铣刀　3—夹具体

如图 4-25 所示为圆周进给式铣床夹具的工作原理示意图。夹具 2 依次装在圆台铣床工作台 1 的圆周上，工件直接装在工作夹具中。工作时工作台按箭头方向旋转，将夹具依次送入双轴铣头的切削区域。双轴铣头中一个是粗铣，一个是精铣，工件经粗、精铣削后便离开切削区域，于是操作者便可取下铣好的工件，另装待铣。设计这类夹具时，必须注意使两相邻工位的铣刀间的空行程距离尽量缩短，以便缩短空行程时间损失，提高机床生产效率。在使用手动夹紧方式时，夹紧用的手把、螺母等应布置在易于操作而安全可靠的位置，最好布置在回转工作台的外圆位置上。

2. 铣床夹具设计要点

（1）对刀元件　对刀元件是铣床夹具的重要组成部分。有了对刀元件，可以准确而迅速地调整好夹具与刀具的相对位置。图 4-26 所示为标准的对刀块使用情况，标准对刀块的结构尺寸，可参阅国家标准。

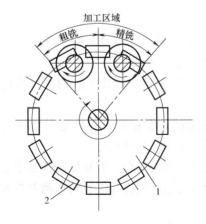

图 4-25　圆周进给式铣床夹具原理图
1—工作台　2—夹具

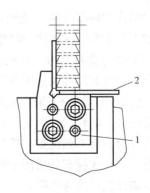

图 4-26　对刀块
1—对刀块　2—塞尺

采用对刀塞尺的目的是为了不使刀具与对刀块直接接触，以免损坏刀刃或造成对刀块过早磨损。使用时，将塞尺放在刀具与对刀块之间，凭抽动时的松紧感觉来判断，以适度为宜。

（2）铣床夹具的定位键　定位键安装在夹具底面的纵向槽中（见图4-27），一般采用2个，其距离越远，定位精度就越高。定位键不仅可以确定夹具在机床上的位置，还可以承受切削扭矩，减轻螺栓负荷，增加夹具的稳定性，因此，铣平面夹具有时也装定位键。除了铣床夹具使用定位键外，钻床、镗床等夹具也常使用。

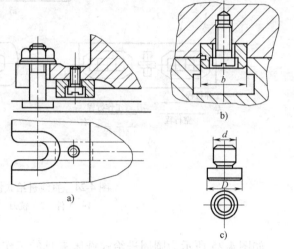

定位键有矩形和圆形两种，圆形定位键（见图4-27c）容易加工，但较易磨损，故使用不多。矩形定位键有两种结构形式，一种在键的侧面开有沟槽或台阶（见图4-27b），把键分为上下两部分，其上部按H7/h6与夹具体底面上的槽配合，下部与铣床工作台上的T形槽配合。因工作台

图4-27　定位键

的T形槽公差为H8或H7，故尺寸 $b$ 按h8或h6制造，以减小配合间隙，提高定向精度。另一种键为矩形（见图4-27a），上下两部分尺寸相同，适用于定向精度要求不高的夹具。

## 二、镗床夹具（镗模）

### 1. 镗模的组成

图4-28所示为加工车床尾架孔用的镗模。镗模的两个支承分别设置在刀具的前方和后方，镗刀杆9和主轴浮动连接。工件以底面槽及侧面在定位板3、4及可调支承钉7上定位，采用联动夹紧机构，拧紧夹紧螺钉6，压板5、8同时将工件夹紧。镗模支架1上用回转镗套2来支承和引导镗杆。镗模以底面A安装在机床工作台上，其位置用B面找正。可见，一般镗模是由定位元件、夹紧装置、引导元件（镗套）和夹具体（镗模支架和镗模底座）四部分组成。

### 2. 镗套

镗套的结构和精度直接影响到加工孔的尺寸精度、几何形状和表面粗糙度。设计镗套时，可按加工要求和情况选用标准镗套，特殊情况则可自行设计。

（1）镗套的分类及结构　一般镗孔用的镗套，主要有固定式和回转式两类，均已标准化，下面介绍它们的结构及使用特性。

1）固定式镗套的结构和前面介绍的一般钻套的结构基本相似。它固定在镗模支架上面，不能随镗杆一起转动，因此镗杆与镗套之间有相对运动，存在摩擦。

固定式镗套具有下列优点：外形尺寸小，结构紧凑，制造简单，容易保证镗套中心位置的准确。但是固定式镗套只适用于低速加工，否则镗杆与镗套间容易因相对运动发热过高而咬死，或者造成镗杆迅速磨损。

如图4-29所示为标准式固定镗套。图中A型无润滑装置，依靠在镗杆上滴油润滑；B型则自带润滑油杯，只需定时在油杯中注油，就可保持润滑，因而使用方便，润滑性能好。固定式镗套结构已标准化，设计时可参阅国家标准。

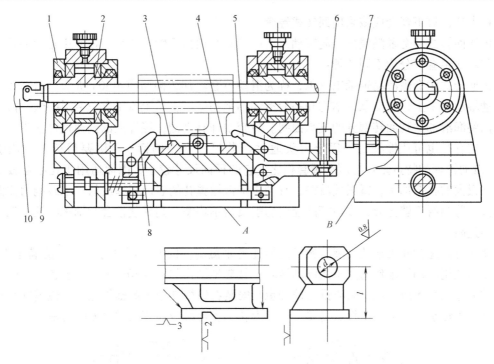

图 4-28　镗车床尾架孔镗模

1—支架　2—镗套　3、4—定位板　5、8—压板　6—夹紧螺钉
7—可调支承钉　9—镗刀杆　10—浮动接头

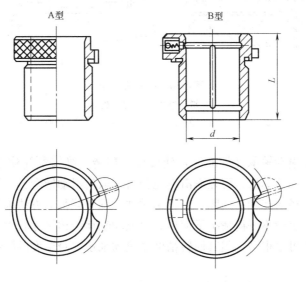

图 4-29　固定镗套

2）回转式镗套在镗孔过程中是随镗杆一起转动的，所以镗杆与镗套之间无相对转动，只有相对移动。当在高速镗孔时，这样便能避免镗杆与镗套发热咬死，而且也改善了镗杆磨损情况。特别是在立式镗模中，若采用上下镗套双面导向，为了避免因切屑落入下镗套内而

使镗杆卡住，故下镗套应该采用回转式镗套。

由于回转式镗套要随镗杆一起转动，所以镗套必须另用轴承支承。按所用轴承型式的不同，回转式镗套可分为下列几种：

①回转式镗套由滑动轴承来支承，称为滑动镗套。其结构如图4-30a所示。镗套2支承在滑动轴承套1上，其支承的结构和一般滑动轴承相似。支承上有油杯（图中未画出），经油孔而将润滑油送到回转部分的支承面间。镗套中开有键槽，镗杆上的键通过键槽带动镗套回转。它有时也可让镗杆上的固定刀头通过（若尺寸允许的话，否则要另行开专用引刀槽）。滑动镗套的特点是：与滚动镗套相比，它的径向尺寸较小，因而适用于孔心距较小而孔径却很大的孔系加工；减振性较好，有利于降低被镗孔的表面粗糙度值；承载能力比滚动镗套大；若润滑不够充分，或镗杆的径向切削负荷不均衡，则易使镗套和轴承咬死；工作速度不能过高。

②随着高速镗孔工艺的发展，镗杆的转速愈来愈高。因此，滑动镗套已不能满足需要，于是便出现用滚动轴承作为支承的滚动镗套，其典型结构如图4-30b所示。镗套6是由两个向心推力球轴承5所支承。向心推力球轴承是安装在镗模支架3的轴承孔中。镗模支承孔的两端分别用轴承盖4封住。根据需要，镗套内孔上也可相应地开出键槽或引刀槽。

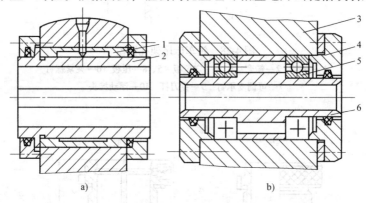

图4-30　回转式镗套

a）滑动镗套　b）滚动镗套

1—轴承套　2、6—镗套　3—支架　4—轴承端盖　5—向心推力球轴承

总之，镗套采用滚动轴承（标准件）使设计、制造、维修都简化方便；采用滚动轴承结构，润滑要求比滑动镗套低，可在润滑不充分时，取代滑动镗套；采用向心推力球轴承的结构，可按需要调整径向和轴向间隙，还可用对轴承预加载荷的方法来提高轴承刚度，因而可以在镗杆径向切削负荷不平衡情况下使用。但滚动轴承结构尺寸较大，不适用于孔心距很小的镗模；镗杆转速可以很高，但其回转精度受滚动轴承本身精度的限制，一般比滑动模套要略低一些。

（2）镗套的材料与主要技术条件　标准镗套的材料与主要技术条件可参阅有关设计资料。若需要设计非标准固定式镗套时，可参考下列内容：

1）镗套的材料可用渗碳钢（20钢、20Cr钢），渗碳层深度0.8~1.2mm，淬火硬度55~60HRC。一般情况下，镗套的硬度应比镗杆低。可用磷青铜制作固定式镗套，因减摩性好不易与镗杆咬住，可用于高速镗孔，但成本较高。对大直径镗套或单件小批生产时用的镗套，也可采用铸铁制作，目前也有用粉末冶金制造的耐磨镗套。镗套的衬套也用20钢制造，渗碳层深度0.8～1.2mm，淬火硬度58～64HRC。

2）镗套内径的公差带为H6或H7；镗套外径的公差带：粗镗用g6；精镗用g5；镗套内孔与外圆的同轴度：当内径公差带为H7时，为$\phi 0.01$mm；当内径公差带为H6时，为$\phi 0.005$mm（外径小于85mm时）或$\phi 0.01$mm（外径大于或等于85mm时）。镗套内孔表面的粗糙度值$Ra$为0.2μm（内孔公差带为H6时）或$Ra$0.4μm（内孔公差带为H7时），外圆表面粗糙度值$Ra$为0.4μm；镗套用衬套的内径公差带为：粗镗选用H7，精镗选用H6；衬套的外径公差带为n6；衬套的内孔与外圆的同轴度：当内径公差带为H7时，为$\phi 0.01$mm；当内径公差带为H6时，为$\phi 0.005$mm（外径＜52mm时）或$\phi 0.01$mm（外径≥52mm时）。

3. 镗模支架和镗模底座的设计

镗模支架是组成镗模的重要零件，它的作用是安装镗套并承受切削力，因此它必须有足够的刚度和稳定性，有较大的安装基面和必要的加强筋，以防止加工中受力时产生振动和变形。为了保持支架上镗套的位置精度，设计中不允许在支架上设置夹紧机构或承受夹紧反力。镗模支架与底座的连接，一般采用螺钉紧固的结构。在镗模装配中，调整好支架正确位置后，用2个对定销对定。支架一般用HT200灰铸铁铸造，铸造和粗加工后，须经退火和时效处理。

镗模底座是安装镗模其他所有零件的基础件，并承受加工中的切削力和夹紧的反作用力，因此底座要有足够的强度和刚度。底座一般用HT200灰铸铁铸造，铸造和粗加工后须经退火和时效处理。镗模底座的结构尺寸参数见表4-1。

表 4-1　镗模底座的结构尺寸参数表

| $L$ | $B$ | $H$ | $E$ | $a$ | $b$ | $d$ | $h$ |
|---|---|---|---|---|---|---|---|
| 按工件大小而定 | (1/6～1/8) $L$ | (1～1.5) $H$ | 10～20 | 20～30 | 5～8 | 20～30 |

镗模底座上应设置找正基面 $C$（见表4-1附图），以找正镗模在机床上的正确工作位置，找正基面与镗套轴线的平行度为0.01/300mm。为减少加工面积和刮研工作量，镗模底座上安装各零、部件的结合面应做成高为5mm的凸台面。考虑镗模在装配和使用中搬运的方便，应在镗模底座上设置供装配吊环螺钉或起重螺栓的凸台面和螺孔。

**三、专用夹具的设计方法**

1. 专用夹具的设计方法和步骤

（1）夹具的生产过程和基本要求　夹具的生产过程一般可以简单地表示成下面的框图：

夹具设计任务→夹具结构设计→使用、制造部门会签→夹具制造→夹具验证→使用生产

对夹具设计的基本要求是：能稳定可靠地保证工件的加工技术要求、能提高劳动生产

率、操作简便并具有良好的工艺性。

（2）夹具设计的步骤　专用夹具设计时，一般按照下面的步骤进行，最终完成夹具的设计。

1）明确设计任务，收集、研究设计的原始资料。在这个阶段应做的工作有：①明确设计任务书要求，收集并熟悉加工零件的零件图、毛坯图和其加工工艺过程；了解所用机床、刀具、辅具、量具的有关情况及加工余量、切削用量等参数。②了解零件的生产类型。若为大批量生产，则要力求夹具结构完善，生产率高。若批量不大或是应付急用，夹具结构则应简单，以便迅速制造后交付使用。③收集有关机床方面的资料，主要是机床上安装夹具的有关连接部分尺寸。如铣床类夹具，应收集机床工作台 T 形槽槽宽及槽距。对车床类夹具，应收集机床主轴端部结构及尺寸。此外，还应了解机床主要技术参数和规格。④收集刀具方面的资料，了解刀具的主要结构尺寸、制造精度、主要技术条件等。例如，若需设计钻床夹具的钻套，只有知道了孔加工刀具的尺寸、精度，才能正确设计钻套导引孔尺寸及其极限偏差。⑤收集辅助工具方面的资料。例如镗床类夹具则应收集镗杆等辅具资料。⑥了解本厂制造夹具的经验与能力，有无压缩空气站及其气压值等。⑦收集国内外同类型夹具资料，吸收其中先进而又能结合本厂情况的合理部分。

2）确定夹具结构方案，绘制出结构草图的主要工作内容如下：①确定工件的定位方式，选择或设计定位元件，计算定位误差。②确定刀具的导引方式及导引元件（钻床类夹具）。③确定工件的夹紧方式，选择或设计夹紧机构，计算夹紧力。④确定其他装置（如分度装置、工件顶出装置等）的结构型式。⑤确定夹具体的结构型式。确定夹具体的结构型式时，应同时考虑连接元件的设计。铣床类夹具除连接元件外，还应考虑对刀方式的确定，并选择或设计对刀元件。

　　在确定夹具各组成部分的结构时，一般都会产生几种不同的方案，应分别画出草图，进行分析比较，从中选择较为合理的方案供审查。

3）在绘制夹具总图时，应注意下列问题：①绘制夹具总图时，除特殊情况外，均应按 1:1 的比例绘制，以保证良好的直观性。②主视图应尽量符合操作者的正面位置。③总图上用红笔或双点画线画出工件轮廓线，并将其视为假想"透明体"，它不影响其他元件或装置的绘制。④总图绘制顺序一般为：工件→定位元件→导引元件（钻床类夹具）→夹紧装置其他装置→夹具体。

4）夹具总图的结构绘制完成后，需在图上标注五类尺寸和四类技术条件，标注内容和标注方法后面将专门阐述。

5）编写零件明细表。总图上的明细表应具有以下几方面的内容：序号、名称、代号（标准件号或通用件号）、数量、材料、热处理、质量。

6）绘制总图上的非标准件零件图。

2. 夹具总图上尺寸、公差与配合和技术条件的标注

（1）夹具总图上应标注的五类尺寸

1）夹具外形轮廓尺寸。指夹具在长、宽、高三个方向上的外形最大极限尺寸，若有可动部分，则指运动件在空间可达到的极限尺寸。标注此类尺寸的作用在于避免夹具与机床或刀具发生干涉。加工如图 4-31a 所示工件中的 $\phi6H9$ 小孔可用如图 4-31b 所示的夹具，该夹具总图上应标注的外形轮廓尺寸为图 4-31b 中的尺寸 $A$。

2）工件与定位元件间的联系尺寸。这类尺寸主要指工件定位面与定位元件定位工作面的配合尺寸和各定位元件间的位置尺寸。配合尺寸精度和位置尺寸公差都将对定位精度产生很大影响，一般是依据工件在本道工序的加工技术要求，并经计算后进行标注。标注此类尺寸的作用是保证定位精度，满足加工要求。它也是计算定位误差的依据。图4-31中的尺寸B属此类尺寸。

3）夹具与刀具的联系尺寸。这类尺寸主要指对刀元件、导引元件与定位元件间的位置尺寸；导引元件之间的位置尺寸及导引元件与刀具（或锥杆）导向部分的配合尺寸。其作用在于保证对刀精度及导引刀具的精度。图4-31中的尺寸C属此类尺寸。

4）夹具与机床连接部分的联系尺寸。这类尺寸主要指夹具与机床主轴端的连接尺寸或夹具定位键、U形槽与机床工作台T形槽的连接尺寸。其作用在于保证夹具在机床上的安装精度。

5）夹具内部的配合尺寸。在夹具总图上，凡属夹具内部有配合要求的表面，都必须按配合性质和配合精度标上配合尺寸，以保证夹具装配后能满足规定的使用要求。图4-31中的尺寸E均属此类尺寸。

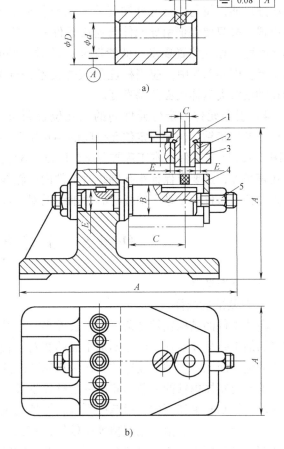

图4-31　钻轴套工件 $\phi6H9$ 孔夹具
1—钻套　2—衬套　3—钻模板
4—开口垫圈　5—定位心轴

（2）夹具总图上应标注的四类技术条件　夹具总图上标注的技术条件指夹具装配后应满足的各有关表面的相互位置精度要求。这些相互位置精度要求可归纳成如图4-32所示的关系，图中箭头所指表示确定方框内元件（或表面）位置的基准，1、2、3、4则表示四类不同的技术条件。该四类技术条件的具体内容如下：

1）定位元件之间的相互位置要求。这类技术条件指组合定位时，多个定位元件之间的相互位置要求或多件装夹时相同定位元件之间的相互位置要求。标注的目的是要保证定位精度。

2）定位元件与连接元件和（或）夹具体底面的相互位置要求。夹具在机床上安装时是通过连接元件和（或）夹具体底面来确定其在机床上的正确位置的，而工件在夹具上的正确位置靠夹具上的定位元件来保证。因此，工件在机床上的最终位置，实际上就由定位元件与连接元件和（或）夹具体底面间的相互位置来确定。故定位元件与连接元件和（或）夹具体底面间就应当有一定的相互位置要求。图4-31中应标注的该类技术条件是定位心轴轴线对夹具体底面的平行度。

3）引导元件与连接元件和（或）夹具体底面的相互位置要求。标注这类技术条件的目的是要保证刀具相对工件的正确位置。加工时，工件在夹具定位元件上定位，而定位元件如前所述已能保持与连接元件和（或）夹具体底面的相互位置，故只要保证引导元件与连接元件和（或）夹具体底面的相互位置要求，就能保证刀具对工件的正确位置。图 4-31b 中，应当标注的该类技术条件为钻套孔轴线对夹具体底面的垂直度。

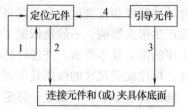

图 4-32　四类技术条件的
相互位置关系

4）引导元件与定位元件间的相互位置要求。这类技术条件指钻、镗套与定位元件间的相互位置要求。如图 4-31a 所示工件，本工序要钻 $\phi6H9mm$ 小孔，除小孔直径外，还要求保证小孔轴线对工件内孔轴线的对称度。这时，在夹具总图中应当标注的该类技术条件就是钻套轴线对心轴轴线的对称度。

# 任务5　工艺方案的设计

## 一、基准选择

### 1. 粗基准的选择

箱体零件的结构比较复杂，加工表面多，粗基准选择是否合理，对各加工表面能否分到适当的加工余量及对加工面与不加工面的相对位置关系有很大影响。生产中一般都选用主轴承孔的毛坯面和距主轴孔较远的孔作为粗基准。这是因为铸造箱体毛坯时，形成主轴孔、其他支承孔及箱体内壁的砂芯是装成一个整体安装到砂箱中的，它们之间有较高的位置精度，因此以主轴承孔毛坯面作为粗基准可以较好地满足上述各项要求。

中小批生产时，由于毛坯精度比较低，直接以主轴承孔中心线定位，不能保证毛坯的定位精度或者毛坯上没有铸出圆孔毛面。因此，常常以划线的方式装夹工件。划线时，以主轴承孔中心线为基准，考虑到毛坯的外形、尺寸、规则以及加工面均有足够的加工余量，划出主要定位基准面线，然后以此为基准划出各加工面线。加工时，按线找正装夹工件，这样就体现了以主轴孔为粗基准原则。严格来讲，此种方法并不是以主轴承孔中心线为粗基准，而是将它作为主要参考粗基准。本例中由于没有铸出圆孔毛面，因此划线时应先确定主轴孔的中心线位置，然后以此中心线为基准再划零件各个表面的加工线。

大批量生产时，毛坯的精度较高，可以直接以主轴承孔在夹具上定位。这样既能保证高效率又能保证定位、加工精度。从本质上来讲，此种定位方式是以毛坯较高精度为前提的，如果不能保证毛坯的高精度，定位仍然是不准确的。本例以主轴孔作为粗基准。

### 2. 精基准的选择

从保证箱体上孔与孔、孔与平面及平面与平面之间都有较高位置精度要求，箱体加工应遵循"基准统一"的原则选择精基准，使具有位置精度要求的大部分表面，能用同一精基准定位加工。此外，采用统一定位基准，还有利于减少夹具设计与制造的工作量，加快生产准备，降低成本。

在中小批生产中采用以装配基面作为统一的定位基准，这样使装配、加工都采用同一基准，既符合基准重合，又符合基准统一原则。从定位精度和加工质量上容易得到保证，有利于零件工作性能的发挥。以导轨面作为精基准进行加工，由于导轨面既是主轴孔的设计基准，也是箱体在磨床上的装配基准，它与箱体主轴孔、端面、侧面均有直接位置关系。以导轨面作为精基准时，消除了基准不重合误差，有利于保证各表面之间的位置精度。精基准面的定位精度对零件的加工精度影响较大，因此往往又采用互为基准原则对精基准面先行进行精加工，这又贯彻了基准面先行的原则，所以在零件生产类型为中小批生产时，其精基准的选择比较灵活，总的原则是保证零件的加工精度，同时又能最大限度地提高生产效率及效益，以取得良好的综合效益。

大批量生产时，主要考虑生产效率。这时，一般采用一面两孔作为统一基准，使机床夹具结构简化、刚度提高，工件装卸快速方便。这一定位方式由于定位基准和设计基准（装配基准）不重合，有基准不重合误差产生。为保证箱体的加工精度，必须提高作为定位基准面的箱体顶面和两定位孔的加工精度。本例以装配基面作为主要精基准。

**二、表面加工方法的选择**

根据零件图样的设计要求，查阅《机械加工工艺手册》，确定其主要表面的加工路线。

顶面：刨削—精铣；平导轨面：粗刨—精刨；Ｖ形导轨面：粗刨—精刨—刮研；主轴承孔：钻—扩—镗—浮动镗。

**三、加工阶段的划分**

箱体零件各主要表面的粗、精加工分阶段进行。因为箱体类零件结构复杂、刚度低、加工精度高，粗加工时，切削余量大，切削力大，夹紧力大，切削热大，工件受力、受热产生的应力和变形也大。粗、精加工分阶段进行，精加工时就可以减小夹紧力，并且中间可停留一段时间有利于应力的消失，以稳定精加工时获得的精度。同时还可以根据粗、精加工的不同要求合理地选用设备，及时发现毛坯缺陷，剔除废品，避免工时浪费。如本例的基准平面以及重要平面的加工明显地分为粗、半精和精加工三个阶段工序。

综上所述，本例加工的工艺路线为：铸造毛坯→时效→油漆→划线→粗、半精加工基准面→粗、半精加工各平面→精加工基准面→精加工各平面→粗、半精加工各主要孔→粗、精加工各次要孔→精加工主要孔→加工各螺孔、紧固孔、油孔等→修毛刺→清洗→检验。

**四、工序顺序的安排**

1. 机械加工工序的安排

根据零件的生产类型，零件的工艺过程按照集中原则进行安排，在同一工序中能完成的内容尽量同时完成。据现场的生产条件和设备情况，零件平面加工采用铣或刨的方法进行。对于比较窄长而小的平面采用刨削，同时又能于一次装夹中尽量多地加工平行表面，而对于尺寸较大或较均匀的表面则采用铣削的方法进行加工，以提高效率。这种集中属于技术集中而非设备集中。生产中均采用通用设备，加工中比较多地对零件进行了找正、校正等技术手段来保证零件的加工精度，因此本例更适合于掌握技术的训练。从零件表面的加工顺序上分析，首先对定位表面以及工艺表面进行加工，以利于零件的准确定位。如顶面的刨削、工艺凸台的加工、导轨背面的加工先于其他重要表面的加工，为重要表面的加工准备了较好的定位基准面。其工艺过程见表4-2。

**表 4-2　磨床砂轮架箱体加工工艺过程**

| 工序 | 工序内容 | 设备 | 夹具 | 刀具 | 量具 |
|---|---|---|---|---|---|
| 1 | 铸造：<br>毛坯清理<br>人工时效 | 时效炉 | | | |
| 2 | 划线：<br>以下各加工线均划通一周<br>A. 工件倒立,找正<br>1. 划两端 φ50H7mm 水平中心线,连通<br>2. 划右边尺寸 58mm 上面加工线<br>3. 划顶面加工线至尺寸 83mm,照顾尺寸 268mm<br>B. 工件转 90°,校正<br>4. 划两端 φ50H7mm 垂直中心线,连通<br>5. 划平导轨外侧面加工线至尺寸 89mm<br>6. 划 V 形导轨外侧面加工线至尺寸 236.5mm<br>7. 划 V 形导轨中心线至尺寸 130mm<br>8. 划箱体右边尺寸 110mm 的两侧均高 3mm 的搭子面加工线<br>C. 以导轨背部平面定位,校正<br>9. 划尺寸 $30^{+0.15}_{+0.10}$ mm 右侧等高平面加工线<br>10. 划平导轨面加工线<br>11. 划右边端面加工线至尺寸 148.5mm<br>12. 划尺寸 220mm 右侧面加工线,注意内 φ80mm 端面的加工余量留够<br>13. 划尺寸 151.5mm 左侧搭子面加工线<br>14. 划左端面加工线至尺寸 381mm<br>15. 在两 φ50H7 端面上分别打中心孔均 A5<br>16. 检验 | 平台、<br>划针、<br>高度<br>尺等 | | 中心钻:A5/12.5mm | |
| 3 | 刨削：<br>A. 组合夹具装夹,按线找正,压紧<br>1. 刨顶面,尺寸 83mm 至 85mm;平面度 0.1mm<br>2. 刨右边尺寸 58mm 的上平面至尺寸 60mm<br>3. 刨槽 3mm×1mm,照顾尺寸 220mm,槽深 1mm 至尺寸 3mm<br>B. 组合夹具装夹,校正,压紧<br>4. 刨平导轨外侧面至尺寸 34mm<br>5. 刨尺寸 110mm 左边 Ra12.5μm 搭子面高 3mm,30mm 宽的矩形搭子面高 4.5mm<br>6. 刨槽 3mm×1mm 与相邻的 3mm×1mm 槽相接通<br>7. 粗刨尺寸 $30^{+0.15}_{+0.10}$ mm 的右侧面,留余量 2mm<br>8. 刀具校正尺寸 160mm 一侧面,照顾尺寸 34mm 和 55mm<br>9. 粗刨平导轨面,留余量 2mm | B650 | 组合夹具 | | |

（续）

| 工序 | 工序内容 | 设备 | 夹具 | 刀具 | 量具 |
|---|---|---|---|---|---|
| 3 | C. 工件翻转,校正,另组合夹具<br><br>10. 刨 V 形导轨外侧面至尺寸 236.5 $_{-0.05}^{0}$ mm<br><br>11. 粗刨 V 形导轨背部平面,对平导轨背部平面等高允差 0.1mm<br><br>12. 刨尺寸 110mm 右边搭子面高 3mm<br><br>13. 按图示倒角修毛刺<br><br>14. 检验 | B650 | 组合夹具 | | |
| 4 | 铣削:<br><br>以顶面校正,压紧<br><br>1. 铣右端面至尺寸 146.5mm(参考尺寸 220mm + 73.5mm = 293.5mm)<br><br>2. 掉头铣左端面总长至尺寸 381mm<br><br>3. 铣尺寸 151.5mm 左边搭子面<br><br>4. 修去锐棱飞边<br><br>5. 检验 | X63W | 顶面 | | |
| 5 | 刨削:<br><br>刨削夹具装夹,导轨背部平面定位,校正,压紧<br><br>1. 粗刨 V 形导轨面<br><br>2. 刨 V 形导轨顶面至尺寸<br><br>3. 切槽及刀具修正尺寸 160mm 上面<br><br>4. 精刨 V 形导轨面<br><br>5. 精刨平导轨面,与 V 形导轨面允差 0.1mm,只允许 V 形导轨面高<br><br>6. 切槽 5mm×1mm<br><br>7. 按图倒角<br><br>8. 检验 | 龙门刨床 | 导轨背部平面 | 5mm 及 7mm 专用刨槽刀 | 校规:<br>Z1 - Z |
| 6 | 钳工:<br><br>刮平 V 形导轨面,接触精度 12 点/(25mm×25mm) | | | | |
| 7 | 刨削:<br><br>刨削夹具装夹,导轨面定位,校正,压紧<br><br>1. 精刨导轨背部两平面,等高允差 0.1mm,对基准"D"的平行度允差 0.05mm<br><br>2. 切槽两处均 5mm×1mm<br><br>3. 刀具修正 160mm 两侧面<br><br>4. 检验 | 龙门刨床 | 导轨面 | | |

（续）

| 工序 | 工序内容 | 设备 | 夹具 | 刀具 | 量具 |
|---|---|---|---|---|---|
| 8 | 铣削：<br>铣削夹具装夹,校正,压紧<br>1. 精铣顶面至尺寸 83mm,对基准"C"的垂直度不大于 0.1mm<br>2. 精铣右边尺寸(58±0.1)mm 的上平面<br>3. 精铣尺寸 110mm 左边的 30mm 宽矩形搭子面高 3mm<br>4. 检验 | X63W | 导轨面 | 盘铣刀<br>锥柄立铣刀 $\phi$45mm | |
| 9 | 镗削：<br>镗模装夹,校正,夹紧：尺寸(58±0.1)mm 校至 $58^{+0.3}_{0}$mm<br>1. 先钻右端孔 $\phi$50H7mm 至 $\phi$38mm<br>2. 扩孔至 $\phi$40mm<br>3. 用 $\phi$40mm 立铣刀 + 接长套铣中部的 R20mm<br>4. 用 $\phi$38mm 接长钻 + 接长套钻左端 $\phi$50H7mm 底孔透<br>5. 再用 $\phi$40mm 接长钻 + 接长套扩左端孔至 $\phi$40mm<br>6. 镗、铰两端孔 $\phi$50H7 至尺寸,保证尺寸(58±0.1)mm 至尺寸 $58^{+0.3}_{0}$mm<br>7. 刮右端面 $\phi$82mm 深 1mm<br>8. 刮内端面 $\phi$80mm 至尺寸 295.5mm<br>9. 刮左端面 $\phi$82mm 深 1mm<br>10. 各孔口如图倒角 C1<br>11. 检验 | T611A | 导轨面、顶面 | 接长钻：<br>$\phi$14.5mm×300mm<br>$\phi$38mm×450mm<br>$\phi$40mm×450mm<br>锥柄立铣刀：$\phi$40mm<br>镗杆：F3-2<br>固定镗刀块：49.85/R3-8<br>浮动镗刀块：45～50mm<br>端面刮刀：85/R3～26mm<br>82/R3～3mm | 塞规：50H7 |
| 10 | 镗削：<br>A. 镗模装夹,校正,压紧<br>1. 钻、攻右边 3-M16×1.5-7H<br>(1) 先加工与顶面垂直的孔：<br>①钻底孔至 $\phi$14.5mm<br>②沉孔 $\phi$22mm 深保证尺寸 $46.5^{0.1}_{0}$mm<br>③攻丝 M16×1.5-7H<br>(2) 工件转位 120°,同上步骤加工<br>(3) 工件再转位 120°,同上步骤加工<br>B. 工件翻转,校正<br>2. 钻、攻左边 3-M16×1.5-7H,步骤同工步1,方位勿错!!!<br>3. 修去孔内毛刺 | T611A | 导轨面、顶面 | 丝锥：R4-2<br>平锪钻：R5-2 | |

（续）

| 工序 | 工序内容 | 设 备 | 夹具 | 刀　具 | 量具 |
|---|---|---|---|---|---|
| 11 | 钳工：<br>A. 顶面<br>1. 钻孔 $\phi 30$mm，钻透<br>2. 钻、攻 5-M8-7H 深 10mm，底孔勿钻透！！<br>3. 划、钻、攻左边 M8-7H 深 14mm<br>4. 钻模夹紧，钻、攻右边 4-M8-7H 深 20mm<br>5. 划、钻导轨端面上 2×$\phi 4$mm 油孔深至 26mm<br>6. 扩孔 2-Z1/8in 底孔至 $\phi 8.7$mm 深 13mm<br>7. 攻螺纹 2-Z1/8in<br>B. 右面，钻磨装夹<br>8. 钻、攻 3-M6-7H 深 12mm<br>9. 钻孔 3×$\phi 7$mm<br>10. 沉孔 3×$\phi 11$ 深 42mm<br>11. 划、钻 2×M6 底孔至 $\phi 5.1$mm<br>12. 锪平 2×$\phi 10$mm<br>13. 攻丝 2-M6-7H 深 12mm<br>14. 划、钻平导轨 $\phi 4$mm 油孔透<br>15. 划、钻 V 导轨上 2×$\phi 4$mm 油孔透<br>C. 左面，钻磨装夹<br>16. 钻 Z1/4in 底孔 $\phi 11.3$mm 透，攻螺纹 Z1/4in<br>17. 钻、攻 3-M6-7H 深 12mm<br>18. 钻、扩、铰孔 $\phi 12$H8 透<br>19. 划、钻、攻 M8-7H 深 16mm，底孔勿钻透！！<br>20. 划、钻、攻 Z1/4in<br>D. 导轨两外侧方向<br>21. 划、钻 V 导轨外侧 $\phi 4$mm 油孔深至 35mm<br>22. 划、钻、攻 M6-7H 透一壁（在 N 向）<br>23. 钻模装夹，M 向<br>（1）钻、攻 2-M5-7H 深 7mm<br>（2）钻、攻 2-M8-7H 深 16mm（K 向），底孔勿钻透！！<br>24. 划、钻、攻另一 Z1/4in（在 C—C 上）<br>E. 两处斜面上<br>25. 划、钻 M27×1.5mm 底孔至 $\phi 25.6$mm<br>26. 平锪孔 $\phi 38$mm 深 5mm<br>27. 攻螺纹 M27×1.5-7H<br>28. 划、钻 M16×1.5 底孔至 $\phi 14.5$mm<br>29. 平锪孔 $\phi 22$mm 深 6mm<br>30. 攻螺纹 M16×1.5-7H<br>F. 导轨面及背部平面上（在"L—L"和"G—G"上）<br>31. 錾平 V 导轨面上油槽宽 3mm 深 1mm<br>32. 錾导轨背部平面上油槽宽 3mm 深 1mm<br>33. 检验 | Z35 | | 钻头：$\phi 4$mm、$\phi 4.2$mm、<br>$\phi 5.1$mm、$\phi 6.7$mm、<br>$\phi 7$mm、$\phi 8.7$mm、<br>$\phi 10$mm、$\phi 11.3$mm、<br>$\phi 14.5$mm、$\phi 25.6$mm、<br>$\phi 30$mm<br>直柄长钻头：$\phi 6.7$mm<br>接长钻头：$\phi 4$mm ×<br>250mm<br>平锪钻：11×7<br>R5-2/M9116A<br>R5-9/2M9120A<br>扩孔钻：11.75<br>铰刀：12H8<br>丝锥：<br>M5-H2<br>M6-H2<br>M8-H2<br>Z1/8in<br>M16×1.5-H2<br>M27×1.5-H2<br>接长丝锥：<br>M8-H2×150<br>Z1/4in ／ R4-1 | |

（续）

| 工序 | 工序内容 | 设备 | 夹具 | 刀具 | 量具 |
|---|---|---|---|---|---|
| 12 | 立铣：<br>专用夹具装夹，校正<br>1. 铣去 V 导轨背部沉槽内侧凸出的多余金属，与厚 14mm 的毛面平即可，无则免加工<br>2. 修毛刺<br>3. 检验 | X53 | 导轨面 | 35mm 锥柄立铣刀长 280mm | |

在安排时应遵循下列几个方面：

1）箱体加工采取先加工平面，后加工轴孔的顺序。加工顺序通常是先加工精基准平面，然后加工孔。在同一加工阶段中，应先加工平面后加工平面上的孔。此外，由于箱体上孔大多分布在箱体外壁和中间隔壁的平面上，先加工平面，切除了铸件表面的凹凸不平及夹砂等缺陷，可减少钻头引偏，防止扩、铰孔刀具崩刃，对刀、调整也比较方便，为保证孔的加工精度创造了条件。

2）工序 3 是零件机械加工的第一道工序。按照工序排列的基本原则，该工序应首先加工定位基准面。零件按照划线找正进行安装 A 后，第一个工步对顶面进行刨削加工，同时对与其平行的尺寸 58mm 上平面和水平方向的 3mm×1mm 退刀槽也进行了加工，最大限度地保证了在同一次安装中尽量多的加工表面，相对提高了加工效率。在安装 B 中，对已加工顶面进行校正，然后按线加工，保证了以下工步所加工表面与安装 A 中加工表面垂直。该安装中所加工表面基本上都是后续工序或工步加工的定位表面，如工艺凸台、平导轨面及其背部平面等。工序中平导轨面的加工先于 V 形导轨面加工，是因为在砂轮架装配结构及运动关系中，V 形导轨面起主要导向与定位作用，其加工必须有较好加工条件与定位面，所以 V 向导轨面的加工不能在此安装中进行，安装 B 中的加工内容都是为后续主要表面——V 形表面的加工进行准备。有了安装 B 中的表面加工，就可以较好地进行安装 C 中的表面加工。

3）有了工序 3 的准备工作，零件的加工就能较好地定位并保持较高的加工效率，所以工序 4 采用铣削的方法对左右两端面以及工艺凸台进行较快的加工。此工序定位较快、稳定、容易，其校正面也比较精确。

4）工序 5 是对零件的装配基准面进行加工，因此保证导轨面的尺寸精度、位置精度是本工序的主要任务。在进行了上述准备以后，零件的外形尺寸都比较规矩、精确，为保证导轨面的加工精度提供了很好的加工基础与条件；由于平导轨面与 V 形导轨面在零件装配中联合起定位导向作用，它们之间是相互配合和相互依赖的关系，相互间有较高的位置精度要求，因此两导轨面的加工安排在一起进行加工，能更好地保证这些位置要求，如两导轨面的平行度 0.02mm 的要求等。

5）工序 6 是对导轨面的精加工，其主要目的是提高导轨面的接触精度，加强导轨副的接触强度。工序 7 是对导轨背面进行精加工，因为导轨装配及其使用时，其背面利用压板、螺钉对导轨与磨床立柱导轨进行连接形成导轨副，并保持在受力以及使用中有正确的运动精度和导向精度，配合间隙较小，因此砂轮架的导轨面与其背面必须平行。加工中以导轨面定位对其背面进行精加工，更好地保证了这项精度要求。同样，工序 8 中的加工表面也与主要表面有较高位置要求，如顶面对基准 C 的垂直度要求 0.04mm，应对其进行精加工。这样安排符合"与重要表面有高位置要求的表面，在重要表面加工后，必须对该面进行修正加工"的原则要求。

6）工序 9 对砂轮架最重要的面——轴承孔进行加工。由于零件为小批量生产，零件组织生产以集中原则进行，所以主轴孔的加工必须要有精确的定位基准和较高的加工条件。该工序中对主轴孔以及主轴的轴向定位面同时进行加工，容易保证尺寸精度和它们之间的位置精度。零件采用加工好的导轨面进行定位，其定位精度高，并且符合基准重合原则，减少了基准不重合误差，与小批量的生产类型相适应。

7）工序 10、11、12 均属于次要表面的加工。这些表面的加工更集中。它们的尺寸精度要求相对较低，但它们与主要表面间有相互位置要求，若工序安排过前，这些位置精度就会得不到保证。虽然有些表面与主要表面没有单独提出位置要求，但在使用中这些位置误差会影响零件的连接精度、强度等，并且其数量大、位置复杂，工作量大，所以将其加工安排在靠后位置进行，有利于保证这些位置精度要求，同时又不会浪费劳动，只是操作时应注意保护主要表面的精度。

2. 其他工序的安排

（1）箱体毛坯及加工中安排合适的热处理　箱体毛坯比较复杂，壁厚不均，铸造应力较大。为了消除内应力，减少变形，保证箱体的尺寸稳定性，对于普通精度的箱体，毛坯铸造完后要安排一次人工时效。对于高精度的箱体或形状特别复杂的箱体，在粗加工后再安排一次人工时效处理，以消除粗加工中产生的残余应力。对于特别精密的箱体零件，在机械加工阶段尚需安排较长时间的自然时效处理。对于大批量生产时，由于以高效率、较大的切削用量组织生产，产生了较大的内应力，粗加工之后需安排一次时间较长的自然时效（这个自然时效由于是多件堆积，按生产节拍顺次进行下道工序加工，故不会影响生产效率）。中小批生产中生产的节拍性要求不强，切削用量较小，故产生的内应力相对较小，利用粗、精加工间的停歇和运输时间，就可使工件得到自然时效。本例铸件毛坯就只安排了一次时效处理。

（2）关于辅助工序　主要指检验工序的安排。零件由于批量较小，没有安排专门的检验工序。与主轴加工时相同，零件的检验安排在每个工序之后由操作人员进行，这样既省时省力又保证了工件加工精度，如果零件是大批量生产，这样安排就不合理。

**五、机床及工艺装备的选择**

通过工艺过程的分析，结合现有生产条件和工序要求，机床及工艺装备的选择如下：

1. 机床的选择

由于小批生产，本例选 B650 刨床、X63W、龙门刨床、T611A、X53 等作为主要加工设备。

2. 夹具的选择

在加工主轴孔、顶面及左端面孔加工时，均采用专用夹具。其中，加工主轴孔的夹具如图 4-33 所示，其他采用组合夹具。

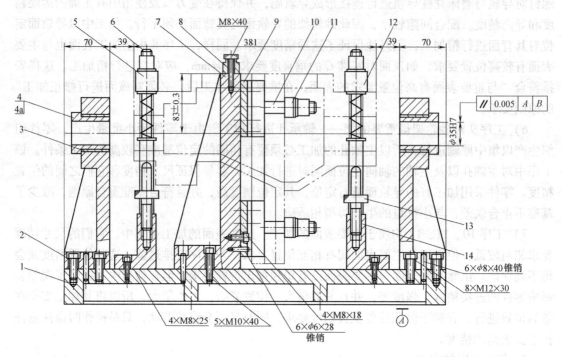

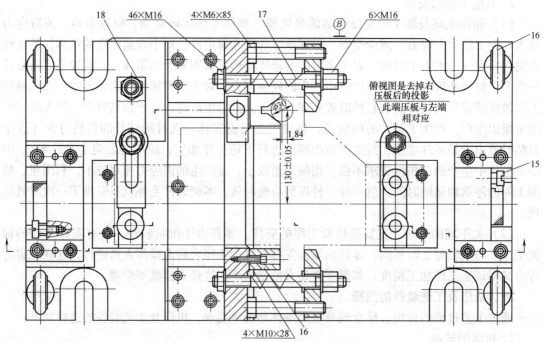

图 4-33　工序 9 主轴孔加工镗模

1—夹具体　2—支架　3—衬套　4—镗套　4a—快换钻套　5—长压板　6、10—双头螺柱

7—弯板　8—挡板　9—V 形垫板　11—短压板　12—短弹簧　13—可调支承　14—支承架

15—镗套螺钉　16—平行垫块　17—长弹簧　18—螺柱

3. 其他工装的选择

刀具（中心钻、刨刀、研具、端面刮刀、麻花钻、浮动镗刀、平锪钻、铰刀及专用刀具刨槽刀）、划线工具、通用量具在零件加工中随处可见。例如内端面加工在用镗刀进行镗加工后，必须采用如图 4-34 所示的专用刮刀进行精加工。

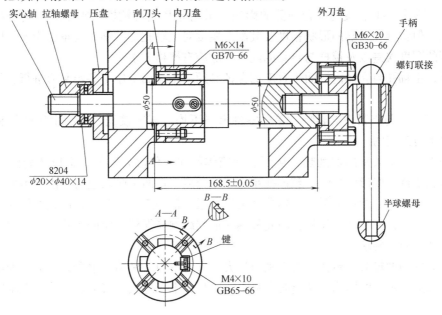

图 4-34　内端面刮刀及其使用

### 六、加工余量及切削参数的选择

由于小批量生产，加工余量及切削参数由操作者在零件工艺实施的过程中根据以往的经验确定。

通过以上分析，可以看到零件的加工工艺比较灵活，零件加工方法、工序安排、工装使用没有固定的模式，编制零件加工工艺时应在遵守基本原则的前提下，灵活运用所学知识，充分利用现场条件，在加工条件不太好的情况下，发挥操作人员的技能水平，同样会取得较好的综合效益。这也是机械加工工艺的难点。

### 七、砂轮架箱体加工中关键工艺问题及解决办法

前已述及，砂轮架箱体的主要加工面为平面和孔，由于平面易加工，如何保证支承轴孔的尺寸形状、孔与孔间、孔与平面间的位置精度成为箱体加工中的关键。要保证支承轴孔的各项精度指标要求，除了前面分析的在工艺安排上应注意若干问题以外，孔加工的具体方法也有一些相应的措施。根据三片瓦结构磨床砂轮架的使用性能与装配结构关系，砂轮架箱体主轴支承孔为具有较高同轴度要求的同轴孔加工，主轴孔中心线与箱体的内端面具有较高垂直度要求。所以砂轮架箱加工中应主要解决这两个位置精度以及孔本身的尺寸精度要求、形状精度要求。

1. 主轴孔加工方法

本磨床砂轮架主轴孔采用镗模法加工。用镗模加工孔系时，工件装夹在镗模上，镗杆被支承在镗模的导套里，由导套引导镗杆对工件进行镗孔，如图 4-33 所示。

**2. 影响主轴孔加工精度的因素**

（1）镗杆受力变形的影响　镗杆受力变形是影响孔系加工精度的主要因素之一。镗杆与机床主轴刚性连接悬伸镗孔时，镗杆的受力变形最严重。悬伸越长，变形越大，对孔精度的影响就越大。

（2）镗杆和导套精度与配合间隙的影响　采用导套或者镗模法加工时，使镗杆的刚度大大提高，但镗杆和导套的形状精度及其配合精度对主轴孔加工精度有重要影响。因此，精镗时镗杆的圆度误差以及镗杆与导套的配合间隙应有严格要求。

另外，主轴孔与壳体内端面垂直度的保证必须采用端面专用工装与刮刀进行，如图4-34所示。

（3）切削热与夹紧力的影响　箱体零件壁厚不均，刚度较低，切削中切削热和夹紧力的影响是不可忽视的。

粗加工时产生大量的切削热，从而引起箱体不同部位温升不同，造成各处的热变形不同。为消除工件热变形的影响，箱体孔系加工须分粗、精两个阶段进行。由于本例所属砂轮架壳体的具体条件与批量关系，主轴孔加工没有粗、精加工明显分开，但孔的粗加工与精加工之间均有一段较长时间的间隔，因此其热变形的影响能得到一定的改善，生产检验说明可保证零件加工精度要求。

箱体零件刚度较低，镗孔中若夹紧力过大或着力不当，极易产生受力变形。为消除夹紧变形对孔系加工精度的影响，精镗时夹紧力要适当，不宜过大，着力点应选择在刚度较强部位。

**3. 主轴承孔的精加工**

主轴承孔的精度要求比较高。因此，需对主轴孔进行精加工和光整加工。半精镗和精镗应在不同精度的机床上进行，也可在同一台机床上采取在半精镗之后松开工件的装夹，然后进行精镗的方法进行。

目前，箱体主轴承孔的精加工方法有精镗—浮动镗；金刚镗—珩磨；金刚镗—滚压等多种加工方案。本砂轮架壳体主轴孔采用浮动镗的方法进行精加工。

浮动镗孔时，镗刀块放在镗杆的精密方孔中，通常可自由滑动。加工时镗杆低速回转并进给，镗刀块在切削中可按加工孔径自动对中。浮动镗刀安装孔的尺寸及形状要求较高，如图4-35所示为安装孔的一种结构。

浮动镗孔所采用的切削速度极低（$v = 5 \sim 8\text{m/min}$），而进给量却取得比较大（$f = 0.5 \sim 1\text{mm/r}$），加工余量为 $0.05 \sim 0.1\text{mm}$。浮动镗孔可以获得较高的加工质量。加工表面粗糙度值 $Ra$ 为 $0.4 \sim 0.8\mu\text{m}$。尺寸公差等级可达 IT6 ~ IT7 级。

从镗刀块的刀刃几何形状和所采用的切削用量可知，浮动镗属于铰削加工。但是普通铰刀刀齿数多，刀刃磨得不易对称，铰后常使孔径扩大。而浮动镗刀结构简单、刃磨方便，磨损后可重磨及重新调整，刀具寿命长。由于刀块能自由浮动，孔径扩大的可能性

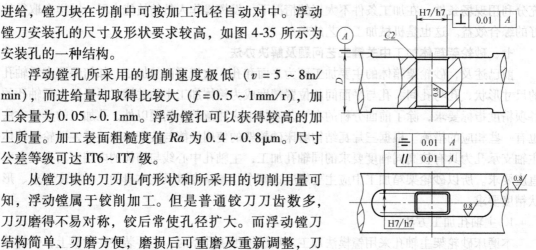

图4-35　镗刀安装孔

小。但加工时刀具要小心引进，防止碰损，并且不能多孔同时加工。加工铸铁时要用煤油作冷却润滑液。浮动镗刀块不适用于加工带纵向槽的孔。加工大直径孔时，因刀块尺寸要相应增大，当刀块转到垂直位置时在镗刀块自重作用下很容易沿方孔下滑，造成孔的形状误差，加工效果不佳，一般不用。由于浮动镗是以加工表面本身定位加工的，因此，没有纠正位置误差的能力，工件的位置精度应由精镗工序保证。

# 任务6　任务实施与检查

## 一、实施

1）制订零件工艺过程并完成一套工艺文件（三种工艺卡片）。

2）学生根据自己编制的工艺规程，熟悉所选择的机床设备的操作手柄和按钮的功能。

3）学生根据自己编制的工艺规程，正确地安装工件，选择合理的切削用量，调整好机床。

4）教师首先进行正确的操作示范，学生完成正确的试切。学生根据教师的示范进行逐一的练习实践。最后由教师完成零件的最终加工。

（1）零件划线　在机械加工过程中，划线是单件小批量或机械维修加工时保证零件质量的非常重要的工序。划线作为零件加工的先行工序，就是在零件毛坯质量不太高的情况下，为了保证加工表面的尺寸精度、位置精度以及与非加工表面的位置关系，需要划出零件加工表面的基准线和加工界限，然后以所划线为校正和加工的依据，对零件加工表面进行加工。由此可见划线工序在单件小批量生产或维修机械中的重要性。所以高等职业技术人员必须掌握划线的技能、技巧与方法。

划线是一门技术性很强的工作，划线工种既有很高的技术性，同时又必须具有较高的责任心，因此掌握划线技术与技能比较困难。划线的总依据就是零件的使用性能与工作条件，根据零件工作图要求以及技术要求，充分考虑零件机械加工工艺，正确无误地划出零件各表面的加工线，从而为零件加工提供有效无误的基准。箱体零件的划线，除按一般划线时正确选择划线基准（非常重要）、正确地找正、照顾外形（借料），保证每个加工面和孔都有充分的加工余量，并兼顾孔与内壁凸台的同轴度要求以及孔与加工平面的位置关系外，还应特别注意以下几点：

1）划线前必须仔细检查毛坯质量，有严重缺陷和很大误差的毛坯，不要勉强划线，避免费工费时，出现废品。

2）认真掌握零件的技术要求，如对零件的外观要求、精度要求和形位公差要求；分析零件的加工部位与零件装配的位置关系，避免因划线前考虑不周而影响零件的装配质量。

3）了解零件的机械加工工艺路线，理解并确定零件加工部位所划线与加工工艺的关系，确定划线的次数与每次应划哪些线，避免因所划线被加工而重新划线。

4）第一个划线位置应该是待加工表面与非加工表面比较重要和比较集中的位置，这样有利于划线时能正确找正和及早发现毛坯的缺陷，既保证了划线的质量，又减少了工件翻转的次数。

5）箱体件的划线一般都要准确地划出十字校正线，为划线后的刨、铣、镗、钻等加工工序提供可靠的校正依据。一般常以基准孔的轴线作为十字校正线，划在箱体长而平直的部位，以便提高校正的精度。

6）第一次划出的零件十字校正线，在经过加工以后再次划线时，必须以已加工的面作为基准线，划出新的校正十字线，以备下道工序校正。

7）为避免和减少翻转次数，其垂直线可利用角尺或角铁一次划出。

8）某些箱体类零件的内部不需要加工，但其内部需要装配其他传动零件且空间尺寸较小时，应特别注意找正箱体内壁，保证传动零件装配后有足够间隙，确保零件加工后能顺利装配。

砂轮架箱体作为复杂零件，单件小批量生产时划线工序不但必须而且重要。分析箱体划线工序可以帮助我们理解和掌握划线工艺的基本技能与技巧，正确制定零件加工工艺，解决零件加工中的主要矛盾，从而保证零件加工质量。本砂轮架的划线工艺除应遵守上述注意事项以外，还应结合现场生产条件和具体情况，采用比较灵活的划线工艺。

首先，零件的第一划线位置为主轴孔的中心线。这体现了零件第一划线位置为主要孔的基本原则，为以后的划线提供了基本、准确的校正线。与第一划线位置平行的重要表面加工线都在第一划线位置的统一安装、校正中进行，这样保证了重要表面（包括平面与圆孔表面）与主要表面的相互位置精度和尺寸精度要求，同时又减少了工件划线时的安装与调整校正次数，减少了工作量。

第二，划线时零件的定位、找正、校正等安装、操作工艺如工序 3 中的 A、B、C 工步，都遵守了以主轴孔为基准的基本原则。但安装工步 B 中的划线内容并没有利用角尺等工具以垂直方向进行，这是因为由于零件在此方向上的加工线较多，同时必须沿周围划通一周，如果利用角尺沿垂直方向划线，操作、尺寸计算等均不方便。按照现行工艺进行划线时，虽然零件划线时多了一道安装、找正的步骤，但其水平方向上的尺寸计算、操作等却要方便、容易得多。安装工步 B 中对零件毛坯位置进行校正（实际上是对第一划线位置进行校正）后，再划各表面加工线，能保证这两个互相垂直方向上加工表面的相互位置，不会影响划线精度。相比之下，多一道安装工步不会对划线工序造成多大影响，零件划线时的综合效益较好。由此可见，零件毛坯划线时，虽然要遵守一般的划线原则，但具体工艺安排和操作却不一定非此不彼，要根据零件的具体情况与现场条件不同灵活安排，正所谓具体情况具体对待，但保证划线精度与质量的总要求却永远不变。

第三，零件各加工表面的划线尺寸基本上遵循了基准重合原则，即每个加工表面的加工线尺寸线均取零件图上的标注尺寸，划线尺寸不再进行尺寸换算，这样直接保证加工表面加工线的位置与零件工作图上的要求相同，避免了尺寸的换算可能造成的计算错误与划线精度的降低，尤其是重要表面的尺寸线更是如此。

（2）典型专用夹具安装与调试　砂轮架壳体主轴孔镗模装配结构如图 4-33 所示。

1）镗模的使用性能与工作条件。本镗模是砂轮架壳体加工第 9 道工序——主轴孔镗削专用夹具。该道工序为主轴孔的最后一道、也是唯一一道加工工序，因此本夹具是主轴孔的粗、精加工共用镗模。按照零件的设计要求及加工工艺安排，本道工序应保证尺寸（58 ± 0.1）mm 的要求，保证主轴孔对砂轮架安装基准与设计基准——导轨面垂直度 0.04mm 的要求，同时应保证壳体右边内端面对前主轴承孔的端面圆跳动 0.015mm 的要求。夹具设计也具有良好的工艺条件：与零件加工内容有关的基准表面——导轨面、顶面均已加工完成，主轴孔的镗削加工具备精确的定位表面，零件定位时可选择基准重合原则，消除工件的基准不重合误差，提高了零件定位精度。该工序使用的机床为卧式镗床 T611A，主轴孔采用浮动镗床进行加工。

2）从上述零件加工要求中可知，零件定位以六点完全定位最为合理，且有条件实现完全定位。因此零件定位时选择以两个导轨面和顶面的联合定位方案，这些基准面都已经进行了严格的精加工，为主轴孔的镗削提供了准确、可靠的定位表面。根据这一定位方案，夹具定位元件选用 V 形定位板 9、平面定位板 15 和挡板 8，其中挡板 8 主要是限制零件垂直方向的自由度，保证尺寸 83mm 从而间接保证尺寸（58 ± 0.1）mm 的要求。夹具的夹紧采用四点独立螺旋压板机构，操作简单，夹紧可靠、方便。夹具还采用了辅助定位支承来承受零件加工中的切削力，该支承钉对于每个工件必须进行调整，以满足个体零件的差异，锁紧后主要承受切削力，保证零件可靠、有效、稳定地进行加工。

3）如何保证主定位面与夹具安装面 B 的垂直度要求（两个方向）、镗套中心对两个基准平面 A 和 B 的平行度要求是本镗模的装配工艺关键。夹具装配时，为了保证夹具的垂直度要求，应预调整导轨面对 B 的垂直度，然后配做锥销孔，以圆锥销将相关零件销紧。如装配后仍然有较小的误差出现，可采取刮削导轨面进一步调整、校准装配位置。两主轴镗套孔心线与 A 和 B 的平行度要求，可预装镗套支架，并以螺钉预连接，将标准心轴插入镗套孔内，用木槌轻敲支架体，校正心轴在两个方向上与 A、B 的平行度误差，校准后拧紧螺栓再检查心轴位置，如符合装配精度要求，配做锥销孔，打进锥销，销紧支承架与夹具体，完成镗套的装配工作。

4）镗模除了按照其装配图及其技术要求，正确地保证夹具各个零件之间的尺寸精度与位置精度以外，夹具整体必须相对机床具有正确的位置，这个位置往往表现在夹具相对机床的主运动和进给运动有正确的运动与位置关系。本夹具安装一方面要保证夹具的安装找正基面——B 必须与机床进给运动方向平行，另一方面要保证镗模镗杆中心与机床主轴中心同轴。虽然后者在采用浮动镗孔时，其孔中心线与机床主轴无关，但由于主轴孔的粗、精加工均在该镗模上加工，主轴孔的粗加工位置将会影响其精加工时的余量分配，从而影响主轴孔加工精度，因此该夹具安装时应保证机床中心与镗套中心同轴。对于平行度要求，夹具本身设计有找正面 B，安装时只要保证 B 面与机床进给运动方向平行即可，然后用螺栓将其固定于机床工作台上。

5）镗模安装调整好后，其使用方法和操作规程对保证零件加工精度影响很大。夹具使用时，首先应将长压板 5（零件 5 与零件 18 连在一起）与短压板抽出，松开滚花螺钉，旋开挡板，将零件由上至下垂直放于可调支承 13 上，推上短压板，轻轻旋紧预紧螺钉，使工件定位导轨面紧贴夹具定位支承面。将挡板旋回原位，拧紧滚花螺钉，固定挡板位置。然后调整可调支承，当零件顶面与挡板 8 下表面贴紧时，紧固可调支承螺钉。推回长压板，上紧压紧螺钉，完成工件的定位压紧过程。最后按照工件的加工工艺进行钻、镗等孔的粗、精加工。

**二、检查**

1. 检查学生的练习情况，并对每个学生的练习情况作出记录

2. 轴类零件的检验

（1）分析图中形位公差的要求　根据图中要求需要检测的项目有同轴度、平行度、垂直度、直线度、圆跳动、基准 A、基准 B、基准 C、基准 D。

（2）检验零件加工精度　在零件检验时，要根据零件的具体情况设计零件的检验方法，对于该零件加工精度的检验，可以采用下面的方法全面检验零件的几何精度：

1）根据图中的信息首先要检测的是两个 $\phi$50mm 孔的同轴度，先将 $\phi$50mm 的心轴穿过这两个孔，并将心轴放在 V 形支架上（所有过程都要在高精度工作台上完成），将百分表固定在磁性表架上，将百分表指针处于心轴一端最高点然后将百分表的表盘调至零点，并保持不变。再将百分表移动至另一端看其是否指零，如果指零说明两端处于同一条直线上，并平行于工作台，说明满足同轴度要求。若不指零需调整 V 形支架的高度，直到平行为止。

2）将 $\phi$12mm 的心轴穿过孔 $\phi$12H8($^{+0.027}_{0}$)mm 用①的方法检验心轴是否平行于工作台，如果平行说明它和基准 A—B 平行。

3）百分表在①的状态下保持不变，将百分表移动到左端凸台处检验平行度。将指针放于表面上做往复运动，观察指针变化量，将变化的最大值与最小值相减得到的差值如果≤0.04mm 表明满足平行度要求。

4）检验主视图中左右端面的端面圆跳动，将指针分别置于表面上，旋转心轴观察指针变化量，将最大值与最小值相减，得到的差值如果小于或等于公差值表示端面圆跳动合格。

5）检验俯视图中的垂直度，利用直角尺检测两端表面是否和工作台垂直，如果垂直说明它和基准 A—B 垂直。

6）利用合像水平仪检测两端的直线度（具体方法由教师示范）。

7）其余的平行度、垂直度和前面所讲方法相同，但要注意基准发生了变化，应先确定基准与工作台的关系，然后再检测形位公差的要求是否合格。

（3）选择合适的测量器具和辅助工具　根据设计的检测方法需要准备百分表（0.001mm）磁性表架、直角尺、高精度基准工作台（1～3μm）、心轴（$\phi$50H7 长度为400mm，$\phi$12H8 长度为70mm）、V 形支架等测量所需器具。

（4）测量数据和合格性的确定　将测量的数据填入表 4-3，然后与零件的设计要求比较，判断零件是否合格。

表 4-3　零检测量项目表

| 形位公差项目 | 公差/mm | 基准 | 测量数据 | 合格性判定 | 备注 |
|---|---|---|---|---|---|
| ◎ | $\phi$0.03 | A | | | |
| ◎ | $\phi$0.03 | B | | | |
| — | 0.01 | | | | |
| — | 0.02 | | | | |
| // | 0.04 | A—B | | | |
| // | 0.10 | A—B | | | |
| ⊥ | 0.02 | A—B | | | |
| ⊥ | 0.04 | A—B | | | |
| ⊥ | 0.04 | C | | | |
| ⊥ | 0.04 | C | | | |
| ↗ | 0.04 | A | | | |
| ↗ | 0.015 | A | | | |
| ↗ | 0.04 | B | | | |

（续）

| 形位公差项目 | 公差/mm | 基准 | 测量数据 | 合格性判定 | 备注 |
|---|---|---|---|---|---|
| // | 0.02 | C | | | |
| // | 0.04 | C | | | |
| // | 0.02 | D | | | |

3. 质量问题的分析与处理

如果发现加工以后零件的实际误差超差，认真分析，找出误差超差的原因，结合现有生产条件，提出行之有效的工艺措施，由教师确认后，再指导学生进行重新操作来解决。特别注意，零件的检验、质量问题的发现和处理应贯穿于零件工艺实施的整个过程，而不是将问题留到最后，否则，即使发现了问题，往往也无法修复。

# 任务7　评　　价

## 一、评价方式

1）学生自评。
2）小组内学生互评。
3）各小组组长总结、归纳本小组的零件加工情况。
4）教师总体评价并总结。

## 二、评价表

砂轮架箱体工艺设计的考核评价标准见表4-4。

表4-4　砂轮架箱体工艺设计的考核评价标准

| 项目编号 | | 学生完成时间 | | | 学生姓名 | | 总分 | | |
|---|---|---|---|---|---|---|---|---|---|
| 序号 | 评价内容 | 评价标准 | 配分 | 学生自评15% | 学生互评25% | 教师评价60% | | 得分 | |
| 1 | 毛坯的选择 | 不合理，扣5分 | 5 | | | | | | |
| 2 | 定位方案的确定 | 不合理，扣5~10分 | 10 | | | | | | |
| 3 | 装夹方式的确定 | 不合理，扣1~5分 | 5 | | | | | | |
| 4 | 加工工艺过程的拟订 | 不合理，扣5~20分 | 20 | | | | | | |
| 5 | 加工余量的确定 | 不合理，扣1~5分 | 5 | | | | | | |
| 6 | 工序尺寸的确定 | 不合理，扣5~14分 | 14 | | | | | | |
| 7 | 切削用量的确定 | 不合理，扣1~10分 | 10 | | | | | | |
| 8 | 工时定额的确定 | 不合理，扣1~5分 | 5 | | | | | | |
| 9 | 各工序设备的确定 | 不合理，扣1~2分 | 2 | | | | | | |
| 10 | 刀具的确定 | 不合理，扣1~2分 | 2 | | | | | | |
| 11 | 量具的确定 | 不合理，扣1~2分 | 2 | | | | | | |
| 12 | 工序图的绘制 | 不规范，扣1~5分 | 5 | | | | | | |
| 13 | 工艺文件中各项内容 | 不合标准，扣5~10分 | 10 | | | | | | |
| 14 | 完成时间 | 超1学时，扣5分 | 5 | | | | | | |
| 15 | | | 合　　计 | | | | | | |

注：工艺设计思路创新、方案创新的酌情加分。

注意：检查评价时应注意对方案设计的依据、方法，特别是有关参数的确定过程进行全面考核，考核学生应用所学知识进行箱体类零件加工工艺的分析和设计等综合能力。

**三、对本项目所有的资料进行归纳、整理，对加工出的零件进行存放**

# 本情境小结

本情境以生产性零件——磨床砂轮架箱体作为载体，重点分析了箱体类零件的加工工艺，并且详细地介绍了箱体零件平面和孔系的各类加工方法，箱体零件孔系加工常见的质量问题及其解决措施，箱体零件专用夹具的结构特点，设计方法和安装调试，详尽分析了箱体零件工艺工装的特征。

# 习　　题

4-1　箱体零件的材料一般选用 HT200～HT400，材料有何优点？

4-2　箱体零件的粗、精基准如何选择？

4-3　孔系有哪几种？其加工方法有哪些？

4-4　在卧式镗床上镗孔，哪些因素影响孔的形状精度？

4-5　在卧式镗床上镗孔时，采用刚性连接悬臂镗孔时，工作台的进给方式对孔的精度有何影响？

4-6　在卧式镗床上镗孔时，切削力、重力和切削热对孔系精度有何影响？

4-7　平面铣削有哪些方式？试比较其优缺点并指出其适用的场合。

4-8　在铣床上加工工件时，工件有哪些装夹方式？

4-9　箱体类零件的加工路线如何确定？

4-10　箱体零件的加工顺序应怎样安排？

4-11　箱体零件的热处理工序应怎样安排？

4-12　编制如图 4-36 所示箱体零件的机械加工工艺过程，其生产类型为中批生产，材料为铸铁。

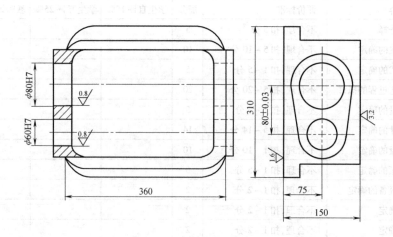

图 4-36　题 4-12 图

4-13　编制如图 4-37 所示箱体零件小批和大批生产的机械加工工艺过程，材料为铸铁。

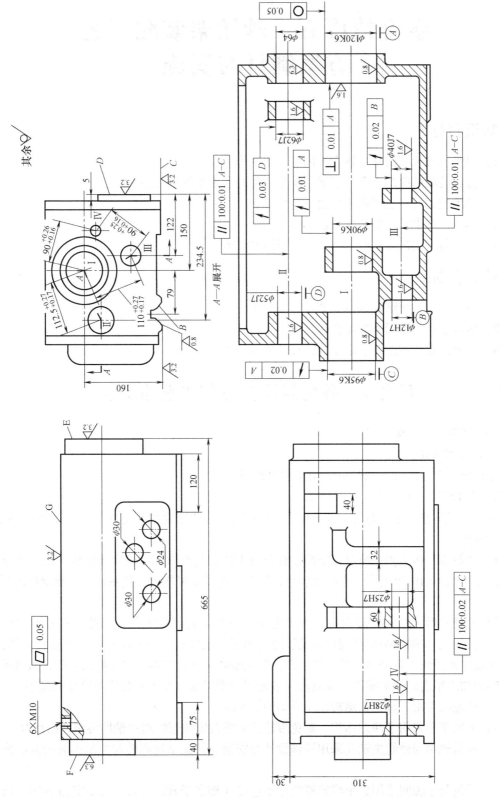

图 4-37 题 4-13 图

# 学习情境五　砂轮架装配工艺方案制订与实施

## 知识目标：

1）熟悉机械装配的基本概念、内容、组织形式。
2）熟悉装配精度的概念，了解装配中零件与装配质量的关系。
3）熟悉装配尺寸链的基本概念及计算方法。
4）熟悉生产中常用的装配方法。
5）了解装配工艺规程的内容、制订原则和步骤。

## 能力目标：

1）掌握装配尺寸链的基本概念及计算方法。
2）掌握生产中常用的装配方法。
3）掌握砂轮架装配及装配工艺规程的确定方法。

## 任务1　砂轮架结构与技术要求分析

### 一、读图并分析装配图

1. 阅读装配图

某机床厂 M9116 工具磨床砂轮架装配图如图 1-2 所示。

2. 提取部件、生产信息

M9116 工具磨床砂轮架为小批量生产，生产条件为通用设备及工具，装配组织采用固定集中式装配。

1）砂轮架箱体结构在满足其空间位置及使用性能的要求下，最大限度地保证了其结构的高刚性。箱体的两个支承孔中心距较小，同时其孔径尽可能大，使箱体的支承刚性达到最大。

2）主轴的形状结构尽量简单。由于主轴上不再安装其他零件，因此其直径的变化较小，从而保证了主轴的结构高刚性以及较好的加工工艺性；主轴上没有其他非回转面结构，故最大限度地保证了主轴回转的高稳定性，使主轴高速回转时容易实现静动平衡，从而保证了主轴的加工精度以及对零件表面质量（表面粗糙度以及波纹度）的影响降低到最小。

3）砂轮架采用了短三瓦结构动压滑动轴承支承。

4）主轴带轮采用了卸载结构，避免带轮拉力所造成的弯矩对主轴回转精度的影响。

5）卸载轴颈与砂轮主轴孔采用同轴设计与安装，保证带轮回转与主轴回转的同心度要求。

6）带轮与主轴间采用数个橡胶圈的浮动连接（相当于软轴连接）方式传递转矩，这种方式由于橡胶圈的弹性变形，既保证了转矩传递均匀有效，又保证了主轴的过载保护，同时又隔离了带轮的运动误差，减少了对主轴精度的影响。

7）带轮的卸载轴承使用滚动轴承进行支承，经过对轴承的预紧，提高了轴承的回转精度，从而保证带轮的回转精度要求。传动套与主轴间用圆锥面连接螺母紧固，同样达到传递运动的均匀有效性。

8）主轴以及卸载结构轴承的轴向位置均采用调整垫片的方法进行调节，可以根据主轴具体的装配情况——对应配作，保证了主轴轴向窜动的高精度要求。

9）为了保证其他运动件对主轴回转精度的影响达到最小，砂轮安装以及电动机轴的安装都需进行严格的动静平衡。

图 1-2 所示工具磨床砂轮架装配技术要求如下：

1）砂轮主轴的径向圆跳动≤0.003mm（在砂轮锥体上检验）。

2）砂轮主轴的轴向窜动≤0.005mm（在轴端中心孔检查）。

3）电动机装配进行动平衡。

4）空运转 2h，稳定温升 20℃。

5）卸载带轮轴承内注入锂基润滑脂。

6）砂轮进行平衡。

7）砂轮主轴转速 2800r/min。

8）主轴轴承采用主轴润滑油润滑。

**二、教师综合及检查学生任务完成情况，做好记录**

# 任务 2　砂轮架的装配加工计划（一）
## ——装配的基本知识

机械装配的基本任务是在一定的生产条件下，以高的生产率、较低的成本装配出高质量的产品。

**一、装配的概念**

**1. 基本概念**

任何机器都是由零件、套件、组件、部件等组成的。为保证有效地进行装配工作，通常将机器划分为若干能进行独立装配的部分，称为装配单元。零件是组成机器的最小单元，它由整块金属或其他材料制成。套件是在一个基准零件上，装上一个或若干个零件构成的，它是最小的装配单元。如装配式齿轮（见图 5-1），由于制造工艺的原因，分成两个零件，在基准零件 3 上套装齿轮 1。

组件是在一个基准零件上，装上若干套件及零件而构成的。如机床主轴箱中的主轴是在基准件轴上装上齿轮、套、垫片、键及轴承等组合而成的轴组件。组件在机器中没有完整的功能，但可以作为独立的单元进行装配。

部件是在一个基准零件上，装上若干组件、套件和零件构成的。部件在机器中能完成一定的、完整的功用。例如车床的主轴箱，其中，

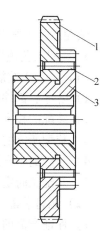

图 5-1　套件
1—齿轮　2—铆钉
3—基准零件

主轴箱箱体为基准零件。

在一个基准零件上，装上若干部件、组件、套件和零件就成为整个机器，把零件和部件装配成最终产品的过程，称之为总装。例如卧式车床就是以床身为基准零件，装上主轴箱、进给箱、溜板箱等部件及其他组件、套件、零件所组成的机器。

2. 装配工艺系统图

在装配工艺规程制订过程中，表明产品零、部件间相互装配关系及装配流程的示意图称为装配系统图。每一个零件用一个长方格来表示，在长方格上表明零件名称、编号及数量。这种方框不仅可以表示零件，也可以表示套件、组件和部件等装配单元。

图 5-2 分别表示装配单元、套件、组件、部件和机器的装配工艺系统图。从图中可以看出，装配时由基准零件开始，沿水平线自左向右进行，一般将零件画在上方，套件、组件、部件画在下方，其排列次序表示了装配的次序。图中零件、套件、组件、部件的数量，由实际装配结构来确定。

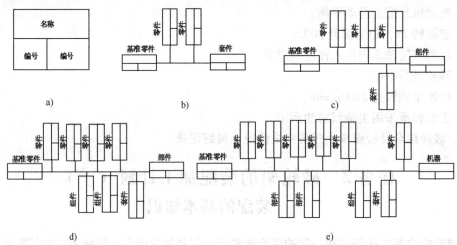

图 5-2　装配系统图

装配工艺系统图配合装配工艺规程在生产中有一定的指导意义。

3. 装配工艺规程的制订

（1）装配工艺规程的主要内容

1）各零、部件的装配顺序、装配方法。

2）装配的技术要求和检验方法。

3）装配所需的夹具、工具和设备。

4）装配的生产组织形式和运输方法、运输工具。

5）装配工时定额。

（2）制订装配工艺规程的基本原则

1）保证产品的装配质量，力求提高质量以延长产品的使用寿命。

2）合理安排装配工序，尽量减少钳工装配工作量，缩短装配周期，提高装配效率。

3）尽可能减少装配占地面积，提高单位面积的生产率，并力求降低装配成本。

（3）制定装配工艺规程的原始资料

1）产品的装配图及验收技术标准。

2）产品的生产纲领。大批量生产的产品应尽量选择专用的装配设备和工具，采用流水装配方法。对于成批生产、单件小批生产，则多采用固定装配方式，手工操作比例大。

3）生产条件。应了解现有工厂的装配工艺设备、工人技术水平、装配车间面积等。

（4）制订装配工艺规程的步骤

1）研究产品的装配图及验收技术条件。

2）确定装配方法与组织形式。

3）划分装配单元，确定装配顺序。

图5-3 表示床身部件装配简图，图5-4 表示床身部件装配系统图。

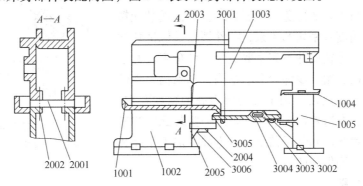

图 5-3　床身部件装配简图

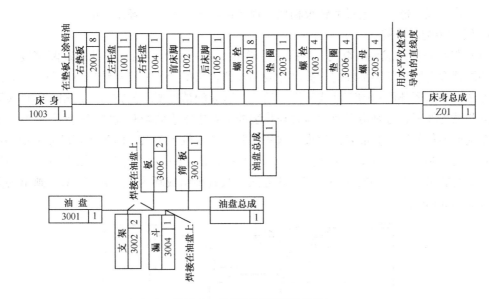

图 5-4　床身部件装配系统图

4）划分装配工序。装配顺序确定后，根据工序集中与分散的程度，就可将装配工艺过程划分为若干工序，确定工序内容。

5）编制装配工艺文件。单件小批生产时，通常只绘制装配系统图。装配时，按产品装配图及装配系统图工作。成批生产时，通常还制定部件、机器的装配工艺卡，写明工序次序、简要工序内容、设备名称、工装夹具名称与编号、工人技术等级和时间定额等项。在大批量生产中，不仅要制定装配工艺卡，而且要制定装配工序卡，以直接指导工人进行产品装配。此外，还应按产品图样要求，制定装配检验及试验卡片。

### 二、装配精度

#### 1. 装配精度的概念

装配精度是指产品装配后实际达到的精度。

#### 2. 装配精度与零件精度的关系

机器及其部件都是由零件组装而成的，因而零件精度特别是关键零件的加工精度对装配精度有很大的影响，例如卧式车床精度标准中的一个检验项目规定尾座移动对溜板移动的平行度，主要取决于床身溜板移动导轨 1 与 2 的平行度（见图 5-5）。产品的装配精度和零件的加工精度有密切的关系，零件精度是保证装配精度的基础，但装配精度并不完全取决于零件精度。对于装配精度要求较高、组成零件较多的结构，如果仍由零件的加工精度保证装配精度，则工件需要很高的精度要求，生产中很难达到，在这种情况下，常采用一些装配方法来保证装配精度。由此可知装配精度是由零件的加工精度和合理的装配方法共同保证的。

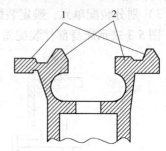

图 5-5　床身导轨简图
1—溜板移动导轨　2—尾座移动导轨

### 三、装配尺寸链

在产品或部件的装配中，由相关零件的有关尺寸或相互位置关系组成的尺寸链称为装配尺寸链。装配尺寸链与工艺尺寸链很相似，都是由组成环和封闭环组成的。

#### 1. 线性装配尺寸链

（1）封闭环与组成环的查找　装配尺寸链的封闭环多为产品或部件的装配精度，凡对某项装配精度有影响的零部件的有关尺寸或相互位置精度为装配尺寸链的组成环。查找组成环的方法：从封闭环两边的零件或部件开始，沿着装配精度要求的方向，以相邻零件装配基准间的联系为线索，分别由近及远地去查找装配关系中影响装配精度的有关零件，直至找到同一个基准零件的同一基准表面为止，这些有关尺寸或位置关系，即为装配尺寸链中的组成环。随后就可画出尺寸链图。例如图 5-6a 所示的装配关系中，主轴锥孔轴心线与尾座轴心线的等高度要求（$A_0$）为封闭环，按上述方法很快查出组成环为 $A_1$、$A_2$ 和 $A_3$，画出装配尺寸链（见图 5-6b）。

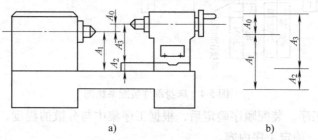

a)　　　　　　　　　　　　　　b)

图 5-6　主轴与尾座套筒中心线等高示意图

（2）建立装配尺寸链的注意事项

1）装配尺寸链中装配精度就是封闭环。如图 5-7 所示为床头箱主轴与尾座套筒中心线等高示意图。

2）装配尺寸链组成环可适当简化。按一定层次分别建立产品与部件的装配尺寸链。

如图 5-7 所示为车床主轴尾座中心线等高的装配尺寸链。图中各组成环的意义如下：

$A_1$——主轴轴承孔轴心线至底面的距离；

$A_2$——尾座底板厚度；

$A_3$——尾座孔轴心线至底面的距离；

$e_1$——主轴滚动轴承外圈内滚道对其外圆的同轴度误差；

$e_2$——顶尖套锥孔相对外圆的同轴度误差；

$e_3$——顶尖套与尾座孔配合间隙引起的偏移量；

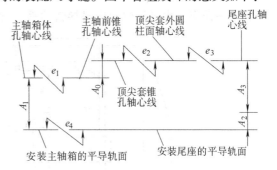

图 5-7　车床头尾座等高装配尺寸链

$e_4$——床身上安装主轴箱和尾座的平导轨之间的等高度。通常由于 $e_1 \sim e_4$ 的公差数值相对于 $A_1 \sim A_3$ 的公差很小，故装配尺寸链可简化。

3）装配尺寸链的组成应采用最短路线（环数最少原则）。由于封闭环公差等于各组成环公差之和。当封闭环公差一定时，组成环越少，每环分到的公差越大，就越容易加工，对于总装配尺寸链来说也是适用的。例如图 5-8 是车床尾座顶尖套装配图。尾座套筒装配时，要求后盖 3 装入后，螺母 2 在尾座套筒内的轴向窜动不大于某一数值。如果后盖尺寸标注不同，就可建立两个不同的装配尺寸链。图 c 多了一个组成环，其原因是和封闭环 $A_0$ 直接有关的凸台高度 $A_3$ 由尺寸 $B_1$ 和 $B_2$ 间接获得，即相关零件上同时出现两个相关尺寸，是不合理的。

4）当同一装配结构在不同位置、方向有装配精度要求时，应按不同方向分别建立装配尺寸链。例如常见的蜗杆副结构，为保证正常啮合，蜗杆副中心距、轴线垂直度以及蜗杆轴线与蜗轮中心平面的重合度均有一定的精度要求，这是三个不同位置方向的装配精度，因而需要在三个不同方向分别建立尺寸链。

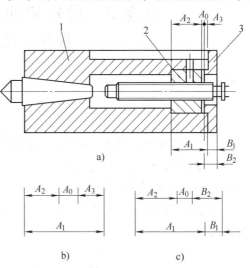

图 5-8　车床尾座顶尖套装配图
1—顶尖套　2—螺母　3—后盖

2. 角度装配尺寸链简介

角度装配尺寸链的封闭环就是机器装配后的平行度、垂直度等技术要求。尺寸链的查找方法与长度装配尺寸链的查找方法相同。

如图 5-9 所示的装配关系中，铣床主轴中心线对工作台面的平行度要求为封闭环 $\alpha_0$。分析铣床结构后可知，影响上述装配精度的有关零件有工作台、转台、床鞍、升降台和床身等。其相应的组成环为：

$\alpha_1$——工件台面对其导轨面的平行度；

$\alpha_2$——转台导轨面对其下支承平面的平行度；

$\alpha_3$——床鞍上平面对下导轨面的平行度；

$\alpha_4$——升降台水平导轨对床身导轨的垂直度。

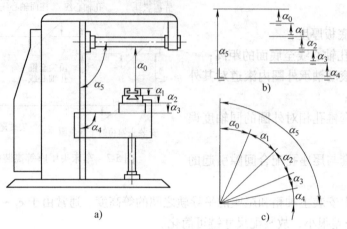

图 5-9　角度装配尺寸链

# 任务 3　砂轮架的装配加工计划（二）
## ——保证产品装配精度的方法

## 一、互换法

互换法的实质就是通过控制零件的加工误差来保证产品装配精度要求。

### 1. 完全互换法

装配时各零件不需挑选、修配或调整就能保证装配精度的装配方法称为完全互换法。其装配尺寸链采用极值公差公式计算。

如图 5-10 所示的齿轮箱部件，装配后要求保证轴向间隙 0.2 ~ 0.7mm，$A_0 = 0^{+0.7}_{+0.2}$ mm。已知其他有关零件的基本尺寸为：$A_1 = 122$mm，$A_2 = 28$mm，$A_3 = A_5 = 5$mm。现确定各环的公差及其偏差。

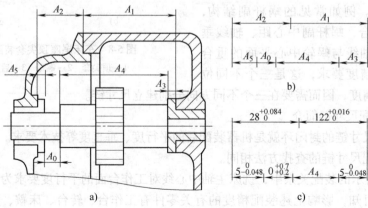

图 5-10　齿轮箱部件

（1）查明并画出装配尺寸链　如图5-10b所示，其中$A_0$为封闭环，$A_1$、$A_2$为增环，$A_3$、$A_4$、$A_5$为减环。

（2）确定组成环公差　各组成环公差之和等于或小于封闭环的公差，即

$$\sum_{i=1}^{m+n} T_i \leqslant T_0 = 0.5\text{mm}$$

先设各组成环的公差相等（称等公差值法），求出各环的平均公差$T_m$：

$$T_m \geqslant \frac{T_0}{m+n} = \frac{0.5}{5}\text{mm} = 0.1\text{mm}$$

再按下述原则进行调整：

1）标准件的尺寸公差大小取相应标准值（如轴承环的厚度、弹性挡圈的厚度等）。

2）尺寸相近、最终加工方法相同取相等公差值（如有可能，则取标准公差值）。

3）难加工或难测量的尺寸，可取较大公差值。

4）表面粗糙度值小（$Ra \leqslant 0.8\mu m$）的尺寸，可取较小公差值。

（3）协调环及其选择原则　因为封闭环的公差是装配要求确定的既定值，当大多数组成环取为标准公差值后，就可能有一个组成环的公差值取的不是标准公差值，此组成环在尺寸链中起协调作用，这个组成环称为协调环。其上、下偏差用极值法有关公式求出。

选择协调环的原则为：

1）选择不需用定尺寸刀具加工、不需用极限量规检验的尺寸作为协调环。

2）选易于加工的尺寸作为协调环；或是将易于加工的尺寸公差从严取标准公差值，然后选一难于加工的尺寸作为协调环。

本例选定$A_4$为协调环。$A_1$、$A_2$加工较难，公差放大些，$A_3$、$A_5$加工较易，公差放小些，设$T_1 = 0.16\text{mm}$，$T_2 = 0.084\text{mm}$，$T_3 = T_5 = 0.048\text{mm}$。

（4）组成环公差带的位置标注原则

1）有配合关系的轴孔尺寸的公差带位置按配合性质查有关标准手册标注。

2）孔距尺寸的公差带位置按对称分布标注。

3）其他尺寸的公差带位置，在无具体要求时，一般按"入体"方向标注。

4）协调环的公差带位置按尺寸链计算得到的上、下偏差的结果标注。

所以　　　　　　$A_1 = 122^{+0.16}_{0}\text{mm}$，$A_2 = 28^{+0.084}_{0}\text{mm}$，$A_3 = A_5 = 5^{0}_{-0.048}\text{mm}$

用极值法求解协调环的上、下偏差：

因为　　　　　　　　$ES(A_0) = \sum_{i=1}^{m} ES(\vec{A_i}) - \sum_{i=1}^{n} EI(\overleftarrow{A_i})$

所以　　　　$EI(A_4) = 0.16 + 0.084 + 0.048 + 0.048 - 0.7 = -0.36\text{mm}$

因为　　　　　　　　$EI(A_0) = \sum_{i=1}^{m} EI(\vec{A_i}) - \sum_{i=1}^{n} ES(\overleftarrow{A_i})$

所以　　　　　　$ES(A_4) = 0 + 0 - 0 - 0 - 0.2 = -0.2\text{mm}$

所以　　　　　　　　　　　　$A_4 = 140^{-0.2}_{-0.36}\text{mm}$

（5）完全互换法的主要特点

1）用控制零件的加工误差来保证装配精度，因而零件不一定是经济加工精度。

2）零件完全互换，因而装配过程简单，生产率高。

3）通常用于装配精度要求较低或装配精度要求较高而环数少的情况。

**2. 部分互换法（大数互换法）**

部分互换法装配就是在绝大多数产品中，装配时各组成环（零件）不用挑选、修配或调整就能保证装配精度要求的装配方法，该方法采用概率有关公式计算。

现仍以图 5-10 为例进行计算，先求各环的平均公差值

$$T_M \leqslant \frac{T_0}{\sqrt{m+n}} = \frac{0.5}{\sqrt{2+3}} \text{mm} = 0.22 \text{mm}$$

可见平均公差值比按极值法计算的结果（0.1mm）扩大了 1 倍以上，从而易于制造。

仍按加工难易程度和设计要求，参照上述值调整各组成环公差如下

$$T_1 = 0.4 \text{mm}, T_2 = 0.21 \text{mm}, T_3 = T_5 = 0.075 \text{mm}$$

为满足互换性要求，协调环的公差可按有关公式求解

因为　　$0.5^2 = 0.4^2 + 0.21^2 + 0.075^2 + T_4^2$　　　　所以　　$T_4 = 0.186 \text{mm}$

若取 $A_1 = 122^{+0.4}_{0} \text{mm}$，$A_2 = 28^{+0.21}_{0} \text{mm}$，$A_3 = A_5 = 5^{0}_{-0.075} \text{mm}$，已知 $A_0 = 0^{+0.7}_{+0.2} \text{mm}$，为简化计算将各环换算为平均尺寸及平均偏差，即

$A_1 = 122.2 \text{mm} \pm 0.2 \text{mm}$，$A_2 = 28.105 \text{mm} \pm 0.105 \text{mm}$，$A_3 = A_5 = 4.9625 \text{mm} \pm 0.0375 \text{mm}$，$A_0 = 0.45 \text{mm} \pm 0.25 \text{mm}$。

再按式（3-10）求解

因为　　　　　　　　$$A_{0M} = \sum_{i=1}^{m} \overrightarrow{A_{iM}} - \sum_{i=1}^{n} \overleftarrow{A_{iM}}$$

$$A_{0M} = (A_{1M} + A_{2M}) - (A_{3M} + A_{4M} + A_{5M})$$

即　　　　$0.45 \text{mm} = (122.2 + 28.105) \text{mm} - (4.9625 \text{mm} + A_{4M} + 4.9625 \text{mm})$

得　　　　　　　　　　　$A_{4M} = 139.93 \text{mm}$

而　　　$$A_4 = A_{4M} \pm \frac{T_4}{2} = \left(193.93 \pm \frac{0.186}{2}\right) \text{mm} = 139.93 \text{mm} \pm 0.093 \text{mm}$$

或　　　　　　　　　　　$A_4 = 140^{+0.023}_{-0.163} \text{mm}$

**二、分组选配法**

在成批或大量生产条件下，对于组成环少而装配精度要求很高的尺寸链，若采用完全互换法，则零件的公差会很小，使得加工变得非常困难，在这种情况下可采用选择装配法（简称选配法）。该方法是将组成环的公差放大到经济可行的程度，然后选择合适的零件进行装配，以保证规定的装配精度。

选配法有三种：直接选配法、分组选配法和复合选配法。下面举例说明采用分组选配法时尺寸链的计算方法。

如图 5-11a 所示为活塞与活塞销的连接情况，活塞销外径 $d = \phi 28^{0}_{-0.0025} \text{mm}$，相应的销孔直径 $D = \phi 28^{-0.0050}_{-0.0075} \text{mm}$，根据装配技术要求，活塞销孔与活塞销在冷态装配时应有 0.0025 ~ 0.0075mm 的过盈，与此相应的配合公差仅为 0.005mm。若活塞与活塞销采用完全互换法装配，销孔与活塞销直径的公差按"等公差"分配时，则它们的公差只有 0.0025mm。显然，制造是很困难的。

实际生产中采用的办法是先将上述公差值增大 4 倍，这时销的直径 $d = \phi 28^{0}_{-0.010} \text{mm}$，销孔 $D = \phi 28^{-0.005}_{-0.015} \text{mm}$，这样就可采用高效率的无心磨和金刚镗分别加工活塞销外圆和活塞销孔，然后用精密测量仪进行测量，并按尺寸大小分成四组，每组尺寸的零件放入一种颜色的

框内，如（$\phi28_{-0.0025}^{\ \ 0}$mm）的销放入红色框内，对应的第一组尺寸（$\phi28_{-0.0075}^{-0.0050}$mm）活塞放入另一红色框内，分组情况见表5-1，同样颜色框的销与活塞可按互换法装配。

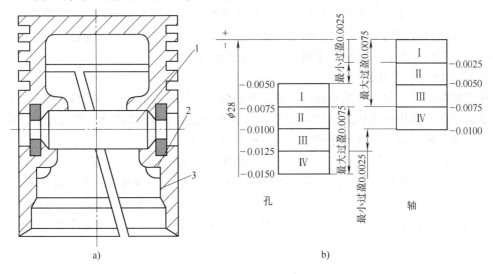

图5-11　活塞与活塞销连接

1—活塞销　2—挡圈　3—活塞

**表5-1　活塞销与活塞销孔直径分组**　　　　　　　　　（单位：mm）

| 组　别 | 标记颜色 | 活塞销直径 $d = \phi28_{-0.010}^{\ \ 0}$ | 活塞销孔直径 $D = \phi28_{-0.015}^{-0.005}$ | 配　合　情　况 | |
|---|---|---|---|---|---|
| | | | | 最小过盈 | 最大过盈 |
| I | 红 | $d = \phi28_{-0.0025}^{0}$ | $D = \phi28_{-0.0075}^{-0.005}$ | | |
| II | 白 | $d = \phi28_{-0.0050}^{-0.0025}$ | $D = \phi28_{-0.0100}^{-0.0075}$ | 0.0025 | 0.075 |
| III | 兰 | $d = \phi28_{-0.0075}^{-0.0050}$ | $D = \phi28_{-0.0125}^{-0.0100}$ | | |
| IV | 黄 | $d = \phi28_{-0.010}^{-0.0075}$ | $D = \phi28_{-0.015}^{-0.0125}$ | | |

从表5-1可以看出，各对应组零件装配后其配合性质与原来的要求相同。

采用分组装配时应注意以下几点：

1）配合件的公差应当相等。

2）公差增大的方向要同向，增大的倍数等于以后的分组数，这样就可保证各组的配合精度和配合性质符合原设计要求，如图5-11b所示。

3）分组数不宜多，过多会增加零件的测量和分组工作量，从而使装配成本提高。

4）分组互换装配适合于配合精度要求高而相关零件只有两三个的大批量生产。

**三、修配法**

在装配精度要求较高而组成环较多的部件中，若按互换法装配，会造成零件精度太高而无法加工，这时，常用修配法来解决问题。修配法的实质是：将装配尺寸链中各组成环按经济加工精度来制造，由此而产生的累积误差用修配某一组成环来解决，从而保证其装配精度。用修配法解装配尺寸链，主要是正确确定修配环及其制造尺寸，以使修配量最小，从而尽量提高装配生产率和降低成本。

**1. 修配环的选择原则**

采用修配法时应正确选择修配环,修配环一般应满足下列要求:

①便于装拆;②形状简单,修配面小,便于修配;③一般不应为公共环,公共环是指那些同属于几个尺寸链的组成环,它的变化会牵连几个尺寸链中封闭环的变化。可能出现保证了一个尺寸链的精度,而又破坏了另一个尺寸链精度的情况。

**2. 修配环尺寸的确定**

采用修配法时,包括修配环在内的各组成环公差均按零件加工的经济精度确定。各组成环因此而产生的累积误差相对封闭环公差(即装配精度)的超出部分,可通过对修配环的修配来消除。所以修配环在尺寸链中起着一种调节作用。

在图 5-12a 中,$\delta'_0$ 是封闭环实际值的分散范围,即各组成环(含修配环)的累积误差值。改变修配环的公差,就可以改变 $\delta'_0$ 的大小,$A'_{0max}$ 和 $A'_{0min}$ 是表征 $\delta'_0$ 分布位置的两个极值。即按经济精度加工后的封闭环的极限尺寸 $\delta'_0$ 的分布位置取决于各组成环公差带的分布位置。显然,改变修配环的尺寸分布位置,也就可以改变 $\delta'_0$ 的分布位置,即改变极值 $A'_{0max}$ 和 $A'_{0min}$ 的大小。

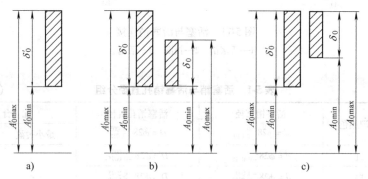

图 5-12　封闭环实际值与规定值的相对位置

(1) 修配环被修配使封闭环尺寸变小的计算(简称"越修越小")　当修配环的修配引起封闭环尺寸变小时(见图 5-12b),无论怎样修配,必须保证 $A'_{0min} = A_{0min}$。因此,封闭环实际尺寸的最小值 $A'_{0min}$ 和公差放大后的各组成环之间的关系,按极值公式解算时,应有 $A'_{0min} = A_{0min}$。

所以　　　　　　　　$A'_{0min} = A_{0min} = \sum_{i=1}^{m} \overrightarrow{A}_{imin} - \sum_{i=1}^{n} \overleftarrow{A}_{imax}$

应用上式即可求出修配环的一个极限尺寸。修配环为增环时可求出最小尺寸;修配环为减环时可求出最大尺寸。由于修配的公差也可按经济加工精度给出,当一个极限尺寸求出后,其另一极限尺寸也就可以确定。

(2) 修配环被修配时使封闭环尺寸变大的计算(简称"越修越大")　当修配环的修配引起封闭环尺寸变大时,如图 5-12c 所示,无论怎样修配,必须保证 $A'_{0max} = A_{0max}$,因而修配环的一个极限尺寸可按下式求出

$$A'_{0max} = A_{0max} = \sum_{i=1}^{m} \overrightarrow{A}_{imax} - \sum_{i=1}^{n} \overleftarrow{A}_{imin}$$

式中　　$A'_{0max}$——封闭环实际尺寸的最大值。

修配环另一极限尺寸，在公差按经济精度给定后也就确定了。按照上法确定的修配环尺寸，装配时可能出现的最大修配量为 $C_{max} = \sum\limits_{i=1}^{m+n} TA_i - TA_0'$。可能出现的最小修配量为零。此时修配环不需修配加工，即能保证装配精度，但有时为了提高接触刚度，修配环必须要进行补充加工减小表面粗糙度值也即规定了最小修配量为某一数值。这样，在按上法算出的修配环尺寸上必须加上（若修配环为被包容尺寸）或减去（修配环为包容尺寸）最小修配量的值。

3. 计算举例

如图 5-6 所示的装配尺寸链中，设各组成环的基本尺寸 $A_1 = 200\text{mm}$，$A_2 = 40\text{mm}$，$A_3 = 160\text{mm}$，封闭环 $A_0 = 0^{+0.06}_{0}\text{mm}$。其公差按普通车床精度标准 $T_0 = (0 \sim 0.06)\text{mm}$，此装配尺寸链如采用完全互换法解算，则各组成环公差平均值为：

$$T_M \leqslant \frac{T_0}{m+n} = \frac{0.06}{3}\text{mm} = 0.02\text{mm}$$

组成环较多，公差较小，故一般均采用修配法，本例采用合并加工修配法，即将 $A_2$ 和 $A_3$ 两环合并为 $A_{2,3}$ 一个组成环且为修配环。合并后的尺寸链简图如图 5-13 所示。

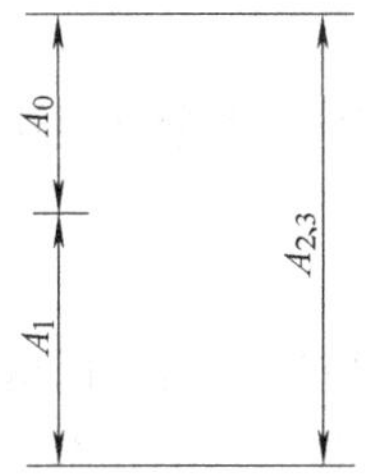

设 $T_1 = T_{2,3} = 0.1\text{mm}$，并令 $T_1$ 对尺寸 $A_1$ 作对称分布，即 $A_1 = 200\text{mm} \pm 0.05\text{mm}$，则修配环 $A_{2,3}$ 的尺寸计算如下：

1）基本尺寸 $A_{2,3}$。

$$A_{2,3} = A_2 + A_3 = 40 + 160 = 200\text{mm}$$

2）公差 $T_{2,3}$。已给出等于 0.1mm。

3）计算 $A_{2,3min}$。由图可知 $A_{2,3}$ 为增环，可求出

$$A_{2,3min} = A_{0min} + A_{1max} = (0 + 200.05)\text{mm} = 200.05\text{mm}$$

4）最大尺寸 $A_{2,3max}$。

$$A_{2,3max} = A_{2,3min} + T_{2,3} = (200.05 + 0.1)\text{mm} = 200.15\text{mm}$$

图 5-13　合并加工后的
等高尺寸链

考虑到车床总装时，尾座底板与床身配合的导轨面还需配刮，取最小刮削量为 0.15mm，则合并加工后的尺寸 $A_{2,3} = (200^{+0.15}_{+0.05} + 0.15)\text{mm} = 200^{+0.30}_{+0.20}\text{mm}$。

**四、调整法**

调整法分为固定调整法、可动调整法和误差抵消调整法。调整法与修配法的实质相似，也是将零件按经济加工精度加工，对产生的累积误差进行补偿。但补偿的方式不一样。修配法是用补充加工来补偿；而调整法是更换零件（补偿件）设法调整零件之间的相互位置来补偿。

1. 固定调整法

在尺寸链中选定一组成环为调整环，该环按一定尺寸分级制造，装配时根据实测累积误差来选一合适尺寸的调整零件（常为垫圈或轴套等）来保证装配精度，这种方法称为固定调整法（见图 5-14a）。

该法的主要问题是确定调整环的分组数及尺寸，现举例来分析说明它们的求法。

图 5-14b 所示转动齿轮在轴上的装配关系中，要求保证轴向间隙为 $0.05 \sim 0.2\text{mm}$ 即 $A_0 = 0^{+0.2}_{+0.05}\text{mm}$，已知 $A_1 = 115\text{mm}$，$A_2 = 8.5\text{mm}$，$A_3 = 95\text{mm}$，$A_4 = 2.5\text{mm}$。画出尺寸链简图（见图 7-14c），$A_1$ 为增环，$A_2$，$A_3$，$A_4$ 和 $A_k$ 为减环，可求出调整环 $A_k$：

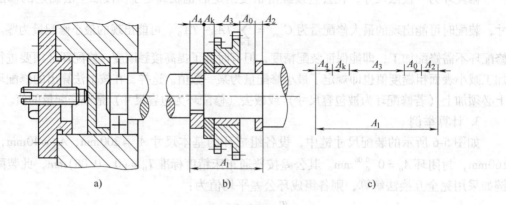

图 5-14　调整法

a）轴承轴向间隙的调整　b）转动齿轮轴向间隙的调整　c）转动齿轮轴向间隙装配尺寸链

$$A_k = (115 - 8.5 - 9.5 - 2.5 - 0)\,\text{mm} = 9\,\text{mm}$$

若按完全互换法装配，则各组公差应为

$$T_m = \frac{T_0}{m + n} = \frac{0.2 - 0.05}{5}\,\text{mm} = 0.03\,\text{mm}$$

可以看出，以这样的公差加工轴类零件的轴向尺寸是很不经济的。现在以经济加工精度来加工 $A_1$、$A_2$、$A_3$、$A_4$。

例如分别设 $A_1 = 115\,^{+0.2}_{+0.05}\,\text{mm}$，$T_1 = 0.15\,\text{mm}$，$T_4 = 0.12\,\text{mm}$，由尺寸链计算公式可知，$A_1$、$A_2$、$A_3$、$A_4$ 四个环装配后造成的累积误差（不包括调节环 $A_k$）

$$T_s = T_1 + T_2 + T_3 + T_4 = (0.15 + 0.1 + 0.1 + 0.12)\,\text{mm} = 0.47\,\text{mm}$$

若要使装配精度仍满足 $T_0 = 0.15\,\text{mm}$，调节环 $A_k$ 的尺寸应分成若干级，根据装配后的实际间隙大小选择装入，即实际间隙大的装上厚一些的垫环；实际间隙小一些的装上薄一些的垫环。如调节环做得绝对准确，则应将调节环分成 $T_s/T_0$ 级，实际上调节环 $A_k$ 本身也有制造误差，故也应给出一定的公差，这里设 $T_k = 0.03\,\text{mm}$。这样，调节环的补偿能力有所降低，此时分级数 $m$ 为

$$m = \frac{T_s}{T_0 - T_k} = \frac{0.47}{0.15 - 0.03} = 3.9$$

$m$ 应为整数，本例分级数取 4。本例每级之间的级差为

$$T_0 - T_k = (0.15 - 0.03)\,\text{mm} = 0.12\,\text{mm}$$

当 $A_1$、$A_2$、$A_3$、$A_4$ 四个环以经济加工精度来加工装配后（不包括调节环 $A_k$），在轴向形成的间隙为 $A_{0k}$（包括调节环 $A_k$ 的尺寸），其形成的尺寸链如图 5-15a 所示，$A_{0k}$ 为封闭环，解尺寸链得 $A_{0k} = 9\,^{+0.52}_{+0.05}\,\text{mm}$；我们将其尺寸的变化范围分为刚才所求出的 4 组，则四组尺寸分别为表 5-2 所示间隙量。然后我们根据此值解图 5-15b 的尺寸链，求出对应的调节环 $A_k$ 的尺寸填写在表 5-2 中。

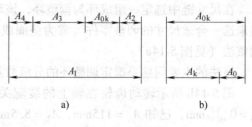

a)

b)

图 5-15　尺寸链

表 5-2　调整垫片分组表　　　（单位：mm）

| 组别 | 标记颜色 | 间隙量 $A_{0K}$ | 调节垫环尺寸 $A_K$ | 装配精度 $A_0$ |
|---|---|---|---|---|
| I | 红 | $A_{0k}=9^{+0.52}_{+0.40}$ | $A_{k1}=9.35^{0}_{-0.03}$ | |
| II | 白 | $A_{0k}=9^{+0.40}_{+0.28}$ | $A_{k1}=9.23^{0}_{-0.03}$ | $A_0=0^{+0.2}_{+0.05}$ mm |
| III | 兰 | $A_{0k}=9^{+0.28}_{+0.16}$ | $A_{k1}=9.11^{0}_{-0.03}$ | |
| IV | 黄 | $A_{0k}=9^{+0.16}_{+0.04}$ | $A_{k1}=8.99^{0}_{-0.03}$ | |

## 2. 可动调整法

可动调整法就是通过调整某个（或几个）零件的位置来改变补偿环尺寸的装配方法，如图 5-14a 所示为通过调整螺钉来调整轴向间隙的大小。

可动调整法的调整方便，能获得较高精度，可补偿因磨损、温度变化和受力变形引起的误差，能使产品在使用过程中保持或恢复原有精度。其缺点是增加零件数目，使结构稍为复杂，削弱了机构刚性。常用于在使用过程中容易降低精度的机构中，如某些精密传动机构。

## 3. 误差抵消调整法

在装配中通过调整有关零件的相对位置，使其加工误差相互抵消一部分，以提高装配精度的方法称为误差抵消调整法。这种方法在机床装配时应用较多，如在装配机床主轴时，通过调整前后轴承的径向圆跳动方向来控制主轴的径向圆跳动；在滚齿机工作台分度蜗轮装配中，采用调整两者偏心方向来抵消误差，最终提高分度蜗轮的装配精度。

在选择装配方法的时候，主要分析两个方面，一是采用手工装配还是机械装配；二是保证装配精度的装配方法的选择与计算。对于前者主要取决于生产纲领和产品的装配工艺性，对于后者的选择主要取决于生产纲领和装配精度，同时也与尺寸链中组成环的多少有关。各种装配方法的适用范围和应用实例见表 5-3。

表 5-3　各种装配方法的适用范围和应用实例

| 装配方法 | 适用范围 | 应用举例 |
|---|---|---|
| 完全互换法 | 适用于零件数较少、批量很大、零件可用经济精度加工时 | 汽车、拖拉机、中小型柴油机、缝纫机及小型电机部件 |
| 部分互换法 | 适用于零件数稍多、批量大、加工精度可适当放宽时 | 机床、仪器仪表中部分部件 |
| 分组法 | 适用于大批量生产中，装配精度很高，零件数很少，又不采用调整装配时 | 活塞与缸套、轴承内外圈与滚子 |
| 修配法 | 单件小批生产，装配精度要求高且零件数较多时 | 车床尾座垫板、滚齿机分度蜗轮与工作台装配后精加工齿形 |
| 调整法 | 除必须采用分组法选配的精密配件外，可用于各种装配场合 | 机床导轨的楔形镶条、滚动轴承调整间隙的间隔套垫圈 |

# 任务4　砂轮架的装配加工计划（三）
## ——工具清单和装配系统图的制订

### 一、制订工具清单

#### 1. 工具清单（表5-4）

表5-4　工具清单

| 装配工序名称 | | 砂轮架总装 | | 备　注 |
|---|---|---|---|---|
| 序号 | 工具名称 | 工具规格 | 数　量 | |
| 1 | 三角刮刀 | | 12 | |
| 2 | 丝　锥 | M16×1.5,M6,M8 | 各1 | |
| 3 | 专用起子 | | 1 | |
| 4 | 内六角扳手 | 5mm、6mm 内六角扳手 | 各1 | |
| 5 | 木榔头 | | 1 | |
| 6 | 铜榔头 | | 1 | |
| 7 | 弹簧卡钳 | | | |
| 8 | 工业温度表 | | 1 | |
| 9 | 钻头 | φ5 | 1 | |
| 10 | 活扳手 | | | |

#### 2. 编制装配系统图（见图5-16）

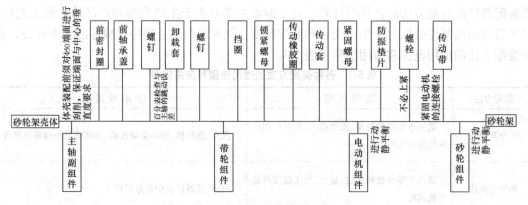

图 5-16　砂轮架装配系统图

### 二、分组总结及检查

# 任务5　砂轮架装配的实施

### 一、安全培训

熟悉相应装配工作的操作规程并严格按要求执行。

**二、砂轮架装配实施**

1. 典型零件装配

三片瓦结构的砂轮架，影响其使用性能和回转精度的主要零件是三片瓦滑动动压轴承和滑动推力轴承，这两种零件的装配精度及质量决定产品的质量好坏。掌握其装配工艺和方法对于保证砂轮架使用性能具有决定意义。

（1）"短三瓦"轴承的装配与调整　三片瓦结构动压滑动轴承，其高压油膜的形成不象单油楔动压滑动轴承那样依靠轴心偏移来形成，它由其特殊的结构来形成。三片瓦轴承有多个相互独立且均匀分布的油楔表面。当轴高速回转时，即使轴无偏移，其油楔表面仍维持楔形间隙。因此，无论轴承承载与否，各油楔均可形成承载油膜，力图使轴中心处于无偏移的状态，故它的回转精度高，刚度好。

多油楔动压滑动轴承由于具有自动调整主轴中心位置的功能，故又称自动调位轴承，根据轴瓦的多少和长短，分为三瓦、五瓦、短瓦、长瓦型等，但其装配与调整过程却基本一致。其中短三瓦动压轴承，是目前各种普通精度磨床砂轮主轴部件上应用最广泛的一种轴承。

1）轴承装配前的精度要求：三片瓦轴承本身由于是装配式结构，有关零件对轴承的装配精度影响很大，因此装配前必须对各零件及其连接精度等情况提出一定的要求。①支承球头螺钉球部与轴瓦背部支承凹坑的配合接触率要大于 80%，表面粗糙度值 $Ra$ 不大于 0.2μm，当达不到要求时，应进行对研修整。②轴瓦内表面与配合轴颈的接触率要大于 80%~90%，表面粗糙度值 $Ra$ 不大于 0.2μm，当达不到要求时，应进行研磨修整。

2）研磨的工艺要点：研磨棒可采用巴氏合金或 45 钢，研磨棒直径要大于配合主轴颈 0.02~0.03mm。粗研时可用 W20 以下的氧化铬研磨剂，精研时可用 W14 以下的氧化铬研磨剂。研磨时要特别注意研磨棒的旋向与轴瓦上的箭头方向一致。

3）轴承的装配调整过程及操作方法：

①清洗涂漆。装配前仔细清洗砂轮架、主轴以及轴瓦等零件，砂轮架壳体内涂防锈油。

②按上述要求对支承螺钉及轴瓦进行配研。一般机床厂对主轴及轴瓦的配合要求通过配作的方法进行。其配作研磨方法如下：研磨轴瓦的研磨棒可用巴氏合金制作，若无巴氏合金，可用 HT250 铸铁代替。用巴氏合金做研抛轴时，可精车外圆，其外圆尺寸比砂轮主轴轴颈部分的实际尺寸大 0.01~0.02mm。若用 HT250 铸铁，其外圆车削后应精磨，其外圆尺寸比轴径部分的实际尺寸大 0.01~0.02mm。表面粗糙度值 $Ra$ 为 0.8μm。将研磨轴装夹在车床上，以氧化铬加煤油做研抛剂涂在研抛轴上，将轴瓦合在旋转的研抛轴上用手按住，并向两端作轴向运动，待表面符合要求即可。

轴瓦的内表面修复好后，应对其与主轴轴颈的接触状况进行着色检查。着色剂用普鲁士兰油，薄而均匀地涂在轴颈上，把轴瓦轻轻放在轴颈上，用双手以适当的力按住并沿轴向轻而均匀地来回滑动 3~5 次，检查轴瓦的接触面积是否达到 80%~90% 且接触部位是否集中在中央部位。

在轴瓦与主轴轴颈合好后，用着色法检查轴瓦背面与球面支撑螺钉的接触情况。此时应注意两者的编号应一致，不能发生错误。要求接触面积不少于 70%，若发现接触情况不良则应用氧化铝粉与煤油混合的研磨剂对研至合格。研磨方法是将球面螺钉装夹在车床或钻床上，开动机床使球面螺钉旋转。用手托着轴瓦让球面对着球面进行研磨并不时转动轴瓦，使轴瓦在支承螺钉上能有自定位能力。研磨后用干净煤油清洗，一般合格的接触面在清洗后用手将球头螺钉与轴瓦的球面研合一下即可提起螺钉而轴瓦不应掉下。在研磨轴瓦球面时，应注意已研磨好的轴承内表面不要碰伤，可先研磨球面后再修复内表面。

③装配与调整。如图5-17所示，装配调整"短三瓦"主轴机构时，可按下述步骤进行：

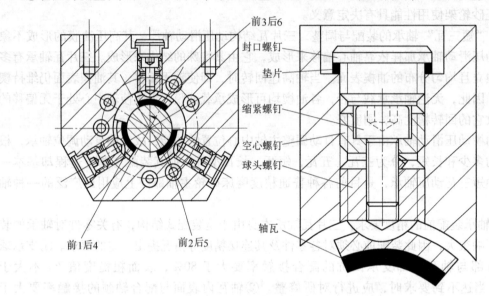

图5-17　三片瓦轴承装配图

ⅰ）先将各瓦的球头螺钉对号入座，并注意主轴对轴瓦的旋转方向正确，把主轴放入壳体孔后，再对号分别装入轴瓦2、5；3、6和1、4。

ⅱ）为保证主轴装好后与壳体孔同轴，须使用定心套。定心套的直径一般比主轴轴颈大$0.03 \sim 0.04$mm，外径比砂轮架体壳内孔小$0.005$mm。定心套与主轴的配合间隙可根据主轴定心精度要求高低来确定，一般不大于$0.02$mm。将两个定心套套入主轴后并装进壳体的孔内，然后用六个球头螺钉将球头螺钉固定好，同时也将球头螺钉固定好，此时要求定心套转动自如。定心套的使用如图5-18所示。

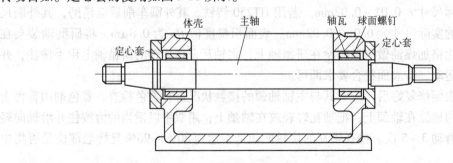

图5-18　定心套的使用

ⅲ）抽出定心套，粗调轴瓦2、5，查看主轴是否转动自如，若主轴转动轻松、灵活，说明主轴轴线与壳体主轴孔轴线是同轴的，否则，应重新进行调整。

ⅳ）精调轴瓦 2、5 直至获得所要求的前后轴承间隙。间隙调整方法如下：旋转球头调节螺钉，直至主轴不能用手转动，但支紧力不可过度。然后旋入空心螺钉，碰到球头螺钉后倒旋退回 4、5 圈，使两螺钉相距 4~5mm。再旋入锁紧螺钉，用力拧紧，这时锁紧螺钉便将球头螺钉拉回一些，使轴与轴承之间出现所需的间隙，并将三个零件互相锁紧（调整时前后轴承交替进行，前轴承的间隙应略小于后轴承，以保证工作精度）。检查间隙是否在 0.015~0.025mm 范围内，其方法是：首先在主轴上加注润滑油（调整时不加润滑油），用手扳动主轴可转动，用力（力的大小以 100~150N 较合适）扳动主轴端，用指示表检查，上下扳动要小于 0.01mm，主轴间隙的测量及检查如图 5-19 所示；按上述步骤装配调整好以后，用铜棒或者木槌敲击主轴，力量大小与装拆砂轮敲打螺母时相同，向轴瓦的三个方向敲击。敲后，再次测量主轴轴瓦的间隙是否在 0.015~0.025mm 之间。如超差，则应按上述方法重新调整，再敲击，再测量，直至合格。

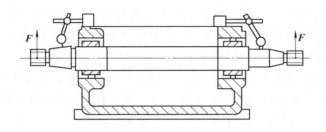

图 5-19　主轴间隙的测量及检查

（2）滑动推力轴承的装配　短三瓦滑动轴承由于其结构和性能的原因，不能承受轴向力。因此该主轴副一般均设计有承受轴向力的推力轴承。轴向滑动推力轴承具有多种形式及结构。除此以外还有动压滑动推力轴承、静压滑动轴承等。本砂轮架选用油楔式滑动推力轴承。其运动原理及特点与油楔式三瓦动压滑动轴承相似。

1）推力轴承装配精度及技术要求：推力轴承的装配精度主要影响主轴的轴向窜动和主轴的装配精度。按照砂轮架装配技术要求，主轴装配后其轴向窜动量应控制在 0.005mm。

2）轴承装配前的精度要求：轴承装配前应严格检查各零件精度是否符合设计要求，尤其是右轴承止扣外圆与止推端面之间的垂直度要求。

3）轴承的装配调整过程及操作方法：①清洗。仔细清洗有关零件，检查各零件是否有毛刺、尖角等，若有应用砂纸进行打磨。②用着色法检查右轴承端面与壳体孔端面接触情况，其接触面积应在 60%~70%，如不符合要求须对轴承端面进行研磨。③装配与调整（轴向间隙）。先将右轴承按图 1-2 装配好，检查其端面与壳体孔垂直度要求 0.01mm。再将有关调整垫、左轴承按照图示装配，旋转主轴，观察轴承接触是否良好，接触面积是否符合要求。若不符合，应拆下轴承用油石轻轻修研高点后重新装配，直至合格（一般情况下，由于轴承与垫片已经过研磨修配，不会出现这种情况）。接下来调整轴承轴向窜动。检查轴向窜动的方法是在主轴中心孔内用黄油粘住一标准钢球，用平顶千分表的平面顶在钢球上，旋转并推拉主轴，千分表读数的最大差值就是该主轴的轴向窜动，主轴轴向窜动量 0.005mm。若轴向窜动超差，拆下垫片对其进行配磨，直至符合要求。

2. 典型组件的装配与调整

（1）主轴副的装配　本磨床砂轮架主轴副的装配过程如下：

1）按照轴瓦式动压向心滑动轴承的装配工艺及要求装配调整三片瓦轴承。

2）在装好向心轴承的基础上，按照向心轴承所确定的主轴位置，装配调整轴向推力轴承。

3）检查向心轴承与推力轴承的装配位置是否发生干涉。若发生干涉，应对推力轴承进行研修、再调整，直至符合要求。

（2）卸载带轮的装配　要求较高的磨床砂轮架带轮一般都设计为卸载形式。由于磨床精度要求高，转速高，采用卸载皮带轮能有效地消除传动力对主轴的弯矩所形成的弯曲变形，提高主轴回转精度，同时对卸载带轮的装配提出了较高的要求。

砂轮架卸载带轮组件包括带轮，滚动轴承，内、外调整垫片，挡圈等零件。卸载皮带轮组装配过程如下：

1）检查有关零件的各项精度，确保各零件符合设计精度要求并进行清洗。

2）配研内、外调整垫片。①测量相关零件上的有关尺寸，根据实际测量结果，配作内圈调整垫片，要求装配后轴承无轴向窜动。②将已经过精加工的外圈调整垫片（一般将外圈宽度做成略大于设计尺寸）、内圈调整垫片、滚动轴承（事先填入锂基润滑脂，滚动轴承的装配参见有关内容）安装于专用夹具内，在轴承内圈两端施加适当外力，转动轴承外圈，感觉转动较粘为合适。如果外圈转动较重或卡死，应卸下外圈修研两端面，直至装配后符合要求为止。③卸下所有零件，重新按照装配关系装入带轮内孔中，再进行砂轮架部件装配。

3. 砂轮架部件装配

1）按照主轴副的装配工艺装配调整好砂轮主轴副。

2）装上密封圈，装好前轴承盖；装好后密封圈，用螺钉将卸载套连接于壳体上，螺栓先不拧紧，能将卸载套稳定连接即可。

3）将百分表装于主轴后端面，转动主轴，百分表触头与卸载套的轴承安装面接触，观察百分表读数的最大差值，此差值即为卸载套对主轴中心的径向跳动量。木槌敲击卸载套，调整其跳动量不大于 0.1mm，然后上紧螺栓，再测量径向圆跳动。如超差应重新调整，直至合格。

4）将已经组装好的皮带轮组件整体装入卸载套外圆，卡上挡圈，拧紧锁紧螺母。

5）将传动橡胶圈连同传动套一起套上主轴左端，上紧紧固螺母。

6）电动机轴组装上传动轮和传动键，并对其进行动静平衡。

7）将平衡好的电动机及其传动组件套上螺栓并装上防振调整垫片，一起连接到砂轮架壳体上，但不必上紧螺栓，以能稳定住电动机为限。

8）挑选 V 形带长度，使其达到一致。装上 V 形带，调整电动机位置，使上下两个带轮槽错位不大于1mm，V 形带张力符合要求。上紧螺栓，然后卸下 V 形带，等待砂轮架空运转试验。

9）将已经进行动静平衡的砂轮组件装上砂轮主轴右端，并用螺栓固定好。

装好的砂轮架经空运转试验后，再进入总装阶段。

**三、装配质量控制与注意事项**

1）主轴副装配是砂轮架装配中的核心问题。本砂轮架应先进行径向轴承装配与调整，达到径向装配精度后，再根据径向轴承所确定的主轴位置装配调整轴向轴承，以免径向轴承与轴向轴承位置发生干涉；

2）所有需要进行准确定位的零件，预定连接时不可将零件上紧。

3）对高精度零件要轻拿轻放，不可碰磕损伤表面。

4）严格按照工艺要求以及操作规范进行装配。

**四、检查本阶段进度**

检查学生练习情况，并对每组同学的练习情况进行记录。

# 任务6 砂轮架装配的检查与评估

**一、产品的总检与调试方法介绍**

**二、砂轮架调整与试验**

1. 砂轮架空运转试验

1）砂轮架油池注满主轴油，并对砂轮架进行空转前的精度检验，检验合格后再进行空转试验。

2）空转试验前，砂轮架主电动机带轮上先不安装皮带，启动电动机，检查电动机回转方向是否与主轴要求回转方向一致，确认电动机回转方向正确后，装好 V 形带。

3）点动起动主电动机，砂轮主轴轴承形成油膜后，正式起动电动机。检查测量主轴的径向圆跳动误差与轴向窜动误差。空运转 2h，稳定温升≤20℃。

4）检查温升情况，若砂轮架温升过高，则说明间隙过小，若圆跳动超差，说明间隙过大，都需要对砂轮架进行重新调整，然后按照上述调整方法进行再调整。

砂轮架进行空转试验后，与磨床其他部、零件进行总装，然后进行样试，并检查砂轮架的工作精度。

2. 砂轮架样试（此项不进行实际操作）

砂轮架空运转试验后，还不能进行零件的加工。砂轮架只有进行了样试（工作精度试验）调整后，证明符合工作性能与条件要求后才可正式交付使用。磨头样试必须结合机床整体工作精度试验进行，其样试项目及要求按照机床整机工作精度试验有关规定进行。磨头样试后重新检查砂轮架的几何精度与运动精度。

**三、分组进行经验分享，相互进行评价**

1）学生自评。

2）小组内学生互评。

3）教师评价。

4）各小组组长总结、归纳、汇报本小组的装配成果。

5）各小组相互进行评估。

**四、教师对各组进行总体评价并总结**

**五、对本项目所有的资料进行归纳、整理，对加工出的零件进行存放**

## 本情境小结

本情境以多品种小批量生产的工具磨床砂轮架装配为例，重点分析了砂轮架部件的使用性能、技术要求、结构特点以及装配关系，具体介绍了机械装配的基本概念、内容、组织形式；装配精度的概念、装配中零件与装配质量的关系及装配尺寸链的基本概念。着重介绍了装配尺寸链的计算方法、生产中常用的装配方法及砂轮架装配工艺规程的确定方法。

## 习　题

5-1　什么是装配单元？为什么将机器分为许多独立的装配单元？

5-2　保证装配精度的方法有哪几种？各适用于什么场合？

5-3　什么是装配尺寸链最短路线原则？试举例说明。

5-4　采用分组装配法时，为什么配合件的公差应相等，公差放大的方向应一致？否则会出现什么问题？

5-5　有一批基本尺寸为 $\phi30mm$ 的轴孔配合件，装配间隙要求为 $0.005 \sim 0.015mm$，用分组装配法解此尺寸链，试确定各组成环的偏差值，已知孔轴的经济公差为 $0.02mm$。

5-6　图 5-20 所示为某机床钻模简图，要求定位面到钻套轴线的距离为 $(110 \pm 0.03)mm$，现用修配法解此尺寸链，选取修配件为定位支承板 $A_3 = 12mm$；$T_3 = 0.02mm$；已知 $A_2 = 28mm$；$T_2 = 0.02mm$；$A_1 = (150 \pm 0.05)mm$，钻套内孔与外圆的同轴度为 $\phi0.02mm$，根据生产要求定位板最小修磨量为 $0.1mm$，最大修磨量不超过 $0.3mm$；确定各组成环的尺寸及偏差。

5-7　图 5-21 所示为溜板部件，溜板与床身装配前相关组成零件的尺寸分别为：$A_1 = 46_{-0.04}^{0}mm$；$A_2 = 30_{0}^{+0.03}mm$；$A_3 = 16_{+0.03}^{+0.06}mm$，试计算装配后间隙 $A_0$ 为多少？分析因磨损使间隙增大后的解决方法。

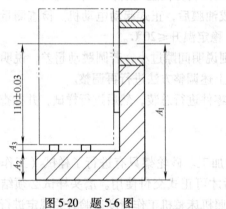

图 5-20　题 5-6 图

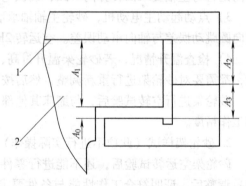

图 5-21　题 5-7 图

5-8　砂轮架的功能是什么？其主要使用性能有哪些？

5-9　砂轮架的结构特点有哪些？其主要技术要求是什么？

5-10　砂轮架装配中应注意哪些问题？

# 参 考 文 献

［1］ 朱正心．机械制造技术［M］．北京：机械工业出版社，1999．

［2］ 魏康民．机械制造技术基础［M］．重庆：重庆大学出版社，2004．

［3］ 刘守勇．机械制造工艺与机床夹具［M］．北京：机械工业出版社，1996．

［4］ 赵志修．机械制造工艺学［M］．北京：机械工业出版社，1985．

［5］ 魏康民．机械制造技术［M］．北京：机械工业出版社，2001．

［6］ 李云．机械制造工艺学［M］．北京：机械工业出版社，1995．

［7］ 魏康民．机械加工技术［M］．西安：西安电子科技大学出版社，2006．

［8］ 李华．机械制造技术［M］．北京：机械工业出版社，1997．

［9］ 庞怀玉．机械制造工程学［M］．北京：机械工业出版社，1998．

［10］ 鞠鲁豫．机械制造基础［M］．2 版．上海：上海交通大学出版社，2000．

［11］ 焦小明．机械加工技术［M］．北京：机械工业出版社，2005．

# 参考文献

[1] 朱正德. 机械制造技术 [M]. 北京: 机械工业出版社, 1999.

[2] 邓文英. 机械制造基础 [M]. 北京: 高等教育出版社, 2004.

[3] 刘守勇. 机械制造工艺与机床夹具 [M]. 北京: 机械工业出版社, 1996.

[4] 郑修本. 机械制造工艺学 [M]. 北京: 机械工业出版社, 1985.

[5] 薛源顺. 机床夹具设计 [M]. 北京: 机械工业出版社, 2001.

[6] 李庆. 机械制造工艺学 [M]. 北京: 国防工业出版社, 1995.

[7] 陈锡渠. 机床加工技术 [M]. 重庆: 西南交通大学出版社, 2006.

[8] 李洪. 机械加工工艺手册 [M]. 北京: 机械工业出版社, 1997.

[9] 徐鸿本. 机床夹具设计手册 [M]. 北京: 机械工业出版社, 1998.

[10] 曾志新. 机械制造技术 [M]. 2版. 上海: 上海交通大学出版社, 2000.

[11] 张永青. 机械制造工艺学 [M]. 北京: 机械工业出版社, 2005.

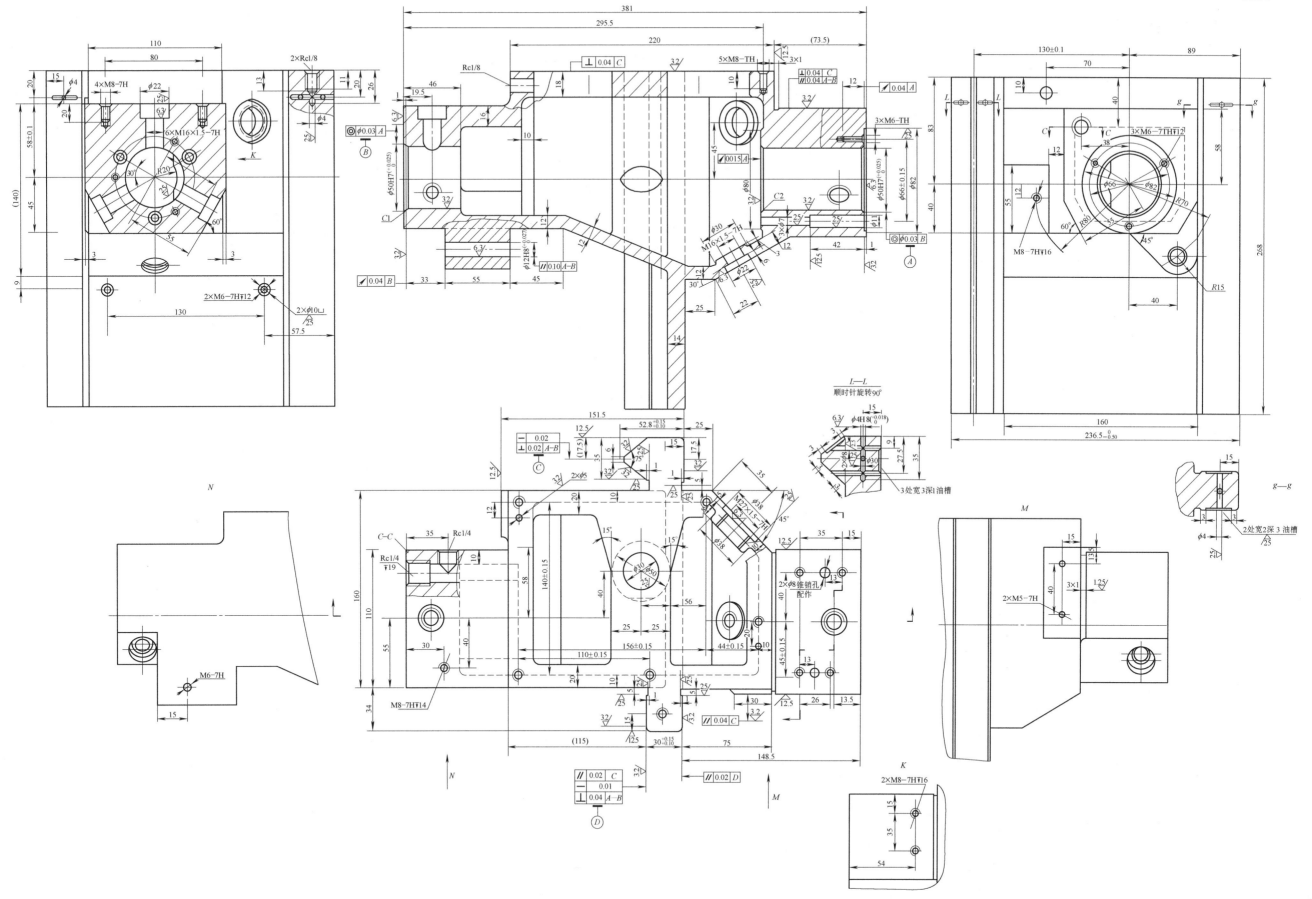

图 4-1　磨床砂轮架箱体简图